国土空间规划与城市更新发展

汪旭中　刘　煜　陈宏吉　主编

中国·广州

图书在版编目（CIP）数据

国土空间规划与城市更新发展 / 汪旭中，刘煜，陈宏吉主编. — 广州 : 广东旅游出版社，2024.6
ISBN 978-7-5570-3330-9

Ⅰ. ①国… Ⅱ. ①汪… ②刘… ③陈… Ⅲ. ①国土规划—研究②城市规划—研究 Ⅳ. ① TU98

中国国家版本馆 CIP 数据核字（2024）第 110950 号

出 版 人：刘志松
责任编辑：魏智宏　张　琪
封面设计：周书意
责任校对：李瑞苑
责任技编：冼志良

国土空间规划与城市更新发展
GUOTU KONGJIAN GUIHUA YU CHENGSHI GENGXIN FAZHAN

广东旅游出版社出版发行
（广东省广州市荔湾区沙面北街 71 号首、二层）
邮编：510130
电话：020-87347732（总编室）　020-87348887（销售热线）
投稿邮箱：2026542779@qq.com
印刷：廊坊市海涛印刷有限公司
地址：廊坊市安次区码头镇金官屯村
开本：710 毫米 ×1000 毫米　16 开
字数：310 千字
印张：18.25
版次：2024 年 6 月第 1 版
印次：2024 年 6 月第 1 次
定价：88.00 元

编委会

主　编　汪旭中　刘　煜　陈宏吉

副主编　朱新雨　邓静静　殷秀恒

　　　　曹传民　李　宁　管　伟

前　言

国土空间规划是公共政策实施的一种手段，可以通过科学合理的国土空间规划，实现国土资源的优化配置，提高利用效率，避免国土资源的闲置和浪费。在长期探究分析和实践中，我国很多省市都编制了空间规划，涉及不同层级，针对不同类型的国土资源制定使用规划，从整体上形成了具有特色的空间规划体系，横纵相互交错，风格和特色较为突出。当前，我国关于国土空间规划的研究资料不断增多，取得了一些实践成果，为我国资源的优化配置提供了重要经验和理论指导。

在当前发展背景下，党和国家提出要建设社会主义生态文明，在发展经济的同时，要加强对生态环境的保护，减少对生态环境的破坏，实现经济效益的同时要兼顾生态效益，实现可持续发展。“绿水青山就是金山银山”的思想更是突出了生态环境建设发展的重要性，“两山论”的思想得到推广，不再把经济发展和环境保护放在对立面，而是实现两者的协同，突出生态环境保护的重要性。根据我国真实国情，实现马克思主义思想的进一步拓展和延伸，赋予其更深层次的思想内涵，实现马克思主义思想的本土化发展，积极构建人类生存共同体，积极保护人类赖以生存的环境，实现建设美丽新中国的目标。在当前背景下，自然资源管理不仅要加强自然环境的保护，而且还需要满足人类追求幸福美好生活的需求。在建设现代化生态文明的过程中，需要积极构建科学高效的空间规划体系，提出新时期空间规划编制的具体要求，充分发挥不同职能部门的作用，提高国土资源的利用效率。

本书以“国土空间规划与城市更新发展”这一主题切入，由浅入深地阐述了城乡规划与空间规划、我国空间规划的发展演变、国土空间规划的内涵与属性、空间规划思想与理念、国土空间规划理论基础，系统地论述了国土空间规划体系、城市更新内涵与理论、城市更新运行机制的优化管理，探究了城市更新项目成功的关键因素等内容，以期为读者理解与践行“国土空间规划与城市更新发展”提供有价值的参考和借鉴。本书内容翔实、条理清晰、逻辑合理，兼具理论性与实践性，适用于从事国土空间规划与城市更新相关工作的专业人员。

在本书的写作过程中，作者参阅、引用了很多国内外的相关文献与资料，而且得到了同行、前辈的鼎力相助，在此一并表示衷心的感谢。由于作者水平和时间有限，书中疏漏之处在所难免，恳请同行、专家以及广大读者批评指正。

目 录

第一章　城乡规划与国土空间规划

第一节　城乡规划与空间规划

一、城乡规划的内核

城乡规划在历史上曾被划归在建筑学领域，被认为是一种建筑工程技术。工业革命的兴起，极大程度改变了社会面貌，城乡规划不再充当一种技术方式，而是逐渐为行政统治服务，被纳入国家权力机构范围，其功能作用也得到进一步拓展。在城乡规划运动日益频繁的过程中，逐渐演变成为一种新的综合性活动，政府行为、工程技术以及社会运动都包含在内。20世纪60年代，物质空间形态规划逐渐成为主流，受到多种因素的作用和影响，综合性特征更为显著。

从本质上分析，城乡规划实际上是地域空间管制规划，遵循“空间准入”原则，以此来指导城乡土地资源的优化配置，为空间环境的优化指明正确的方向。空间管制形成在市场经济环境中，是行政管理的重要手段，目的是促进社会、环境以及经济的协同发展。城乡规划往往和公众整体利益关联，是政府利益调节、分配的重要工具，属于政府公共政策范围。当前，构建科学高效的城乡管理制度很有必要，符合我国的国情，需要逐步推进，循序渐进地落实。

二、空间规划

（一）空间规划的概念

20世纪80年代，国外研究学者开始对规划理论展开研究分析，并且取得了一些研究成果，认为在空间规划的过程中，需要保障发展的整体性、协调性，把重点放在经济、社会以及环境的协同发展上。欧盟在对城乡规划体系研究的过程中，认定为“空间规划”，充分利用整合和协调功能，来提高资源的合理配置。欧洲通过了《欧洲区域/空间规划章程》，对空间规划的含义进行了解释和说明，认为具有综合性、协调性以及战略性特征的规划可以被认定为是不同层次规划体系的总和。空间规划覆盖不同的领域和层面，是一门跨学科的综合性科学，包含不同的管理技术和公共管理政策。以总体战略为重要导向，来实现各个领域的协同发展。《欧盟空间规划制度概要》也对空间规划的含义进行了解释，认为空间规划就是公共部门采取的影响未来空间资源使用的各种方法总和，以此来构建有利于土地利用的组织，强化环境的保护，助力社会发展目标的实现。

不同机构对空间规划概念的定义也不同。欧洲理事会（COE）对区域空间规划的核心思想进行了解释，就是行政、经济、文化、生态等不同层次的规划，在空间形态上得到呈现，目的是促进区域的和谐、平衡发展，因此采取了一系列的空间安排措施，汇聚了不同的规划方法，综合性特征突出，且覆盖不同的领域。英国副首相办公室（ODPM）的观点表明，空间规划不再仅仅局限于土地的规划使用，而是在土地空间规划的基础上，来实现空间的合理布局，利用公共政策来推动项目的协同发展，达到空间资源的高效整合利用。欧洲共同体委员会（CEC）表明，空间规划就是各种技术、政策的综合，目的是实现空间要素的优化配置，达成资源整合的目标。空间规划职能的范围有所扩大，是一种重要的空间手段，为不同政策整合利用创造条件。

学者对空间规划的早期研究集中在实践问题上。随着研究的不断深入，西方国家对空间规划的研究范围扩大，从多个维度和层面展开研究，空间规划的内涵也变得更加丰富。不同国家对空间规划的理解不同，关注度也不同。当前，我国学者虽然对空间规划展开研究分析，但是在空间规划的定义上，依旧没有形成统一的认知结果。严金明等的观点表明，空间规划主要包含三大要素，一个是国土战略（一般是中上期），一个是行业政策协调方法（空间尺度不同），一个是政府治理土地和物质发展问题的过程。张京祥等的观点表明，空间规划的形成有一定的时间，由公共部门负责执行和落实，为了达成空间治理目标，采取了一系列方式。空间规划被标签化，用来描述不同国家不同层面上采取的战略、规划，体现在不同领域中。

（二）空间规划的作用

空间规划功能作用的发挥与空间演化过程有直接的关系，以此来实现主动引导，进行合理控制。空间规划会显著影响一个国家和地区的发展，应以目标为重要导向，选择合适的实现路径，制定具体的实现步骤，明确行动纲领，通过社会实践的方式来促进空间的合理布局。从本质角度上看，空间规划可以有效反映出政府采取的公共政策内容，在理解空间规划作用的时候，可以从以下几点着手：

1.作为政府宏观调控的手段

政府想要干预社会经济的发展，就需要选择合适的途径和方法，否则会陷入无序的发展状态。空间规划从形成开始，就被纳入政府的权力范围内，是企业实施公共政策的有力工具。工业革命的爆发，为空间规划职能和作用的发挥创造了良好的条件，是政府职能范畴，政府会利用空间规划来维护良好的运行秩序。

随着社会主义市场经济的发展，个人可以通过市场竞争来获取个人利益，实现经济最优化，在这个过程中，怎样合理配置经济发展要素很关键。市场个体的“理性”行为可能会导致外部不经济的发生。企业为了追求最大经济利益，可能会实施一些违法违规行为，破坏生态平衡，加剧环境污染，进一步加剧社会整体的“不理性”现象，意味着社会利益和经济利益两者之间无法协调。举例说明，市场在资源分配上起到一定的作用，主要依据利益最大化原则来执行，但是仅仅是从经济利益获取的角度来分配资源，并没有兼顾社会效益、环境效益，弱势群体的利益更容易被忽视，形成阻碍社会和谐发展的不利因素，加剧社会不公平问题。市场的调节作用有利于经济行为的调节，但是在公益性事业上，得不到市场的资源倾斜，很难长期发展下去。市场往往关注短期利益的获取，对长期利益项目的关注度不高。由此得知，市场在资源配置上存在一定的片面性，无法解决复杂的社会问题，在这种情况下，需要充分发挥政府的宏观调节作用，为资源的合理配置和适应创造条件。

市场运行机制还需要匹配相应的运行规则，设立规则的目的不是阻碍市场发展，而是为了创造更好的环境，提高市场运行的安全性和公平性。所以，设立规则是市场经济发展到一定程度的重要产物，其中就包含空间规划。从核心思想上分析，空间规划的制定，方便政府实现整体利益的最优化，能够强化空间保护力度，选择合适的应用途径，对开发强度进行有效控制，弥补市场资源分配的不足，削弱负面效应造成的影响。空间规划是政府宏观调控的重要工具，需要从多个维度考虑分析，把国家利益放在首位，采取一系列措施，合理进行市场干预，实现长远发展目标。

2. 作为一种明确的公共政策

空间建设是一个复杂的系统，利益成员类型较多，不仅有社会公共部门，还有私有部门和个体利益成员，想要兼顾各个主体的利益，就需采取措施协调各方主体，来形成较强的发展合力，把分散的决策汇总起来，形成一个系统的政策体系，指导社会各个领域的发展，确保整体目标的顺利达成。值得注意的是，在具体操作的过程中，应该把决策和具体操作紧密关联起来，避免陷入相互对抗的困境。除此之外，还需要制定一套先进的行动纲领，构建科学高效的公共政策框架，更好地指导各项决策行为，为空间规划目标的达成提供动力支持，本质上空间规划就是公共政策引导。

不管是公共部门还是私人部门，其发展都无法脱离环境而单独存在，空间规划就显得很有必要。需要有明确的政策框架来指导空间规划一系列政策的落实，指明正确的发展方向，确保社会整体利益目标的顺利达成。空间规划就是关于空间资源合理利用的一系列发展政策的总和，可以反映出政府对特定地区发展的期望，只有明确具体的保护要求，才能尽可能达成发展条件，利用运行规则进行合理约束，弥补市场运行的不足，合理进行宏观干预。因此，空间规划就是不同利益主体在发展中，相互博弈形成的决策基础，能够为决策提供依据，削弱不确定性因素造成的负面影响。

3. 保障社会公共利益、维护公平的重要途径

在城镇化进程不断加快的背景下，人口结构发生了变化，人口聚集度变高，也进一步推动了不同产业在城市地区的聚集，由此形成共同利益要求，公共物品的需求也随之增加。公共物品存在一定的特殊性，存在明显的“非排他性”特征，能够满足所有人的使用需求，这也决定着无法利用市场机制来分配公共物品，需要发挥政府的职能作用。空间规划建立在不同领域发展条件分析的基础上，比如环境发展、经济发展等，考虑未来发展的需求，合理安排公共设施和划分空间，来满足社会发展的需求，提高资源利用效率，为公共利益的实现提供保障。如果属于自然资源、历史文化遗产等比较特殊的资源，在空间管理过程中，需要加强安全保护，合理配置这些重要的资源，把重点放在公共利益的实现上。

4. 作为空间总体协调架构的控制

空间规划涉及不同地区的空间系统，不仅包含自然领域，人类活动的社会领域也包含其中。空间规划的目的就是要采取一系列有效措施，提高空间资源的利用效率，为实现社会整体发展目标贡献力量，在这个过程中，选择合适的规划管理方法很关键。空间规划会有一定的区位限定，实现不同空间要素的优化配置，选择合适的应用途径，使其利益实现最大化。想要达到良好的空间资源保护效果，就需要形成正确的政策框架和利用格局，与国家长远发展目标保持一致，确保整体发展的有序性、连续性。

空间规划就是要重塑空间结构，在具体实施过程中，主要集中体现在以下几点：第一，严格控制地区资源的配置，提前制定发展规划，明确具体的控制管理方案，确保城乡发展需求得到满足，减少不合理开发行为。第二，积极改造城市、乡村环境，根据地区发展情况，制定相应的管理规划，确保城乡功能正常发挥，实现环境的多维度更新。第三，借助合理的规划来加强生态保护，减少污染、破坏行为，积极建设环境优美的宜居环境。

第二节　我国空间规划的发展演变

一、萌芽发展阶段（1949－1977年）

1952—1956年，新中国完成农业、手工业和工商业三大社会主义改造，进入社会主义的初级阶段。农村经历了互助组、初级社、高级社三个阶段。为了实现赶超目标，国家采取优先发展重工业的政策。通过农业支持工业发展，集中资源推进工业化，试图在较短时期内建成现代化的工业体系①，实行对农产品的统购统销，工业产品和农业产品实行剪刀差。同时通过户籍管理制度，限制农民迁往

①国务院发展研究中心农村部课题组.从城乡二元到城乡一体——我国城乡二元体制的突出矛盾与未来走向[J].管理世界，2014（2）：1272-1281.

城市。我国形成了独特的城乡经济和社会结构的“二元结构”。

城乡二元结构是计划经济的产物。至十一届三中全会，我国称这一时期为计划经济时代。在这一背景下，基本无土地利用总体规划和主体功能区划，而城市规划工作认为是国民经济计划的继续和具体化，各地成立城市建设委员会，负责城市规划设计，学习苏联经验，对城市规划编制办法进行了逐步完善，先后颁发了多项城市规划设计法律法规和设计规程。国土空间规划处于萌芽阶段。

二、多元发展阶段（1978—2001年）

十一届三中全会提出要“按经济规律办事，重视价值规律的作用”，我国经济体制开始从计划经济转向市场经济。1982年“家庭联产承包责任制”在农村工作一号文件的正式出台，确立了以农户为主体的家庭承包责任制，实行集体土地所有权与承包经营权分离，激发了农村的内生动力，农业迅速发展，粮食产量快速增长，农村劳动力脱离农村束缚，开始向城市流动。随着城镇化速度加快，以及户籍制度附加的教育、医疗、保险等政策的限制，总体上呈现乡村流向城市，人口规模较大、自由度较低，城乡发展要素单向流动的主要特征，城乡二元结构进一步固化，“三农问题”显现[①]。虽然党和国家在努力打破二元结构，逐步取消工农产品剪刀差，取消户籍制度限制。但某些规定进一步强化了二元制度，如经营性土地必须征收转国有土地后才能出让的规定，一定程度上延续了自然资源和经济资源对农村地区的选择性歧视。

在此背景下，国土空间规划从探索阶段发展到多元发展阶段。土地规划方面，1981年4月党中央作出决定，要求国家建委实行国土立法、编制国土规划。1982年3月国家建委启动国土规划试点工作，之后国家相继颁发了多项文件，推广国土规划。1982—1993年全国所有省份编制了国土规划，67%的市编制了国土规划，30%的县编制了国土规划。1998年国家机构改革，组建国土资源部，明确其对国家自然资源的管理规划保护工作。

城乡规划方面，在20世纪70—80年代城市规划复苏重建过程中，我国城市规划简单回归计划经济体制下的完全理性模式，采用计划经济时期的做法，由国家

①郑小玉，刘彦随.新时期中国“乡村病”的科学内涵、形成机制及调控策略[J].人文地理，2018，33（2）：100-106.

计委牵头，城市规划等有关部门和地方参加，对重点建设项目实行联合选址[①]。1984年颁布的《城市规划条例》认为城市规划的主要任务是确定经济和社会发展目标。

1985—1991年相继颁发了城市规划编制相关办法。此时期的城乡规划以经济和社会发展战略和规划为依据，将规划制度与市场经济有机结合，建立社会主义生产资料公有制和市场经济有机融合的多层次规划制度，有力地支撑了改革开放快速发展。国土空间规划处于各职能部门积极探索发展自身相关规划阶段。

三、统筹发展阶段（2002—2012年）

随着我国经济社会快速发展，在“重城轻乡”的发展导向下，快速的城镇化、工业化，导致乡村发展主体老弱化、资产闲置化、环境污染化、生产要求非农化等问题出现[②]。二元结构进一步凸显，“三农问题”引起关注。党的十六届三中全会，强调农业的基础地位，要建立以工促农、以城带乡的发展机制，形成城市反哺农村、城乡一体化发展格局。

解决“三农问题”是这一时期的主要论点，空间规划在这一阶段提高了对农村和农业的重视，实施了促进城乡一体化的诸多措施。2008年国家将城市规划法改为城乡规划法，由原有的城乡二元体系转变为城乡统筹的规划法规体系，并组织实施城乡总体规划。2010年全国主体功能区规划编制工作领导小组会同各省级人民政府编制颁发实施《全国主体功能区规划（2011—2020年）》划定优化开发区、重点开发区、限制开发区、禁止开发区。国土部门编制完成了全国国土规划纲要，开始实施了第三轮土地利用总体规划，包含对村庄和集镇的规划。编制完成了土地整治规划，在农村地区进行了大规模的土地整治建设工作，对农村“田、水、路、林、村”进行了整合整治，配合实施以工代振模式。这一时期的国土空间规划着重强调了对耕地的保护和对农村地区资源的开发利用与保护，着力推进城乡一体化。

①周小平，赵萌，钱辉.协同治理视角下空间规划体系的反思与建构[J].中国行政管理，2017（10）：10-15.

②文琦，郑殿元，施琳娜.1949—2019年中国乡村振兴主题演化过程与研究展望[J].地理科学进展，2019，38（9）：1272-1281.

四、多规合一融合发展阶段（2013年至今）

目前，国家大力清除城乡二元结构对乡村地区发展的障碍，建立城乡融合发展关系，大力推进生态文明建设，优化国土空间开发格局，建设现代化农村，最终实现共同富裕。为了实现这一目标，国家陆续实施了新型城镇化、美丽乡村建设、乡村振兴等系列政策措施。

实现城乡关系融合发展，建立健全城乡融合的国土空间规划体系是关键。2014年国家下发了试点编制“多规合一”的通知，探索“多规合一”发展思路和完善市县空间规划体系。随后国家相继出台文件对国土空间开发等作出总体部署与统筹安排。为了解决空间结构布局矛盾、多规并行的矛盾冲突，2018年国家合并城乡建设部、国土自然部、发改委部分职能，组建自然资源部，赋予其“建立空间规划体系并监督实施”的重要职责，强化国土空间规划管制力度，提升空间管制效率[①]，建立“五级三类”规划管理体系下“自上而下”的多部门规划并行治理结构并下发编制实用性村庄规划要求。

第三节　国土空间规划的内涵与功能

一、国土空间规划的内涵

国土空间规划是新时代国家为统筹山水林田湖草和实现治理体系现代化的重要战略举措[②]。科学合理的国土空间规划不仅能够有效地解决资源环境不平衡发展的突出问题[③]，而且对我国构建国土空间开发新格局和树立人与自然生命共同体理念具有重要指导意义。目前，国土空间规划已经成为国家、省、市、县、镇

①杨开忠.新中国70年城市规划理论与方法演进[J].管理世界，2019（12）：17-27.

②余亮亮，蔡银莺.国土空间规划对重点开发区域的经济增长效应研究———武汉城市圈规划的经验证据[J].中国人口·资源与环境，2016，26（9）：101—109.

③李洪义，邹润彦，殷乾亮，等.基于CiteSpace的国内国土空间规划研究知识图谱分析[J].国土资源科技管理，2018，35（3）：53—64.

（乡）推进规划体制改革、优化空间配置、调控区域社会经济全面可持续发展和规范国土开发秩序的重要依据。作为可持续发展战略的蓝图，学术界对国土空间规划的内涵和外延仍然存在认识不明确、不统一的现状。如何科学、规范、严谨地认识和界定国土空间规划的内涵和外延，成为国土空间规划学术领域亟待解决的基础问题。

（一）国外对国土空间规划概念的认识

国土空间规划这一名词的出现可以追溯到20世纪80年代，《欧洲空间规划宪章》最早将其定义为“所有具有空间意义规划活动的总称”；《欧洲空间规划制度概要》将其描述为“公共部门为创造更合理的土地利用关系、调节环境保护和开发利用而采用的影响未来空间分布的方法”；欧洲区域间计划将国土空间规划定义为“通过管理国土开发和调整产业政策等方法来协调空间结构的手段”[①]。

德国是世界上最早开始进行空间规划并取得良好效果的国家[②]。在德国，国土空间规划被称为空间规划，是指在国家全部空间或局部空间上通过采用综合性、系统化的计划和措施协调和规范空间秩序，使其更加合理有序的制度。其目的是对德国空间的不同功能划分、国民经济与社会发展、环境污染治理等作出计划和调整。

在荷兰，国土空间规划也称为国土空间战略，是指为了统一和协调空间需求，平衡环境保护和社会发展矛盾而作出的空间计划，其目的是分析国家社会和空间变化，指导国家未来的国土空间开发，并对未来的国土空间需求进行预测。

在日本，国土空间规划也被称为国土综合开发规划，是指为了合理配置产业发展，提高社会福利，从自然、经济、社会等角度出发对国土空间进行的开发、利用、保护，是层级最高的规划，充分体现了全面协调、综合利用、开发和保护国土空间资源的作用，对国内经济建设、空间开发利用具有重要指导意义。

在韩国，国土空间规划也称为国土规划，是指为均衡全国发展、调整空间布局，促进国民生产生活水平提高，对土地开发利用、产业结构布局、人口经济发

①严金明，陈昊，夏方舟.“多规合一”与空间规划：认知、导向与路径[J].中国土地科学，2017，31（1）：21—27，87.

②李露凝，孔繁灏，戴特奇.德国国土空间开发经验与启示[J].亚热带资源与环境学报，2018，13（2）：79—84.

展、生态环境治理等作出的国土开发整治规划，对全国各类资源开发、利用、治理和保护进行了全面谋划，为调整产业布局、提升环境质量和保障空间利用效率提供了“蓝图”。

以上4种仅是国外国土空间规划起步较早、具有代表性的国家对国土空间规划的认识。从称谓看，各国不尽相同，德国称“空间规划”、日本称“国土综合开发规划”、荷兰称“国土空间战略”等；从内涵看，各国国土空间规划表述中对国土空间规划的定位存在较大差异，基本可概括为3种模式，即以空间问题为导向的规划模式、以地方空间为主导的规划模式和以统筹发展为主导的规划模式；从外延来看，各国均从有利于自身国家发展和空间布局的视角出发界定国土空间规划，侧重体现国家发展战略和目标，各国发展战略和目标不同，定义的外延自然也不同。

（二）我国国土空间规划概念的几种主要观点

目前，国土空间规划在我国已经全面展开，国内学者们从不同的立场和视角出发对国土空间规划概念提出了自己的认识，具有代表性和影响较大的主要有以下几种观点。

浙江大学吴次芳教授认为，国土空间规划是在调查评价自然资源的基础上，为优化空间布局，提升空间利用效率，协调资源需求和经济发展和谐共生，提高空间品质，对动态变化的国土空间布局、秩序、所涉及人类活动等要素所做的整体部署和战略安排①。

中国科学院大学董祚继教授将国土空间规划定义为在综合考量区域人口、资源、经济、社会、环境等全要素的基础上，对提升国土空间质量、转变国土开发利用保护模式而对区域空间格局进行的整体谋划，是国家空间发展的行动指南，体现国家意志②。

北京大学林坚教授认为，国土空间规划是通过协调部署国土资源开发、利用、整治、保护等人类活动，达到资源环境保护与经济社会发展协同共生的目的，是一项指导和管控涉及国土空间各类活动的国家级政策，具有综合性、战略

①吴次芳，叶艳妹，吴宇哲，等.国土空间规划[M].北京：地质出版社，2019：52—53.
②董祚继.新时代国土空间规划的十大关系[J].资源科学，2019，41（9）：1589—1599.

性、引领性的特征[①]。

浙江大学岳文泽教授认为，国土空间规划是一项具有明显层级性的公共政策，以实现人口和经济的高效空间集聚、保障国家粮食安全底线、实现国家生态安全为目标，以加强区域间的联系互动、推进区域间资源流通为主线，以提高空间利用品质、提升空间利用效率为核心，对生产空间、生活空间、生态空间等所做的战略性谋划与安排[②]。

中国土地勘测规划院张晓玲、赵雲泰认为，所谓国土空间规划其核心要义是将多个规划协同在统一的二维空间上，以统一的技术标准、时序安排、空间功能为技术基础，协调安排国土空间全要素，制订管制规则，合理有序划定生产、生活、生态空间，使得国土功能实现最大化的活动[③]。

广州大学谢锦鹏博士则认为，国土空间规划是对国土空间开发、治理、保护进行的合理布局和战略安排，是国家调节空间秩序、优化资源配置、管控空间活动的一种手段和措施[④]。

以上对国土空间规划概念的理解和认识各有侧重，基本代表了国内学者的主要看法，能够在一定程度上反映我国国土空间规划概念的研究进展，但对概念的内涵和外延并未达成统一认识和严谨界定。吴次芳教授从国土空间规划的基础、对象、主线、核心等方面出发对其概念进行了较为全面、具体的定义；董祚继教授立足于国家空间发展层面对国土空间规划概念做了宏观性、概括性的界定；林坚教授认为，国土空间规划是一项公共政策，其观点着重突出了国土空间规划的作用及定位；岳文泽教授认为，国土空间规划是针对各级生产空间、生活空间、生态空间进行谋划与安排的公共政策，概念突出了国土空间规划的层级性特征；张晓玲、赵雲泰的观点从技术层面出发定义了国土空间规划的概念，重点揭示了国土空间规划分级分类和国土综合整治的特点；谢锦鹏的观点侧重于对国土空间规划宏观的定义，缺乏系统性；其他学者则将国土空间规划等同于土地利用总体

---

①林坚，宋萌，张安琪.国土空间规划功能定位与实施分析[J].中国土地，2018（1）：15—17.

②岳文泽，王田雨.资源环境承载力评价与国土空间规划的逻辑问题[J].中国土地科学，2019，33（3）：1—8.

③赵雲泰，葛倩倩.“多规合一”视角下的国土空间规划——以榆林试点为例[J].国土资源情报，2018（8）：22—29.

④郧文聚，杨晓艳，石英.土地整理概念的科学界定[J].资源与产业，2008（5）：1—2.

规划，并未对国土空间规划概念作出全面的实质性定义。

（三）国土空间规划内涵和外延的界定

综合以上国内外学者对国土空间规划的认识可以看出，基本诠释了国土空间规划的主要内容，虽然视角和表述各不相同，但概括其共性不难发现，基本都从宏观战略层面认识和理解国土空间规划，针对性、具体性不强；对国土空间规划概念内涵的理解大都立足于概念的某一组成部分或特征，没有突出全面性、广泛性；主流观点对国土空间规划的内涵和外延基本都有涉及，但尚未对内涵和外延作出严格意义上的界定。

随着“生态文明新时代”到来，国土空间规划工作已经深入开展，迫切需要学术界完善、明确、统一国土空间规划的内涵和外延，国土空间规划的内涵究竟包含什么内容，其外延实质到什么范围，笔者认为必须遵循2个原则：国土空间规划内涵的阐述要能满足一般性概念定义的要义和国土空间规划特有的属性总和，即需包括被定义项、定义项、定义联项3个部分，是国土空间规划主体、定位、职能、特点、任务等全部特征的总和；外延的界定必须客观、全面地界定新时代国土空间规划的客体、时空范围、适用范围。依据以上两条原则将国土空间规划定义如下：

国土空间规划是指国家为优化空间格局，提升区域空间利用效率和品质，解决各项规划之间的矛盾，统筹资源调配与社会发展，根据某一时期社会经济发展总的战略方针和目标，依据一定的自然、社会、经济、科学、技术条件，对某一行政辖区内海、陆、空国土空间全要素进行调查评价，从国家、省、市、县、镇（乡）五级层面和总体规划、详细规划、相关专项规划3种类型对生产空间、生活空间、生态空间格局的开发、利用、治理、保护、修复在时间和空间上因地制宜进行的统筹部署和战略谋划。

这一定义明确了国土空间规划的内涵和外延，其内涵包含5方面内容：国土空间规划的主体是国家，体现国家意志，国家委派省、市、县、镇（乡）级国家行政机关进行国土空间规划的具体编制和实施；国土空间规划的定位是一种全新的纲领性规划，指导和管控涉及国土空间要素的各项人类活动，引领和协调各专项规划，是国家空间发展的指南、可持续发展的空间蓝图和各类开发、建设、保护活动的基本依据；国土空间规划的职能是优化空间格局，提升区域空间利用效率和品质，统筹区域发展，加强政府治理，推动生态文明建设，协调社会经济发展与资源环境保护；国土空间规划的特点是作为全新的纲领性规划具有战略性、基础性、权威性、严肃性、约束性、统一性、融合性、全面性、前瞻性的特点；国土空间规划的基本任务是根据一定时期国家经济和社会发展目标以及区域自然、经济、社会、技术等条件，确定规划区产业结构布局，协调资源配置、经济发展、环境保护之间关系，明确空间战略格局、空间结构优化方向以及重大生产力布局安排，提升国土空间利用效率和品质，为各类战略发展实施提供空间保障，对基础建设、资源能源、生态环境等空间性活动提供指导和约束。

上述定义中国土空间规划的外延界定包含3方面内容：国土空间规划的客体狭义上是指某一区域内的全部陆域（地表和地下）、海域及空域国土，广义上是指包括土地、江河湖海、矿藏、岩石、植被、生物、气候、水文等自然资源以及人口资源和社会经济资源在内的全部国土空间要素，是时代（天）、空间（地）、社会（人）为一体的动态综合巨系统；国土空间规划的时空范围是特定规划期限内某区域内的海、陆、空全部国土要素，时间范围始于规划基期，止于规划期末，空间范围讲求区域整体，是规划地区的全部国土空间要素，上至“九天”，下到“五洋”，将时间和空间置于一个整体框架下进行统一谋划的时空范围构成了国土空间规划的“宿命”；国土空间规划的适用范围是属于不同尺度国土空间规划各行政辖区内所有开发、利用、治理、保护、修复等在内的空间发展活动，约束行为是行政辖区内一切空间发展和各类开发、建设、保护活动，约束地域范围为空间规划区。

国土空间规划是新时代推进国家空间治理体系和治理能力现代化的重大战略举措，科学完善的国土空间规划对空间格局优化、资源要素合理调配、资源环境协调发展等具有重要指导意义，而对其内涵和外延的科学认识则是国土空间规划有序开展的前提和基础。因此，本文主要针对目前学术界对国土空间规划概念内涵和外延不明确、认识不统一的现状，分析比较了国外典型国家对国土空间规划概念的认识，并总结梳理了国内学术界专家学者对国土空间规划概念的主流观点，通过总结精华、规范表述，对国土空间规划的内涵和外延认识进行了全面、规范的界定，使国土空间规划的表述既满足了一般性概念定义的要求，又突出了国土空间规划的特性。

二、国土空间规划的功能

国土空间规划的规范功能内涵主要体现在国土空间规划的“五级三类”规划体系和“三区三线”要求之中。国土空间规划的规范功能要义既体现在其宏观的架构下，又体现在其编制要求上。具体而言，国土空间规划具有宏观调控功能，其规范功能要义指向秩序平衡；国土空间规划具有生态保护功能，其规范功能要义指向正义指引；国土空间规划具有耕地保护功能，其规范功能要义指向安全保障。

（一）宏观调控功能要义：秩序平衡

宏观调控功能虽然在法条之中没有直接的表达，但是其衍生内涵却能体现宏观调控功能。本部分首先对宏观调控功能表达进行分析，分为在“五级三类”中的表达和在“三区三线”中的表达；然后再对宏观调控功能的功能要义进行提炼得出其功能要义为秩序平衡，分为要素秩序平衡和发展秩序平衡。

1. 宏观调控功能表达

宏观调控功能在“五级三类”中的表达主要体现在“五级三类”规划体系对人口分布、经济布局、国土利用等方面的分布和调控上；在“三区三线”中的表达主要体现在对生态空间、农业空间和城镇空间及生态保护红线、永久基本农田划定和城镇开发边界的布局调控上。

（1）在“五级三类”中的表达

2019年5月“五级三类”的国土空间规划正式提出，并要求合理布局相关要素及空间。空间本身就作为一种资源要素存在，其在要素分类上包括地上、地下，陆地、海域，人类进行所有开发利用均是在空间的范围内进行的，同时人类也存在于空间之中。而空间“资源的有限性和人类需求的无限性”决定了空间作为一种资源需要合理可持续的利用和开发，而要实现合理的利用和空间资源的可持续发展，就需要对其进行规划。国土空间规划合理布局经济、人口、国土利用和生态环境等要素，其中“布局”本身就是对这些空间资源要素的分配，这便体现了宏观调控的功能。

国土空间规划是法定规划，行政部门制定政策，做出行政行为需要依据国土空间规划，但是国土空间规划有一定的规划期间，而且存在法定的修改路径，因此国土空间规划兼具稳定性和变动性。其在稳定和变动之间，对土地、森林、海域、滩涂等空间性资源进行分配，从而能实现在稳定性和变动性之间进行持续的宏观调控管理。具体到国土空间规划的“五级三类”，体现宏观调控功能最为明显的是详细规划和专项规划，特别是特定行政领域的专项规划。详细规划具体到国土空间的地块用途，其直接对接建设项目的规划许可，与市场行为最为接近，其能够直接调节市场行为，比如房地产市场中，通过详细规划对地块区位的投放能调控城镇发展的方向，对地块量上的控制能够调节土地的供求关系，进而能够在一定程度上调控房价。而作为交通、能源、水利、农业、信息、市政等基础设施等领域类的专项规划，则直接能够对接民生、经济和国家战略，通过对各个专项规划的空间资源投入，可以在领域之间进行调控。比如重庆已经发布的《重庆市国土空间规划通信专业规划——5G专项规划》，作为当下的紧要需要突破的经济科技领域，在国土空间对专项规划的投入与安排上可以适当优先。因为5G技术的发展不仅能福利国民，而且还能走出国门，在国际市场上竞争，对占据国际科技发展制高点具有重要的意义。

（2）在“三区三线”中的表达

在“三区三线”的划定中明确了指导思想。一方面，这条指导思想似乎指明了宏观调控的边界，调整经济结构、规划产业发展、推进城镇化，都不能逾越这条红线；但是另一方面三条红线的划定本身就是在规划期内一种硬性的宏观调控，准确地说是宏观控制。三条控制线虽然是硬性控制，但是也设定了一定的弹性空间，其目的是应对经济发展中的重大变化。涉及三条线变动的审批权限进行的规定，其中永久基本农田的占用审批最为严格。因此对于三条控制线，其宏观控制具有一定程度上的变动性，只是控制的强度不同而已，从强度由高到低进行排序，首先最强的是耕地保护红线，其次是生态保护红线，最后是城镇开发边界。三条控制线共同作用，共同起着“空间资源调配”的作用，这便是宏观调控的应有之义。三条控制线既是国土空间规划内容的组成部分，同时又是国土空间规划编制的要求。与三线相对的是三区。生态空间、农业空间和城镇空间只要不触碰红线便可以回到常态化的国土空间规划的宏观调控功能上，其实施宏观调控的路径依旧是按“五级三类”规划来进行。

2. 秩序平衡功能要义

国土空间规划宏观调控功能指向秩序平衡功能要义。宏观调控虽然在一定程度上体现着公平正义，但是其主要目的还是在于秩序的平衡，因为没有秩序的保障，那么公平和正义便无法实现，而实现了秩序平衡，其中的“平衡”一定意义上具有公平和正义的内涵。国土空间规划宏观调控功能的秩序平衡要义分为要素秩序平衡和发展秩序平衡。其中要素秩序平衡作用于对国土空间作为资源属性的要素进行合理分配以达到平衡；发展秩序平衡主要作用于城乡发展平衡和区域发展平衡。

（1）要素秩序平衡

这主要是从国土空间规划宏观调控的作用对象上来看。国土空间的要素非常广泛，包括地上地下空间、陆地海域空间等，其要素分配主要集中于陆地空间和海域空间。因为人主要活动于陆地空间和海域空间。陆地空间和海域空间相比，国土空间规划又侧重于对陆地空间要素进行分配。国土空间规划的宏观调控功能需要对国土空间要素进行合理的分配，达到要素之间的秩序平衡。

在“五级三类”进行要素分配。从纵向上看，国土空间规划分为五级规划，各级规划的调控的方向和侧重有所不同，但在从上到下的规划中，国家级空间规划会综合协调各个省级的规划指标，省级的规划会综合协调各个市县的规划等，从而在纵向的空间要素分配上达到一个秩序的平衡。三类规划共同组成一个体系，共同作用于“空间分配”，共同致力于“空间秩序”的平衡。

要平衡分配生态空间、农业空间和城镇空间，不仅要在当下达成一个合理的比例，而且需要面向未来进行合理的分配。生态空间对应的是提供生态产品和生态服务，农业空间对应的是农产品的生产和农村居民生活，城镇空间对应的是城镇居民的生产和生活。只有在这三要素之间达成合理的比例，才能在生态、经济、生活之间达成一个合理的平衡。国土空间规划通过对生态保护红线、永久基本农田和城镇开发边界的划定，通过强化用途管制的方式来进行空间资源的固定与调配。三条控制线之间也需要进行合理的分配，达成三条控制线之间秩序的平衡。通过对城镇开发边界的合理划定，能够引导城镇有序地发展，避免城镇无序发展带来的对生产、居住功能的损害，同时能够避免因城镇无序发展而向外无序扩张从而侵害永久基本农田和生态区等；通过对永久基本农田的划定来保证我们国家最基本的生存用地；通过对生态保护红线的划定，来维护我们赖以生存的生态家园，保证生态产品的持久性输出。三条控制线需要互相配合，在要素秩序上进行合理分配，保证三类空间的平衡分布，以此达成要素秩序平衡。

（2）发展秩序平衡

国土空间规划宏观调控功能的要义之一为“发展秩序”平衡。尊重经济社会发展规律是国土空间规划明确的编制要求之一。而国土空间规划的宏观调控功能在经济社会发展偏失的情况下，通过国土空间规划来纠正社会经济的发展路径，从而使其回到正常的轨道，进而实现发展秩序的平衡。结合中国的国情来看，发展秩序的平衡在空间上主要集中于“城乡平衡”和“区域平衡”。

对于城乡平衡。从我国城市化的进程来看，我国处于城市化阶段，并且呈现出滞后城市化的特征，虽然我国城市化已经大幅度发展，但是在发展阶段上依旧落后于我们的经济发展水平；城市化进程中，城乡发展不平衡是一种常见的经济现象，待进入了完全城市化阶段或者逆城市化阶段，城乡发展就会在经济阶段中实现自我平衡。虽然我国目前城乡发展不平衡是处于经济社会发展的特定阶段，但是国家可以通过积极的宏观调控来尽量地缩小城乡发展的差距。党的二十大对全面推进乡村振兴作出了系统部署。乡村振兴战略规划其规划的定位是战略规划，但是其中带有很强的空间规划属性，因为所有战略规划都需要在空间之内实施。国土空间规划的提出在乡村振兴规划之后，因而，作为后提出的国土空间规划的编制，应在空间之上与乡村振兴规划进行对接。对此，自然资源部做出了回应，专门从国土空间规划之详细规划的村庄规划的角度来支持乡村发展战略。国土空间规划宏观调控功能在促进城乡平衡上具有重要的作用。

对于区域平衡。我国幅员辽阔，各个地区在资源禀赋上存在较大的差异，加上各个地区在历史发展时期所承担的国家战略不同，因此也造就了区域发展不平衡的局面。过去中国在“以效率优先”的经济目标指导下，采取东部优先、中西部次之的区域发展政策，这种发展政策在当时的社会经济背景下是需要的，但是同时也带来了我国区域发展不平衡的问题。普遍的表现是东部沿海地区经济发展较好，其次是中部地区，最后是西部地区。改革开放初期为了发展经济，发展对外贸易，因此划定了一些经济特区，在经济特区取得的经验较为成熟之后，逐步地向内地进行开发，因而在历史发展的阶段上，东部沿海地区的经济发展水平走在全国前列。新时代实行“西部开发、东北振兴、中部崛起、东部率先”的区域发展战略，为此在国土空间规划的安排上，应承接我国的区域发展战略，充分发挥国土空间规划的宏观调控功能，在区域间进行合理的主体功能区划分，合理地分配各个地区的生态、农业、城镇空间，支持地区间平衡发展。

（二）生态保护功能要义：正义指引

此处需要说明的是，生态保护和环境保护往往是相向而行的，国土空间规划的规范文件对两者都有规定，但是其主要面向的是生态保护，因而本节面向主要功能进行论述。生态保护功能是国土空间规划重要功能之一，在生态文明体制改革和生态文明建设背景下，国土空间规划的生态保护功能对美丽中国的建成具有重要意义。本部分先厘清生态保护功能在“五级三类”规划体系和“三区三线”规划要求中的表达。再提炼其规范功能要义即正义指引，分为生命共同体和代际正义。

1. 生态保护功能表达

生态保护功能在“五级三类”规划体系中的表达集中体现在保护生态的规划要求和生态保护的专项规划上。在“三区三线”中的表达集中体现在生态空间的布局和生态红线的划定上。

（1）在“五级三类”中的表达

“五级三类”的国土空间规划体系，提出了优化生态保护格局的战略要求；要求提高规划编制的科学性，尊重自然规律，生态环境保护与修复并行；健全用途管制制度，对国家公园自然保护地及重要的海域、海岛、水源地等进行特殊保护。

在“五级三类”中，各级各类规划相辅相成，共成一体，共同在用途管制中实现对生态环境的保护。其中特别是在专项规划中的专门生态保护规划更是直接作用于生态保护与修复。自然资源部门通过编制专门的生态保护性专项规划并监督实施能够直接地实现生态保护功能。

生态安全已经在规范上进入了国家安全领域。这是前所未有的，体现了我国在国家安全观上的进步，同时也对国土空间规划提出了更高的要求。这相当于给国土空间规划赋予了生态保护的使命。作为国土空间规划的功能之一，其在制定和执行中必须严格地保护生态，践行国家生态安全观。随之2015年9月21日发布并实施了《生态文明体制改革总体方案》，并对国土空间规划生态保护问题进行了规定。

“五级三类”的国土空间规划生态保护功能是对生态文明建设的承接，同时也是对改革之前的法定规划生态保护功能的吸收，特别是对主体功能区规划的吸收。其通过划定限制开发区和禁止开发区来保护生态。国土空间规划是其他空间性规划之融合，其具有生态环境保护功能是应有之义。

（2）在“三区三线”中的表达

生态保护功能在“三区三线”中的表达主要集中于生态空间的布局和生态红线的划定。《中共中央、国务院关于建立国土空间规划体系并监督实施的若干意见》（以下简称《若干意见》）在“（八）提高科学性”中对生态空间布局和生态红线划定、生命共同体理念进行了科学指引；在“（十九）加强组织领导”中从生态环境保护方向对组织领导提出了较为具体的要求。《中共中央办公厅、国务院办公厅印发〈关于在国土空间规划中统筹划定落实三条控制线的指导意见〉》在“（一）指导思想”中要求贯彻习近平生态文明思想，严格保护生态；在“（二）基本原则”中对生态空间的布局上提出了科学性的要求；在“（四）按照生态功能划定生态保护红线”中明确了什么是生态保护红线、范围以及保护方式；在“（九）协调边界矛盾”中确立了生态保护红线的优先级；在“（十一）严格实施管理”中对生态保护红线的管理权限进行了明晰。

从指导生态空间和生态保护红线的规范来看，生态空间布局的总体要求是要科学，生态保护红线在划定和保护上的要求是科学和严格。生态保护红线是国土空间规划生态保护功能最硬性的措施，严格划定和保护因而是其应有之义。在三条控制线矛盾的处理规则上，生态保护红线中的自然保护地之核心保护区具有绝对优先级地位。当然永久基本农田对于我国作为人口大国的现状，其保护十分重要，虽然其在核心自然保护地等方面要向生态让步，但是退出的永久基本农田根据规定必须进行补划和补充。

2. 正义指引功能要义

国土空间生态保护功能的规范要义指向正义指引。具体分为两个方面，一指向生命共同体。人与自然的关系的本质也是人与人的关系，因此人与自然组成生命共同体。二体现在代际正义上。假如当代人破坏了自然会损害后代人的生存环境。因而生态保护功能的正义指引是一种广义的正义。

（1）生命共同体

正义在法学中的要义比较广泛，人与自然的正义当然包含在其中。人与自然的关系应该是我和我们的关系，人类作为自然的组成部分，应该尊重自然、按照自然规律活动，才能在生命共同体中存在和前进。实现人与自然的和谐共存，这

是更加广义的一种“正义”，而国土空间规划的生态保护功能正是生命共同体正义的实现渠道，是人与自然正义规范价值的体现。国土空间规划通过规划制定，通过用途管制制度对规划监督执行，在对国土空间进行开发利用中，协调人与自然的关系，做到人与自然的和谐相处与生命共同体正义实现。生命共同体正义的实现对我们具有重大的意义。我国经济社会发展到今天，物质生活比较丰富，但是在过去的经济发展中造成了生态的损害。因而在当今我们应该切实保护生态，回应国民的生态需求。在生命共同体中，我们作为其中的一分子，生态保护的缺失必然会影响我们生态产品的获得。因而生命共同体正义的实现具有重要的意义。

（2）代际正义

保护生态环境不仅关系到我们这代人的生态生活质量，而且，更多的是实现“代际正义”。人与自然的关系实质上还是人与人之间的关系，更准确地说是当代与后代之间的关系，是一个可持续发展问题。人与自然和谐相处，尊重自然规律，按照自然规律进行开发建设，那么不仅在当代能够获得美丽良好的生态空间，而且更重要的是后代能够在良好的自然空间存续和发展；如果不尊重自然，进行破坏式的开发和利用，不仅在当代会带来生态破坏的问题，而且会影响后代的生存空间和生存质量。后代为了生态恢复，会消耗过多的投入，这样在代际就会“正义失范”。中国过去为了急迫地发展经济，加上对发展经济与生态保护之间关系的认识较为缺乏，经历过一段粗放式的发展模式，一方面带来了经济的巨大进步，但是另一方面也带来了生态破坏和环境污染。

随着中国经济的转型升级，社会经济水平的提高，快速地发展经济已经不那么急迫，随着可持续发展观的推出，国家、社会、公民对人与自然的关系和保护生态环境的认识不断地提高。“国土空间规划体系为《生态文明体制改革总体方案》八项制度之一”，国土空间规划体系就是作为生态文明的内容之一，在生态文明改革中建立起来的。因而国土空间规划生态保护功能是其应有之义。国土空间规划通过“五级三类”规定的制定，特别是生态保护类的专项规划的规定和执行；通过生态空间的布局和生态红线的划定，在功能效力上，直接指向生态保护。把国土空间按照生态原则进行开发利用，不仅在当代能够享有美丽的生态空间，而且更重要的能够使后代也能在美丽的国土生态空间上生存、生活。这便是国土空间规划生态保护功能之代际正义的应有之义。

（三）耕地保护功能要义：安全保障

对于一个拥有14亿人口且人均耕地不足的大国来说，耕地保护的重要性毋庸置疑。在国土空间规划建立之前，土地利用总体规划的一个重要方面便是通过土地用途管制来严格限制建设用地占用耕地。但是在土地利用总体规划与城乡规划的冲突中，耕地保护的效能受损。国土空间规划由多规合一演变而来，当然继承了之前多规的耕地保护功能。耕地保护功能的规范要义为安全保障，分为耕地安全和粮食安全。

1. 耕地保护功能表达

耕地保护功能在“五级三类”规划体系中集中体现在补充耕地专项规划和耕地保护的规划要求上；在“三区三线”的规划要求的表达上集中体现在农业空间的布局和基本农田控制线划定上。

（1）在“五级三类”中的表达

“五级三类”的国土空间规划是一个体系，在耕地保护这个问题上总体规划、专项规划和详细规划相互作用、相互支撑，通过用途管制的方式来进行耕地指标控制，特别是控制建设用地占用耕地和实现占补平衡。当然在国土空间规划的专项规划中也存在专门的土地整治规划等作用于保护耕地的规划，但是规划体系的建立，各个子规划系统的相互协作和统一是耕地保护类规划能够正常运转和有效实施的保证。从时间历程来看，“五级三类”的国土空间规划对耕地保护的功能主要来自对原土地利用规划耕地保护功能的吸收。国土空间规划融合吸收了原主体功能区规划、土地利用规划等空间性规划的耕地保护功能，特别是土地利用总体规划，土地利用总体规划主要功能在于耕地保护。在改革开放的过程中，大量的耕地被占，为了保护耕地，《中华人民共和国土地管理法》在1998年被重新修订，而修订的主要目的就是加强耕地保护，重要的手段就是利用土地利用总体规划来加强耕地保护。由此，国土空间规划的“耕地保护功能”既是对国家耕地保护制度的承接，又是其对原其他空间性规划耕地保护功能的承继。

（2）在“三区三线”中的表达

耕地保护在“三区三线”中的农业空间和永久基本农田划定上具有直接的表达。耕地保护的核心措施便是划定永久基本农田和进行强制性保护，这对于作为人口大国的我国具有重要的意义。《若干意见》在战略性和科学性上明确指出要优化农业生产格局，统筹布局农业空间，划定基本农田实施边界管控。《自然资源部关于全面开展国土空间规划工作的通知》对过渡期空间规划的协同提出了要求，其中重要的一点是过渡期空间规划的一致性处理不得突破永久基本农田保护红线，并且不得突破2020年耕地保有量等约束性指标；并对国土空间规划报批审查要点进行了明晰，其中要求明确审查耕地保有量、永久基本农田划定情况、农业空间布局情况。在“三区三线”中明确要求落实最严格的耕地保护制度、划定基本农田，并进行通途管制，严格保护基本农田，以此来保护我们国家的粮食安全。

2.安全保障功能要义

国土空间规划耕地保护功能的安全保障要义分为耕地安全和粮食安全，耕地安全是直接的要义，粮食安全是进阶要义。安全是重要的法律价值，在国家安全观下，耕地安全与粮食安全也是重要的安全事项。

（1）耕地安全

国土空间规划通过划定基本农田作为红线，从而保障耕地最基本的部分。因而我国把永久基本农田的变动权提到了国务院，从而排除了地方政府为了地方发展而占用永久基本农田的权限。当然国土空间规划耕地保护功能并不只体现在永久基本农田的划定上，但是永久基本农田的划定并强保护是国土空间规划对耕地保护最为核心的措施，也是最硬性的措施。国土空间规划的其他措施还有比如通过进行土地整治规划的编制有序地进行土地整理、土地复垦、补充耕地等措施，这些国土空间规划措施也能够起到保护耕地的作用，只是在保护耕地的功能强度上没有永久基本农田划定强。另外，国土空间规划体系是一个有机系统，“五级三类”各个规划体系之间共为一体同样是耕地安全的保障。

（2）粮食安全

粮食安全已经进入规范意义上的国家安全范围，同时也是习近平总书记提出的国家安全观的要求。国土空间规划耕地保护功能最直接的要义是耕地安全，而粮食安全又是耕地安全的应有之义，因此粮食安全进而为国土空间规划耕地保护功能的规范要义。作为一个14亿人口的大国，保障粮食安全具有重要的意义，首先民以食为天，粮食安全最紧要的意义当然是保证人民群众的生活安全；其次粮食安全是其他国家安全领域的基础，假如粮食安全问题不稳定，那么有可能带来社会秩序不稳定等连锁反应；最后在全球化的今天，虽然通过正常的贸易渠道能从国外进口粮食，但是绝对不能依靠国际贸易来解决国内的粮食安全问题，因为在当下的中美贸易摩擦中已经看出国家贸易渠道并不安全。

第四节　空间规划思想与理念

一、空间规划思想

中国现行的空间规划体系形成于计划经济时期，伴随国家公共政策的变化，经过长期的调整、完善，逐步形成了现在以国土规划、区域规划、城市规划为核心的规划体系。但目前的空间规划体系存在规划编制与管理无序、空间规划法律体系不健全、不同规划的内容之间存在冲突、规划编制资源浪费等问题。近年来已有不少专家学者针对中国空间规划体系存在的问题进行详细分析，并努力寻求构建统一完整的空间规划体系的办法，尝试构建一套统一完整的空间规划体系。

本节在目前的研究基础上对中国空间规划体系的构成、存在问题和发展方向进行了新的思考，从系统论的角度对中国空间规划体系进行了思考分析，对空间规划的内容体系、行政管理及相应法律体系做了深入研究，为解决中国空间规划体系所存在的问题，建立更科学合理的空间规划体系寻找新的突破口。

（一）系统论与空间规划的结合

1. 对空间规划体系的系统性理解

根据贝塔郎菲一般系统论对系统的定义，系统是指处于相互作用中的要素的复合体。根据1997年欧洲空间规划制度概要中对空间规划的定义：空间规划是主要由公共部门使用的影响未来活动空间分布的方法，它的目的是创造一个更合理的土地利用和功能关系的领土组织，平衡环境保护和发展两个需求，以达成社会和经济发展总的目标。所以，空间规划可被理解为对土地、土地表面以上和以下的空间、城市的建筑物、各种自然资源等诸多彼此关联、相互作用的要素的安排利用的集合，是一个系统。

土地利用规划、城市规划、区域规划等不同类型的规划具有不同的目的和功能，可分别作为单独的系统。这些系统之间由于空间的连续性、物质上的相互依存性、能量上的相互流动性而彼此关联、相互作用，整合形成更高层次的空间规划内容系统。与规划系统相联系、配合的行政管理制度和法律法规又可分别整合为两个不同层次的系统，即行政管理系统和规划法律系统。三大系统继续整合，便构成了更高层次的系统——空间规划体系。

空间规划体系具有整体性、相关性、秩序性、持续性和演化性等特点。它由不同的空间规划组成，但并非是其简单加和，而是按照某种结构相互组织、整合，形成层次关系，呈现出特定的秩序。当空间规划体系内部各要素、各层次、各分系统之间协同配合、有效运行时，空间规划体系处于有序状态，可以稳定地生存发展；而当其系统内部结构混乱，元素、层次、分系统之间相互冲突矛盾时，空间规划体系便处于无序状态，必然会在内部作用和外界环境的影响下发生结构变化，向有序的系统演化。但是，无论系统是否有序，系统都会在一段时间内保持稳定状态。因此，已成形的空间规划体系一方面会保持其主要功能和目的，指导国家和各地区的空间规划工作；另一方面则会随着时间、空间、环境等因素的变化逐渐对已有的内容、结构进行修订，使无序变为有序，从而持续演化。

2. 用系统论思想构建空间规划体系

从系统的基本特征出发，构建科学合理的空间规划体系要强调规划体系的整体性、综合性、统一协调性以及稳定性。科学构建空间规划体系，需要做到以下几个方面：

（1）明确系统的整体目标，从全局统筹协调和共同利益出发，避免局部和片面的思考，使各类规划在内容、目的、管理等方面彼此协调，相辅相成。

（2）充分考虑各方面的空间需求，对空间规划体系的组成部分经过恰当的组织、整合，理清规划间的整体与局部关系、宏观与微观关系，明确规划部门的职能划分、协调和从属关系，协调规划的编制体系、管理体系和法律体系，使系统有序。

（3）把眼光投向更加宽阔的时空范围，注重考虑空间规划体系与环境的互动关系，尽可能地预测未来环境与规划体系间的相互影响。空间规划体系在实施的过程中，还要对其实施效果进行评价，及时调整各规划的内容和相互关系，以适应新的发展需求。

（二）用系统论思想完善中国空间规划

1. 整合空间规划内容

笔者认为空间规划体系结构应该遵循简单、有效、可操作性强的原则，不再区分土地利用规划和城市规划，强化国土规划和区域规划，使规划内容上下层次分明，协调互动应是空间规划内容体系的最终发展方向。考虑到中国地域范围宽广，本节认为按国家层面的空间规划、跨省区的区域规划、省域层面的规划和城乡空间规划4级进行划分较为合理。其中，省域层面的规划要负责本省范围内的跨市域的空间规划。城乡空间规划也应按照城乡一体化的原则不再划分城市规划和乡镇规划。

2. 重建空间规划行政管理制度

随着空间规划内容的重新整合，相应的空间规划职能也发生变化，行政管理制度也要进行重建。国内有学者提出将目前有关规划编制与管理机构整合在同一系统中，建立空间规划的“大部门体制”①。这种方式有利于规划工作的上下统一，规划编制过程中也更容易协调整合，统一的规划部门也更容易从整体角度进行思考，符合系统理论的要求。另外，行政管理系统的层次划分要与规划内容系统的层次划分一致。区域规划以外的各级空间规划应由专门且唯一的规划部门负责组织编制、监督和管理，而区域规划则由国家部委成立专门的项目委员会负责。

二、空间规划理念

（一）韧性城市规划理念

1. 韧性城市的概念内涵

韧性城市的概念最早在2002年的美国生态学年会上被提及，但真正引起社会和政府广泛关注，是因为2005年联合国在《2005—2015年兵库行动框架》中首次提出的韧性城市应对自然灾害的理念，随后十几年国际机构及一些发达国家陆续

①王德，黄万枢.Hedonic住宅价格法及其应用[J].城市规划，2005，29（3）：62-71.

开展了韧性城市的规划实践，并积累了丰富的实践经验[①]。国际上对韧性城市的定义较为有影响力的是2013年美国洛克菲勒基金会发起的“全球100韧性城市”的阐述：韧性城市是一个由个人、社区、机构、行业及其所组成的系统，无论是经历突变性扰动还是缓慢性压力仍具备生存、适应和发展能力。国内谢礼立认为，在地震、风灾、洪水和恐怖袭击等其他灾害作用下，城市能够做到可持续发展，这就是韧性城市的内涵。仇保兴认为，韧性城市是在吸收来自未来的社会、经济、技术系统和基础设施等各方面的冲击与压力下，仍能维持基本功能、结构、系统特征的城市。从以上观点可以看出，尽管目前学界对于韧性城市的解释并未形成统一概念，但对于其内涵和价值已基本达成共识：韧性城市是指具备应对各种灾害适应能力的城市。相较于国外较为丰富的研究成果，我国关于韧性城市的研究起步较晚，2016年联合国“人居Ⅲ”大会将韧性城市作为《新城市议程》的创新内容后，国内关于韧性城市的研究开始呈现爆发式增长[②]。

2.韧性城市规划与传统城市规划的差异辨析

21世纪以来，伴随着可持续城市、生态城市、宜居城市等规划理念的不断吸纳，城市规划建设理念也在不断迭代更新。韧性城市规划与传统的城市规划存在着一些差异，具体表现在：

（1）韧性城市规划更加关注城市治理的韧性

城市规划是城市空间发展的指南、可持续发展的空间蓝图，是各类开发保护建设活动的基本依据。它主要侧重于空间的预测和安排，解决的是空间资源协调的问题。而在韧性城市规划中，空间规划和城市治理同等重要。空间规划中韧性城市更关注韧性空间的构建，包括坚持“多中心、开敞式、组团化”的空间格局，完善生态空间、生态廊道系统，以及构建优良的职住空间等。城市治理中韧性城市主要关注的内容有：通过搭建各部门互联互动智慧平台提升治理反应速度；建立健全以政府治理为主导、社会多元主体共治的体系，从而形成一种“自下而上”的城市修复功能；发展多元经济，大力发展创新型经济，打造更具柔韧性及多元化的经济结构等。

①臧鑫宇，王峤.城市韧性的概念演进、研究内容与发展趋势[J].科技导报，2019（22）：94-102.

②许婵，文天祚，刘思瑶.国内城市与区域语境下的韧性研究述评[J].城市规划，2020（4）：106-120.

可以看出，韧性城市规划和城市规划共同关注的部分是关于韧性空间的构建，不同的是韧性城市规划在城市治理方面同样需要展开深入的研究，而城市规划更侧重于在统筹生态、功能、产业、交通和基础设施等各方面的基础上，对三大空间进行预测和安排。

（2）韧性城市规划更加关注多情景分析方法

与传统蓝图式的规划方法不同，韧性城市规划是一种基于情景规划法的规划。主要包括3个步骤：首先，运用韧性城市技术手段，辨识出城市可能面临的主要干扰因素，辨识脆弱性客体。通常可从自然环境、空间尺度、分布范围与社会经济等方面建构脆弱性评价矩阵，进行脆弱性指标量化，以实现定量评估。其次，通过建立完整、实时的城市动态数据库，分析城市系统应对各种灾害风险的能力，判定城市韧性程度，并分析出城市的薄弱环节。最后，针对风险要素和城市的韧性程度，制定韧性城市实施策略与系列计划，从而提高韧性城市应对灾害或突发事件的时效性、可操作性。

（3）韧性城市规划更加关注以人为本、动态适应的规划理念

其与传统城市规划理念所存在的差异①主要体现在以下几个方面：一是规划愿景不同。城市规划侧重于蓝图式表达城市发展愿景，而韧性城市规划更强调城市应对各种不确定因素的适应性。二是基础设施规划理念不同。城市规划的设施空间安排沿袭了以往传统规划中集约化建设的传统，更多地考虑用地的经济效益，避免基础设施的重复建设或者过度集中建设；而韧性城市规划要求各类基础设施应有合理的冗余以保证城市具备一定超过自身需求的能力，并保持一定程度的功能重叠，以防止城市系统在遭受重创和改变的情形下全盘失效。三是城市治理理念不同。城市规划中城市治理是基于土地权属及使用性质的管控，很难像韧性城市规划那样从治理的角度去协调突发的情况。

3. 韧性城市规划理念在国土空间规划体系中的落实

虽然上文提到在国际上不少国家单独编制韧性城市规划，甚至作为独立于空间规划体系以外的法定规划，但是目前在国家推进国土空间规划体系改革的背景下，笔者认为不应将韧性城市规划再独立于国土空间规划体系之外，而是应该思

①师满江，曹琦.城乡规划视角下韧性理论研究进展及提升措施[J].西部人居环境学刊，2019（6）：32-38.

考如何将韧性城市规划理念落实到国土空间规划中。主要从3个层面进行考虑：一是在国土空间总体规划层面，融入韧性城市规划理念，充分考虑韧性的要求；二是在专项规划层面，可通过编制综合性的韧性城市专项规划，综合和协调相关专业专项规划的要求；三是在详细规划层面，落实国土空间总体规划中的韧性要求和韧性城市专项规划的内容。

（1）在国土空间总体规划中融合韧性城市规划理念

随着《市级国土空间总体规划编制指南（试行）》及各省市县国土空间总体规划编制指南的陆续出台，城市安全韧性也被提到前所未有的高度。基于对目前出台的编制指南相关内容的梳理，现阶段要将韧性城市规划理念融入市县国土空间总体规划，要做好以下工作：

第一，做好国土空间总体规划中的双评价工作，资源环境承载力评价和国土空间开发适宜性评价为城市提供了韧性底线。资源环境承载力评价是对自然资源禀赋和生态环境本底的综合评价，确定国土空间在生态保护、农业生产与城镇建设等不同功能指向下的承载力等级。国土空间开发适宜性评价是在资源环境承载力评价的基础上，评价其进行城镇建设、农业生产的适宜程度。

第二，要做好风险评估工作，包括因地制宜评判地震、洪涝、台风、风暴潮、海岸侵蚀、地质等各类自然灾害、气候变化、生态环境以及公共卫生、公共安全等给城市空间带来的潜在风险和隐患，系统分析影响发展的重大风险类型，提出规划应对措施。将地质灾害易发区、地震断裂带、重要隐患点等现状资料纳入国土空间规划风险评估，布局时应注意避让。

第三，以风险评估为基础，加强生态安全、生物安全、环境保护、安全防护等涉及城市安全要求的各类用地和设施规划的落实，构建韧性可靠的城乡安全体系。掌握地质灾害易发区、地震断裂带、重大安全敏感设施等准确资料，明确抗震、防洪排涝、人防、消防、地质灾害防治等方面的规划目标、设防标准等要求，明确防灾基础设施、应急服务设施布局和防灾减灾主要措施等内容。根据需要预留大型危险品存储设施用地；强化易燃易爆设施、危化品生产储运等危险源的科学布局，落实安全防护要求。沿海城市应强化对气候变化造成海平面上升的灾害应对措施。

现行编制指南相较于传统城市规划，安全韧性内容已经得到较大的拓展，但还存在一定局限性，如目前编制方式较难将所有灾种作为一个整体进行系统研究，各类韧性专项规划之间缺少有机整合，忽略了各类防灾子系统之间的联系；未能在环境、经济、社会、管理全维度增加韧性城市规划视角等。因此，笔者认为要在总体规划层面更好地融合韧性城市规划理念，应将韧性城市规划作为一个重要的课题单独研究，并与国土空间总体规划同步编制，两者互相反馈、互为支撑。韧性城市研究中的韧性空间需求反馈到国土空间总体规划，通过国土空间总体规划保障空间落实，同时韧性城市规划研究专题也可有效弥补国土空间规划在韧性战略、韧性政策与应急机制等城市治理内容方面的不足，两者形成有效互补，共同支撑韧性城市建设。

韧性城市规划研究在统筹城市综合防灾原有内容的基础上，增加了公共卫生安全、气候变化、恐怖袭击及经济危机等其他风险灾害应对内容，并将城市治理提到与空间规划同等重要的位置。

借助于韧性城市规划研究，可在城市各维度增加韧性视角，同时还可以弥补国土空间规划在城市治理方面的不足。例如，在环境层面统筹城市居住、工作、游憩和交通等功能协调发展，免受灾害或其他城市功能的影响；选择较好的地段用于居住区建设，通过地理环境设计、服务设施配套来提升人居环境；有计划地确定居住地和工作地的关系，实现产城融合；通过社区规划实现不同阶层的社会群体融合发展，避免阶层分化和社会隔离，实现城市社会的和谐发展；通过功能空间的有序组织与安排形成合理的时空行为空间，提高通勤效率和改善交通水平。又如，在经济层面大力发展多元化经济和创新型经济，打造更具柔韧性的经济结构。在治理层面，将城市规划的工程和技术语言逐步向政策与管理语言转变，发挥城市规划作为城市治理工具的重要职能；通过组织领导、决策部署、响应预案、风险评估、社会管理、公众参与及公共服务等方面提高城市对灾害和风险的调控水平，增强城市韧性。

（2）在国土空间专项规划中统筹编制

韧性城市专项规划从城市空间布局安全角度而言，风、暴雨、洪涝、地震、地质灾害和火灾是影响城市空间布局的主要灾种[①]。因此，笔者认为在专项规划层面可以编制韧性城市专项规划，即在综合防灾专项规划基础上，纳入海绵

①钱少华，徐国强，沈阳，等.关于上海建设韧性城市的路径探索[J].城市规划学刊，2017（7）：100-110.

城市、城市防疫等新视角，并对各类安全韧性规划进行统筹和耦合，形成综合性更强的韧性城市专项规划。

传统综合防灾规划的编制模式是将各单灾种防灾规划的内容进行机械叠加，形成综合防灾规划成果，忽视了各灾种之间的联系和相互作用①。韧性城市专项规划不是对各类韧性专项规划的机械叠加，而是各类韧性规划的有机耦合。例如，海绵城市规划中会结合公园绿地设置公共海绵设施，而在抗震防灾规划中会结合公园绿地设置固定疏散场地，但由于公共海绵设施和固定疏散场地对用地的建设要求差异较大，当两个规划独立编制时，很容易出现同一块公园既被作为公共海绵设施又被作为固定疏散场地的情况，从而影响规划的可操作性。

即便其中某一规划编制时已考虑到与另一规划相协调，也会因缺乏系统性研究而公共资源配置不合理。基于此，编制韧性城市专项规划时对所有安全韧性规划进行有机整合，可有效弥补传统综合防灾规划的不足，韧性城市专项规划会根据灾害等级进行排序，同时根据触发关系对各类灾害进行耦合分析，对灾害进行综合评估。此外，防灾规划和防灾空间构建要在同一层面进行整合梳理，避免因过于零散而丧失整体性，使各类韧性规划能更合理地融入国土空间规划中。

同时，也应注意到韧性城市专项规划研究应聚焦于自然灾害与公共卫生安全等对空间布局影响较大的灾害因子，避免将研究范畴过于扩大化，因追求“面面俱到”而“面面不到”。韧性城市专项规划的研究结论可从自然维度、功能维度、空间维度和治理维度4个方面予以响应。

（3）在国土空间详细规划中落实各层次韧性规划要求

详细规划是对城市土地利用做出具体安排、保障城市各类设施空间落地的法定依据。因此，把韧性城市的建设要求纳入详细规划，可有效弥补专项规划对地块建设指导不足的问题，保障韧性城市建设。在详细规划中落实韧性城市规划的要求包括两个层次：第一个层次是落实国土空间总体规划和韧性城市专项规划中的韧性相关内容，其中对于已经明确的地质灾害易发区、地震断裂带、重点安全敏感设施及固定避难场所等用地可直接落实，对于上位规划或专项规划未明确空间的设施应结合详细规划深入研究，细化落实其空间位置，如紧急避难场所、避

①戴慎志，冯浩，赫磊，等.我国大城市总体规划修编中防灾规划编制模式探讨——以武汉市为例[J].城市规划学刊，2019（1）：91-98.

难建筑与人防工程等；第二个层次是对地块提出韧性城市建设控制指标，韧性城市建设指标应结合韧性社区等相关研究合理制定，其不仅需要从韧性城市的角度增加相关控制指标，如径流系数、年径流总量控制率与人均人防工程规模等，还应包括对详细规划原有基本控制指标的反馈，如街道连通性、公园绿地比例及容积率等[①]。

详细规划层面的韧性城市建设至少应包括空间韧性、环境韧性和设施韧性3个方面。其中，空间韧性指标包括疏散空间、生命通道和用地兼容性等；环境韧性指标包括绿地率、环境容量和通风性等；设施韧性指标包括灾害防御设施、应急保障设施和应急服务设施[②]。

在详细规划层面还应加强韧性城市规划在管理实施层面的探索，如将韧性城市规划的重要指标和管控要求纳入图则层面中，将韧性城市相关的设施布局以点位控制的方法落实到图面中，将韧性城市主要建设指标纳入分地块规划控制指标中，同时在规划控制条文中也提出相关的控制要求。

随着世界范围内气候变化的愈发异常、国际形势的日趋复杂，城市面临的不可确定性威胁也越来越多，韧性城市建设已是大势所趋，伴随着国土空间规划的进一步推进，如何进一步融入韧性城市规划理念显得愈加重要。本节提出了国土空间规划体系中3个层面的韧性城市规划融合方式，其中在总体规划层面的韧性城市融合尤为关键。但由于国内关于韧性城市规划的内容体系、技术方法的研究尚不够成熟，笔者建议现阶段可根据实际情况，结合城市规模、城市功能与主要风险类型等因素合理选择韧性城市的编制方式。鉴于当前国内关于韧性城市内涵和韧性城市理念的研究较多，涉及韧性城市如何与国土空间规划融合的探讨较少，希望本节能为国土空间规划背景下的韧性城市规划编制提供一些借鉴和参考。

---

①韩学原，赵庆楠，路林，等.多维融合导向的韧性提升策略——以北京城市副中心综合防灾规划为例[J].城市发展研究，2019（8）：78-83.

②于洋，吴茸茸，谭新，等.平疫结合的城市韧性社区建设和规划应对[J].规划师，2020（6）：94-97.

（二）生态文明理念

1. 生态文明理念

生态文明理念在党的十八大中被提出，指的是党领导人民在进行生态文明建设的同时还要尊重并保护自然，将资源节约与环境保护摆放在生态文明建设的突出位置，以此指导社会经济发展，使社会经济与生态保护之间相互协调。生态文明理念强调全新的社会运作模式，通过加强对生态环境的保护，使生态文明理念逐渐渗透到社会发展的各个领域中。

2. 生态文明理念在国土空间规划中的作用

（1）生态文明理念是指导国土空间规划的重要标准

20世纪初，我国就致力于国土空间规划的编制工作，但理论基础不足，生态环境保护开发缺乏协调性，最终的规划效果受到限制。如今，各项标准在不断完善，生态文明理念已经成为指导社会发展的重要事项，国土空间规划将会从空间层面入手，推进社会、经济、自然以及生态等方面的协调发展，因此，国土空间规划将生态文明理念看作是重要指导准则。

（2）培育生态文明主观意识，创新国土空间规划形式

国家建设不仅追求效率，也要兼顾自然与生态发展。基于生态文明理念建设国土空间规划体系，为国土规划提供了新的思路，能在实现我国生态文明建设的同时创新国土空间规划方式。例如，在实际工作中需要意识到生态文明建设的意义，确保空间规划不会给当地生态环境造成影响，并完善基础设施，丰富国土空间规划体系的重要理论。

（3）确立社会生态文明建设的优先地位

在正式确立国土空间规划体系之前，应确定生态文明建设在社会发展中的重要地位，同时贯彻落实绿色发展理念，确保生态建设的工作成果不会受到任何影响。在建设国土空间规划体系的过程中，必须确保该地区的生态环境不会遭到破坏，同时弥补以往环境发展方面的缺陷。

3. 生态文明理念视角下国土空间规划体系的构建要点

（1）基于生态文明的视角分析国土空间规划

进行国土空间规划时应确立生态视角，以此看待问题。生态文明理念主要包含自然、经济、社会以及文化等多个方面内容，应以多元化生态视角探究国土空

间规划现状以及国土空间规划各流程关系，加强对国土空间规划细节的有效监督和分析。

我国南方地区生态多样、丰富，经济生态与文化生态发展潜力巨大，这是未来城市发展重点考虑的要素。以南方G市为例，G市委、市政府提出坚持“生态立市”的基本方针，守好发展和生态两条底线，大力实施大生态战略行动，进一步打造“一河百山千园”自然生态格局，要求合理规划生产、生活、生态“三生空间”，进一步优化国土空间规划，加强对人口规模与城市建设规模的有效控制。参考其他城市的国土空间规划体系，积极搭建大数据平台与监督实施举措，建立全市编制审批备案体系与国土空间规划监督体系，搭建以国土空间规划为主题的“一张图”监督管理系统。

建设空间规划整体框架期间，必须充分认识到生态文明建设的重要性，加强生态文明保护，将发展理念落实到具体工作中。树立环境保护的发展理念，遵循生态环境保护的原则，对于生态文明与自然环境较差的区域，在开展国土空间规划的过程中必须严守生态底线，筑起一道坚不可摧的生态屏障。

（2）在国土空间规划的同时树立生态文明价值观

树立生态文明价值观，使其代替传统的工业文明价值观，分析国土空间规划当中对生态文明建设有作用的内容。对此，可参考以下建议：①保持空间规划的多样性，提高国土空间发展的韧性，未来城市发展对自然资源利用提出了多样化的要求，且城市产业布局、空间景观等方面都要满足多样化需求。②保持国土空间规划的包容性，各部分生态系统要相互平衡，不能出现相互排斥的问题，例如，公共服务设施要合理布局。以往工业发展强调集中布局，但是在生态文明主题下，国土空间规划强调将设施分散到实际社区中，让服务设施能够和社区之间形成整体，以双方较强的关联性提高社区服务水平。

（3）确立国土空间规划总框架

依据国土空间规划体系架构完成国土空间规划框架编制，从中得知国土空间规划一般会涉及较多领域，所涵盖的内容复杂且多样化。在总体规划方面包含全国、省级、市级、县级、乡级五级国土空间规划，专项规划内容较多，如耕地保护、湿地保护、水利设施、交通设施、海洋保护以及能源设施等方面的专项规划内容。

在规划铁路线路时，需要将铁路沿途的路况和自然资源环境一同纳入建设方案，确保铁路建设期间做好环境保护工作，提高资源利用率，合理控制成本支出，兼顾生态文明建设理念。国土空间规划体系的构建必须以生态文明作为前提，当国土空间规划和资源环境发生冲突时，必须确保环境保护处于优先地位。

在开展国土空间规划工作时可以充分依靠大数据的全面感知能力，建立国土空间规划监测评估预警体系。对于重要控制线和重点区域，必须做好国土空间保护与开发利用等各项行为的动态化监测评估，如果在监测过程中发现了违法开发保护边界的情况，或者出现了约束性指标风险，系统将会及时作出预警，并从绿色、共享以及创新等方面出发，做好国土空间规划情况的定期评估与分析工作，通过大数据与信息化手段落实各方面的职责，使国土空间规划决策更加科学。

（4）评价资源环境承载力，集聚开发提升空间效益

基于生态文明理念的科学指导，国土空间规划工作的实施将协调社会经济发展和生态环境保护之间的关系，以不破坏环境为前提奠定国土空间规划基础。对资源环境承载力作出评价，以评价结果为参考，设置规划方案，全方位地保护生态环境，提高国土空间安全指数和人民群众美好生活幸福指数。加强对资源环境承载力的研究，例如，从耕地资源、矿山资源、土壤资源等方面入手，确保环境承载能力评估的真实性与准确性，以评价最低的内容为突破口制定空间规划方案，使国土开发规模和开发强度不会超出资源环境实际承载能力。

依靠大数据平台进行资源环境承载能力的监测与预警分析，将所有关于资源环境承载能力的监测数据集成在一起，对土地资源、生态环境、自然灾害、水资源等要素做出动态监测预警，实现环境承载力监测预警机制的常态化。在环境承载力监测与评估的过程中，借助大数据与AI技术可全方位地监测国土空间规划的实施效果，例如，对手机信令数据集成，合理分析该地区的人口聚集度与迁入迁出情况，并以AI技术为前提展开影像变化区域信息的提取分析，合理探究图斑的分布情况。

当前我国在国土空间规划期间存在着资源紧张以及适宜开发资源有限的问题，有必要遵循“集聚开发”的原则，实现空间效益的最大化。具体来讲，就是在空间有限的情况下保护生态环境，实现国土空间的充分开发。我国土地虽然辽阔，但适宜开发的资源有限，且土地空间利用率难以提升，整体效益较低，生态文明建设进程缓慢。因此，在国土空间规划时有必要加大空间集聚开发力度，从横向与纵向及开发密度与开发深度入手，提高空间效益。

（5）优化空间布局，高效落实国土生态保护工作

基于对主体功能区和生态功能区的合理划分，为促进二者和谐发展，应做好空间规划的综合整治，使空间格局得到优化。根据生态功能区布局要求，使其同主体功能区相互协作，改善当地人口增长情况，掌握社会经济发展造成的生态压力，为生态保护提供支持。在城市化进程中，国土规划工作面临着更加严格的要求，生态功能区遇到了环境污染的问题，此时应科学构建空间规划体系，应用绿色发展技术修复脆弱区，同时基于生态文明理念确立生态补偿制度。在国土空间规划工作中，应始终坚持节约与保护的工作方针，根据生态文明理念指导提高资源利用效率，对各方面工作开展精细化管理，促进产业结构的优化设计以及社会经济的可持续发展，采用经济补偿的方式做好对生态的补偿，优化生态转移支付制度，加大生态保护工作力度。

总而言之，生态文明理念是新形势下指导我国国土空间规划的基础标准，可作为空间规划体系构建的重要理论基础。应掌握生态文明理念的指导作用，科学确立国土空间整体框架，做好资源环境承载力的有效评估，优化空间布局，树立生态文明价值观，为社会经济发展与生态文明建设提供便利条件。

第五节　国土空间规划理论框架

构建国土空间规划，旨在科学布局生产空间、生活空间、生态空间、文化空间，体现战略性、提高科学性、加强协调性，以强化规划权威、改进规划审批、健全用途管制、监督规划实施、突出国土空间规划对各专项规划的指导约束作用。显然，国土空间规划是对既有空间规划的整合，对其理论的探讨属于空间规划理论的范畴。

空间规划的理论既是关于空间的也是关于规划的，可理解为有关空间布局和规划过程的普遍的、系统化的理性认知。

一、既有空间规划相关理论研究的梳理

（一）相关空间的理论

关于空间的理论一直是许多学科共同关注的课题。从关注范围看，早期关注城市空间，之后是城镇群、大都市区等区域尺度，近年来特别关注乡村空间，提出城乡一体化。具体涉及区位理论、布局理论、空间理论与发展模式研究、空间形态及结构研究等。有关空间理论研究有分散和集中两种价值取向，对应多种不同的发展模型。分散思想下，诞生了霍华德田园城市，以及由此演化的中心城和卫星城模型、美国郊区化背景下赖特提出的广亩城市等。集中思想下，形成了芝加哥学派的同心圆、楔形、多中心的城市发展模型。区位及布局理论由来已久，中国《管子·乘马》中对于都城选址、城市土地使用的布局理论、布局模式等内容已有论述。城市空间的理论则涉及对空间的认识、城市空间形态构成、空间组织等多方面[①]。

关于城市形态与结构的研究，齐康[②]提出了城市形态研究的提纲，之后中国学者从城市形态影响因素、驱动力机制、演变过程等角度做了大量研究探索[③]，顾朝林[④]总结了城市空间结构基本理论，并提出了人与自然和谐城市、生态城市、可持续城市3种理想城市空间结构模型。

（二）空间规划相关理论

各国关于空间规划自身的理论差异较大，本节聚焦于中国的相关理论梳理，包括空间规划科学基础及理念创新、空间规划编制实施要点、空间规划体系框架及技术方法体系构建和新技术方法应用。林坚等[⑤]认为空间规划要统一价值观，保障“三生”空间，注重实现生产空间集约高效、生活空间宜居适度、生态空间山清水秀，强调国土空间规划框架的基础性作用，提出建立贯穿中央意志、

①孙施文.现代城市规划理论[M].北京：中国建筑工业出版社，2007.

②齐康.城市的形态[J].现代城市研究，2011，26（5）：92-96.

③郑莘，林琳.1990年以来国内城市形态研究述评[J].城市规划，2002（7）：59-64.

④顾朝林.集聚与扩散[M].南京：东南大学出版社，2000.

⑤林坚，李东，杨凌，等.“区域—要素”统筹视角下“多规合一”实践的思考与展望[J].规划师，2019，35（13）：28-34.

落实基层治理、面向人民群众的国土空间规划体系。顾朝林等[1]对国土空间规划的地位、本质、基本构成和主要内容进行梳理，提出国土空间规划编制需要的关键技术创新。武廷海等[2]基于国土空间与人居环境为一体两面的基本认识，构建国土空间规划体系，并明确了城市规划在国土空间规划的地位和作用。郝庆等[3]对于各类空间规划（主体功能区规划、土地利用规划、城乡规划等）的发展历程与理论演化进行解析，提出了基于人文—地理学视角的空间规划理论体系。党安荣等[4]分析空间规划目标、现状与基础，提出新型空间规划的技术方法体系。

总体而言，中国空间规划理论体系一直处于不断完善的过程中，两种类型的理论是互相影响并对规划实践工作有一定指导意义的，但规划理论较为分散和滞后的特征依然没有改变。

二、构建国土空间规划理论框架的挑战与需求

（一）面临的挑战

当前，中国构建国土空间规划理论框架面临一系列挑战。一是研究对象的复杂性。国土空间规划研究涉及多尺度和全要素，空间尺度涵盖全国、省域、大都市区、城镇、乡村，乃至公园、建筑空间。要素涵盖人口、社会、经济、资源、环境等各个系统，及其发展状态和空间关系。二是涉及学科的广泛性。国土空间规划涉及地理学、资源学、环境学、社会学、经济学等多学科，以及区域和城市研究与之交叉的学科。三是理论研究的滞后性。国土空间规划是一门实践学科，常常是大量规划工作实践后才逐步回归理论研究，容易导致空间规划理论受制于长期实践中形成的一些思维定式；四是空间规划制度受多种思想的影响和制约。

1950—1960年借鉴了苏联计划经济规划的经验，1980年以来又借鉴了欧洲、美国等现代规划理念与经验，在这种多元文化冲击下，再结合中国国情进行理论创新，挑战显而易见。

①顾朝林，武廷海，刘宛.国土空间规划前言[M].北京：商务印书馆，2019：182.

②武廷海，卢庆强，周文生，等.论国土空间规划体系之构建[J].城市与区域规划研究，2019，11（1）：1-12.

③郝庆，封志明，邓玲.基于人文-经济地理学视角的空间规划理论体系[J].经济地理，2018，38（8）：5-10.

④党安荣，甄茂成，许剑，等.面向新型空间规划的技术方法体系研究[J].城市与区域规划研究，2019，11（1）：124-137.

（二）需求的梳理

国土空间规划是全域国土空间保护和开发的战略性、纲领性和基础性规划，其反映了生态文明建设的根本要求和国土空间治理现代化的现实需求。在新时代背景下，国土空间规划要以空间治理和空间结构优化为主要内容，以实现高质量发展与高品质国土为目的，对国土空间进行合理开发、布局、利用、整治和保护。可以明确国土空间规划指导思想是围绕统筹推进“五位一体”总体布局和协调推进“生态文明”战略部署，坚持新发展理念，坚持以人民为中心，走可持续发展道路。因而，以人为核心，促进社会、经济、文化、生态文明共同发展，统筹山水林田湖草生命共同体，是中国新型国土空间规划理论框架构建的思想基础，并可以具体梳理成以下5个方面的需求：一是保护自然生态基底，秉承生态文明与生态发展理念，尊重空间资源承载力与潜力划定生态保护红线，这是国土空间规划的重要指导思想。二是营造美好人居环境，面向高质量发展，致力于为人民营造出美好环境和幸福生活，这是国土空间规划的根本目标。三是满足衣食住行需要，衣食住行是人民生活的基本所需，国土空间的不同功能及其空间布局，要以满足人民的基本需求为出发点。四是提供便捷的文娱康养，中国社会主要矛盾已经转化为人民日益增长的美好生活需要和不平衡不充分的发展之间的矛盾。文化、娱乐、健康、养生的需求是新型国土空间规划必须关注的。五是健全的社会保障体系。中国正面临人口老龄化、新型城镇化、乡村空心化等问题，构建覆盖全民、城乡统筹、保障适度的多层次社会保障体系，也是新型国土空间规划的内容。

三、基于人居环境科学的国土空间规划理论框架

（一）人居环境科学的支撑

从上述分析可知，构建中国国土空间规划理论体系，需要从中国国情出发，结合西方学术思想，解决关于经济、社会、文化、环境等多系统的复杂性问题。吴良镛所创建的人居环境科学，正是借鉴西方学术经验，融合中国传统文化，在全球化和可持续发展的背景下建立的包含自然科学、技术科学、人文科学等多学科融会的新的学科体系。人居环境科学是一门以人类聚居为研究对象，着重探讨人与环境之间相互关系的科学，强调把人类聚居作为一个整体，而不像既

有的建筑学、城乡规划学、风景园林学，只涉及人类聚居的某一部分或某个侧面。人居环境科学的目的是了解、掌握人类聚居发生、发展的客观规律，以更好地建设符合人类理想的聚居环境。

（二）理论框架的本质

基于人居环境科学理论构建中国国土空间规划的理论框架，可以将空间规划的分散理论整合统筹，并直接指导“五级三类”空间规划体系建立。理论框架如图1–1所示，该框架将“空间的理论”与“规划的理论”按照“以人为本、生态文明、五位一体、持续发展”等理念进行整合，并按照吴良镛院士人居环境科学的5大原则（生态、经济、社会、文化、技术）和5个系统（自然、人、居住、社会、支撑）以及国土空间规划的“五级三类”体系进行统筹，“五级”包括国家、省级、市级、县级、乡镇，强调的是上级规划指导和决定下级规划。“三类”涵盖总体规划、专项规划、详细规划，强调的是各类不同规划之间的层级、定位、内容、职能。基于新时期国土空间规划存在的问题、业务需求和技术支撑，在梳理国土空间规划行政层级体系和专业层次体系的基础上，进行融会贯通的综合研究，为制定面向美好人居环境营建的不同空间尺度和不同类型的空间规划提供理论支撑。

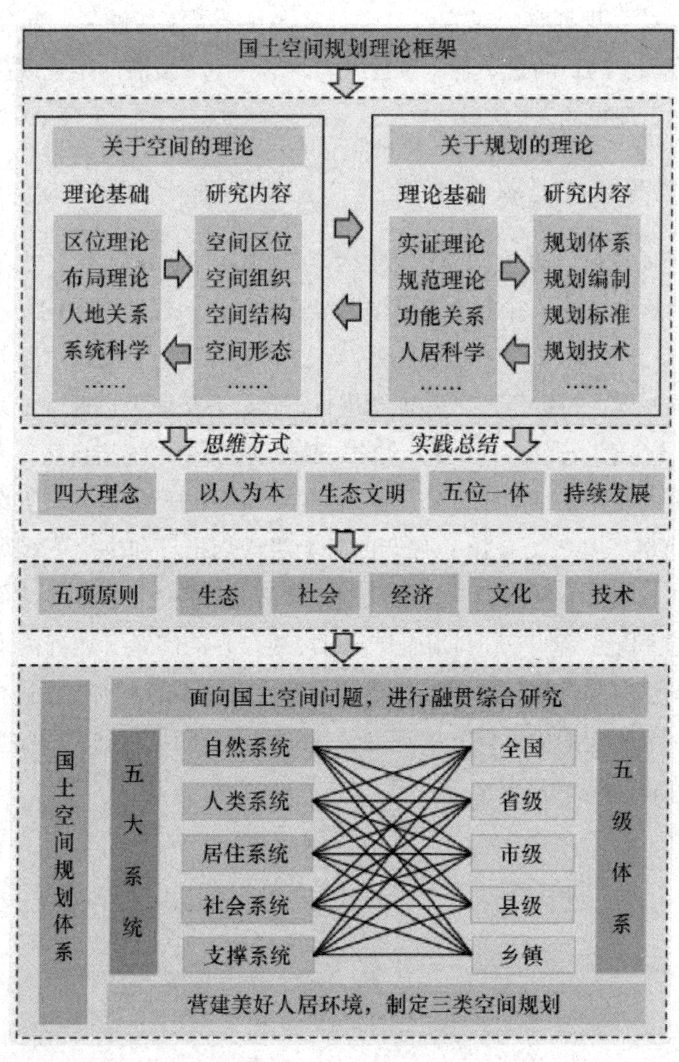

图1-1　基于人居环境科学的国土空间规划理论框架

第二章　国土空间规划体系

第一节　我国国土空间规划体系概述

改革开放40多年来，我国经济、社会等各方面不断发展与进步，空间规划体系也经历了从无到有的过程，在不断地摸索和国际借鉴中进行调整完善。近40年来，中国空间规划体系的变迁，实际上是政府治理体系变迁（包括水平方向、垂直方向）的一个生动反映。如今国家通过大部制职能调整，实现多规合一、重构空间规划体系，其本质上就是国家重构、完善总体治理体系的一种具体表现。在这样一个宏大的背景下，回顾中国空间规划体系40年变迁，就具有了极其重要的理论与现实意义。

一、空间规划体系：基于治理视角的深刻认知

“空间规划”在全球许多国家的规划系统中都引起广泛共鸣，它被作为一个标签，用来描述国家、区域、城市的各种战略性、地方性规划过程，以及反映经济、社会发展的各个方面。早期的空间规划一般是被作为一个实践性的问题来研究，随着经济与社会过程的不断推进，英国乃至欧盟等对空间规划不断赋予更加多样、更加充实的内涵。然而，当前国内外对于空间规划的定义尚未达成一致的共识，不同国家对空间规划的范围与功能理解也不尽相同。比较有代表性的一种阐释是严金明等的看法，认为几乎所有国家的空间规划系统与定义均包含了三个要素：一个长期或中期的国土战略、一个不同空间尺度下整合各行业政策的协调

方法，以及一个处理土地利用和物质发展问题的政府治理过程①。笔者认为，空间规划是在一定时间和范围内，公共管理部门为达到特定的空间治理目的而采取的一系列行为方式的总和（图2–1）。

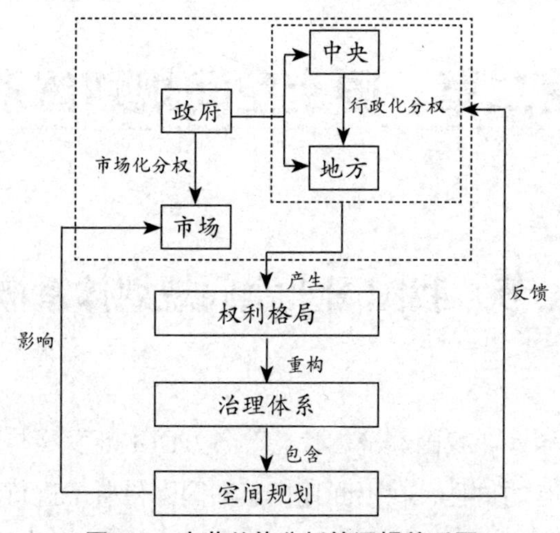

图2–1　本节总体分析的逻辑关系图

西方国家的空间规划体系普遍经历了较长时间的发展，已经形成比较完备的体系。以英国为例，其先后经历了单一的发展规划模式阶段（1947—1968年）；郡级政府负责结构规划、区级政府负责地方规划的“二级”体系阶段（1969—1985年）；大都市区编制单一发展规划、非大都市区编制二级规划的“双轨制”模式阶段（1986—2004年）；新世纪初区域空间战略与地方发展框架的“新二级”体系阶段（2004—2011年）；如今区域空间战略又被废除，地方自主权极大提升（2012年至今）。日本从20世纪60年代开始编制全国综合开发规划，每十年左右编制一轮，至今已编制七轮，形成了从国家、广域到市町村的自上而下、全覆盖的空间规划体系，与日本的行政体系相适应，并建立了完善的规划管理法规体系②。

总体而言，发达国家空间规划的发展基本上受到国家—市场—社会关系以及治理模式变化的牵引，二者具有明显的耦合与互动关系，主要表现为：对应不同层级政府间的事权划分，规划的层级体系非常清晰。中央层面主要强调宏观的战

①严金明，陈昊，夏方舟.“多规合一”与空间规划：认知、导向与路径[J].中国土地科学，2017，31（1）：21-27.

②蔡玉梅，陈明，宋海荣.国内外空间规划运行体系研究述评[J].规划师，2014（3）：83-87.

略与编制指引，地方层面则注重落实具体的任务以实现国家整体的发展目标；同时会及时调整空间规划体系，以适应经济与社会发展的变化。

经历了改革开放40年来的沧桑巨变，中国的空间规划体系从无到有并不断发展、壮大，如今已经面临新的重要历史关口。审视中国空间规划体系的总体变迁，离不开改革开放以来中国所经历的分权化、市场化、全球化等多元交织的特殊背景，深刻地受到国家—地方治理体系变迁的影响。同时我们也应看到，特定的空间规划实践也会直接反馈和影响国家—地方治理方式的变革。有学者认为，中国各种空间规划尤其是区域规划的编制与实施过程，实质上投射了国家治理尺度调整的过程，空间规划是国家治理转型的重要晴雨表，也在引导国家发展转型中发挥着重要的先导作用①。

基于上述的基本认识，本节着眼于政府与市场、中央与地方这两个关系维度，建构起本节分析的总体逻辑框架：①中央与地方相互博弈产生的权力格局，重构了国家治理体系；②空间治理体系是国家治理体系的重要组成部分；③空间规划又是实现空间治理的重要平台和工具；④空间规划实施中产生的效果与问题会反馈给各层级政府，高层级政府通过府际间的关系调整，来实现新的责、权、利关系平衡。在此过程中，国家治理体系变革带来的空间规划组织及其规则的变化，也会直接影响空间规划的规制功能，进而影响政府间以及政府、市场、社会间的关系。由此可见，空间规划的调整既涉及政府间关系调整的过程，也涉及政府、市场、社会关系调整的过程，形成了一系列的反馈—调节机制。因此，从治理体系角度看，空间规划体系与职能的重构绝不仅仅是行业内部的技术优化问题，其更大的意义是作用于国家治理格局的变革，投射权力运行与权利分配的重组过程，对政府、市场和社会的发展都将产生十分深远的影响。

二、中国空间规划变迁的总体趋向

（一）空间规划的地位：从国家治理体系的相对边缘位置走向中心位置

纵观改革开放40多年以来的发展历程，空间规划越来越成为国家治理的一

①张京祥.国家—区域治理的尺度重构：基于“国家战略区域规划”视角的剖析[J].城市发展研究，2013，20（5）：45-50.

个关键平台。在20世纪80年代—90年代初，空间规划尽管受到国家层面（国土规划、区域规划）、地方层面（城市总体规划、详细规划等）的重视而得到较大的发展并起到了一定的作用，但总体上仍深受计划体制的影响，而处于“国民经济发展计划的空间落实者”角色，其地位并不非常重要。20世纪90年代初—21世纪初，这一时期城市规划得到了极大的发展，后期土地利用规划也受到了中央政府的重视和推动，但这一时期的主体思路还是促进地方的分权、竞争和发展，城市规划由于缺少强有力的自上监督，主要功能是“地方增长机器”，服务地方经济增长的目标，而不是实现对空间资源的有效管控与集约利用。国家自上而下推动的土地利用规划，只是对于市场主导所造成的资源过度消耗的一种被动响应，而不是积极有为地去引导地方发展模式的转型。总之，这一时期的空间规划整体上还处于国家治理体系中比较边缘的角色。

从2010年至今，国家重新重视区域规划职能，除了传统延续的城乡总体规划、土地利用总体规划，主体功能区划、生态环境保护规划等多层次、多类型、空间覆盖度广的空间规划一并出现，成为国家优化国土空间开发、治理转型的重要平台，标志着空间规划开始走向国家治理舞台的中央。近年来，涉及各种空间规划的相关政策文件频频出台，中央政府寄望于空间规划能够承担引领发展转型、推进国家治理体系与治理能力现代化的责任。空间规划逐渐从过去适应分权化、市场化需求的被动者角色，转变为主动、积极有为地引导经济、社会、空间发展朝着国家所希望的方向转型。可以预见，随着统一的国家空间规划的建立，它在调节地方发展模式、应对市场的负外部性方面将发挥更加有力的作用。

（二）空间规划的目标：从服务单一目标到多元目标的过程

中国空间规划40年的变迁，是空间规划服务目标从单一转向多元的发展过程。从改革开放至20世纪90年代初，空间规划主要服务于国民经济与社会发展计划，负责重大项目的落地，重点服务于国家意志的空间落实。20世纪90年代初—21世纪初，空间规划主要服务于地方增长联盟的行政、经济发展需要，以促进地方经济增长为主要目标。

21世纪初以后，空间规划的服务目标开始发生明显的转向，多元目标的趋势日益凸显。比较明显的特征是这一时期创新衍生出多种空间规划的类型，尤其以多主题的区域型规划为代表，诸如服务于优化国土空间开发的主体功能区规划，服务于保护生态环境的生态环境保护规划，服务于优化城镇统筹布局的城镇体系规划，服务于区域城市间协调发展的城市群规划、都市圈规划等。此外，国家批复的许多国家战略区域规划都有明确的发展方向引导色彩，如鄱阳湖生态经济区规划、京津冀协同发展规划、苏南现代化建设示范区规划等。这些规划类型的出现，不仅仅是空间有关部门的技术性创新，更是当国家经济社会发展面临复杂转型问题时，试图通过空间规划来进行积极响应和主动作为的体现。当然这一时期出现了严重的多方冲突矛盾，但是在破除行政体制障碍后，中国的空间规划体系必将厘清内部关系，更好地服务于新时代国家发展的多元目标。

（三）空间规划的角色：从不断反复走向全面重构和规范化

如前文所述，空间规划体系本身作为政府治理体系的重要组成部分，难以摆脱中央与地方关系不断反复的冲击与影响。中国的改革开放40年是一个不断自我探索、试错创新的过程，没有现成的对象可以提供模仿和参照。面对日新月异的经济社会发展潮流，国家治理体系势必需要不断地做出相应调整。从改革开放初期延续中央集权体制，到20世纪90年代大力推动分权化，再到21世纪初中央的再集权化，空间规划的功能角色也从服务国家发展计划的工具，到服务市场和地方政府利益的增长工具，再到国家对地方发展实现战略引领、刚性管控的规制工具，总体上都是为适应经济社会发展的新需要，国家治理体系不断自我革新的过程。

21世纪以来，空间规划体系逐渐成为中央与地方治理的重要抓手，在推进国家治理体系与治理能力现代化的战略目标下，空间规划体系必须做出新的调整。这一目标的实现，无法通过小修小补来促成，必然要求对空间规划体系进行全面的重构，空间规划最终将成为规范化、制度化的空间管理工具。

（四）空间规划的属性：从促进增长的工具到战略引领、刚性管控的公共政策

过去的40多年中，空间规划在服务地方经济增长方面发挥了重要作用。尤其是20世纪90年代初以来，以城市规划为主的空间规划成为服务地方增长联盟、促进地方经济增长的重要工具，在很大程度上偏离了城市规划作为约束市场负外部性、维护公共利益的角色。这种状况直到2008年新的《中华人民共和国城乡规划

法》颁布实施，城市规划作为重要公共政策的属性才被强调并逐步得到认识。

空间规划的价值观也已经从过去强调经济增长优先，转向以资源环境保护、城乡区域协调等公共价值优先，空间规划愈发成为落实国家发展意图、贯彻可持续发展意志的重要抓手，成为实现战略引领、刚性管控目标的重要公共政策。

空间规划是国家展开空间治理的重要平台与工具，构建统一的国家空间规划体系是实现国家治理体系与治理能力现代化目标的必然要求。空间规划体系的重构，绝不仅仅是一个技术优化的问题，其本质上是国家治理体系变革的制度投影。中国正在进行的国家空间规划体系重构，不仅会投射于中央—地方及政府部门间权力运行与权利分配的重组过程，而且也必将对国家、市场、社会的发展产生深远的影响。

中国的空间规划体系变迁，难以摆脱复杂的体制改革背景以及经济社会背景的叠加影响。空间规划体系的重构，不仅要考虑中央—地方政府间以及各部门间的内部权利分配与制衡，更要考虑对于市场经济与社会发展的整体适应、有效干预。尤其是在市场对资源配置起决定性作用的背景下，空间规划更要担负起规范市场行为、约束市场负外部性的主动作用。与此同时，在社会主要矛盾已经发生重大变化的新时代，为了实现人民群众对美好生活向往的目标，空间规划不仅要承担促进经济增长的任务，更要在平衡区域发展、城乡发展和促进可持续发展等方面，与国家的其他治理手段一起协同发挥有力的作用。

最后我们还应该认识到，包括空间规划体系发展、重构在内，一个国家实现治理体系与治理能力现代化的过程并不存在着“标准、通用的范式”，我们既要积极学习借鉴发达国家成功的经验，但是又不能简单地克隆西方的模式。改革开放40年后的中国，在空间规划体系建构探索方面，有条件也有责任向世界努力提供解决问题的“中国方案”。

第二节　我国的城市规划体系

一、城市规划的内涵与属性

不同的学科、不同的国家对城市规划的定义都有不同。在经济学中，城市规划的定义是对资源，特别是土地资源进行最有效分析的一种方法。这一定义表达出城市规划所具有的经济意义。社会学认为，城市规划通过研究人们物质条件的不足，来认识人类社会的问题，并提出改善物质环境的计划。政治学则认为城市规划是一种社会控制或建立城市秩序的途径。

英国《简明不列颠百科全书》将城市规划注释为：为了实现社会和经济方面的合理目标，对城市的建筑物、街道、公园、公用设施以及城市物质环境所作的安排，是为塑造或改善城市环境而进行的一种社会活动、一项政府职能或一门专业技术，或是三者的融合。日本认为：城市规划是城市空间布局、建设这几年来的技术手段，旨在合理地、有效地创造良好的生活和活动的环境。美国对城市规划的定义为：城市规划是一种科学、一种艺术、一种政策性活动，它设计并指导空间和谐地发展，以满足社会和经济的需要。

中国《辞海》将城市规划注释为：城镇各项建设发展的综合性规划。内容包括：拟定城市发展的性质、人口规模和用地范围，研究工业、居住、道路、广场、交通运输、公用设施和文教、环境卫生、商业、服务设施以及园林绿化等的建设规模、标准和布局，通过规划设计，使城镇建设发展经济、合理，创造有利生产、方便生活、环境美好、卫生（安全）的条件。

当前，我国学术界对城市规划的定义为：城市规划是指城市人民政府为了实现一定时期内城市经济社会发展目标，确定城市性质、规模和发展方向，合理利用城市土地，协调城市空间布局和各项建设的综合部署和具体安排。

从上述定义中可以看出，城市规划同时具有三种属性：一门学科、一项政府职能和一项社会活动与社会实践。首先，城市规划是一门集社会科学与自然科学为一体的综合性学科。早在1974年联合国教科文组织就将城市规划学科确立为29门独立学科之一，与天文、地理、生物、数学、物理、化学等学科并列。现代城市规划虽然脱胎于建筑学，但已形成了自己独立的研究对象，即城市中的社会、经济和法规等问题。它在城市自然资源持续利用、社会资源合理分配、群体利益妥善协调等方面起着极其重要的作用。它与传统的物质形体规划不一样，与建筑学考虑问题的思路与出发点完全不同。城市规划学是从整体角度出发干预人类的行为、调配社会资源、构筑城市空间环境，引导城市健康快速发展的科学。作为一门综合性学科，城市规划理论是建立在对城市问题研究基础上的系统科学集成，而不是对城市问题简单研究的交叉学科。

其次，城市规划又是一项政府职能，是引导和控制整个城市建设和发展的基本依据和手段。在我国，城市规划的基本任务就是根据一定时期经济社会发展的目标和要求，确定城市性质、规模和发展方向，统筹安排各类用地和空间资源，综合部署各项建设，以实现经济和社会的可持续发展。无论是从世界各国，还是从中华人民共和国成立以来各个历史时期的情况来看，城市规划均被作为重要的政府职能。从一定意义上说，城市规划体现了政府指导和管理城市建设与发展的政策导向。

最后，城市规划同时还是一项社会活动，是广大公众参与的社会实践。在西方国家，由于资本的影响力，往往要通过某种渠道影响城市和地方议会，进而影响城市规划，使规划向资本利益倾斜。而市政当局为了顾及公众，反映公众利益，在城市规划中实行公众参与制度，以使议员们既不失去资本的支持，也不失去公众的支持。城市规划被赋予了社会实践性和公众性。同时，这种政治和经济上的机制，在私有制的基础上，城市规划的公众参与也被赋予了相当的民主色彩。近年来，我国的城市总体规划也开始向公众展出，这说明公众参与城市规划已有了开端。随着我国民主和法制的发展和健全，城市规划真正成为一项公众的社会活动和实践，应当是不久的事。

二、城市规划体系的结构与功能

城市规划体系的内部构成可分为四个子系统，即城市规划法规体系、城市规划管理体系、城市规划技术体系和城市规划教育体系。

我国城市规划法规体系由国家和地方制定的有关城市规划的法律、行政法规和技术法规构成。法律法规以《中华人民共和国城乡规划法》为基本法，其他与之配套的行政法规组成国家城市规划行政法规体系；以各省、自治区、直辖市制定的《中华人民共和国城乡规划法》实施条例或办法为基础，其他与之配套的行政法规组成了地方城市规划法规体系，有立法权的城市还可以制定相应的规划法规。地方性法规必须以国家的法律法规为依据，相互衔接、协调。技术法规是指国家或地方制定的专业性的标准和规范，分为国家标准和行业标准，其目的是保障专业技术工作科学、规范，符合质量要求。

城市规划管理体系包括机构体系、运作体系和监控体系等。机构体系是指不同层次的城市规划管理部门的机构设置及各个层面机构的权限。我国城市规划机构体系由国家城市规划行政主管部门，省、自治区、直辖市城市规划行政主管部门及各城市的规划行政主管部门构成。它们分别对各自行政辖区的城市规划工作依法进行管理。各级城市规划行政主管部门对同级政府负责，上级城市规划行政主管部门对下级城市规划行政主管部门进行业务指导和监督。运作体系包括各层面规划的法定审批程序、规划实施的政策制定程序、土地市场的控制机制、土地开发的规划审批程序等多项内容。监控体系主要对各层次规划实施情况进行监督与控制，同时进行信息的反馈。从目前情况来看，我国的机构体系尚需健全，运作体系尚需理顺和完善，监控体系尚待建构。

城市规划技术体系则是指在城市物质空间环境形成过程中的一系列包括规划制定及其实施在内的技术保障方法和手段。一般来讲，一个国家的城市规划技术体系是建立在战略性发展规划、实施控制性规划、空间形态控制规划三个层面上的。

城市规划教育体系包括“城市规划专业的培养教育、规划师职业准入制度、规划管理干部的培训和规划师的职业协会学会等的总和”。

上述四个组成部分相互关联、共同作用形成城市规划体系这一有机整体。法规体系为技术体系和管理体系提供法律依据与保障。管理体系使技术体系的研究内容得以实施，并对技术体系进行反馈与评价。城市规划技术体系的研究内容是城市规划管理的依据。教育体系的主要任务是培养城市规划人才，并进行城市规划的理论研究。四者的高效运作使各层次规划能够顺利编制、实施，从而完成各层面规划任务。

第三节　我国现行的国土空间规划体系

一、国土空间规划体系的“四梁八柱”

目前，生态文明建设越来越受到重视，强化国土空间的源头保护和用途管制制度被摆到了生态文明体制建设的重要地位，“多规合一”逐步纳入生态文明体制的改革范畴。2018年3月国务院机构改革，自然资源部的组建标志着我国进入到国土空间规划体系建立的改革阶段，实现“多规合一”将由试点阶段进入到系统性的改革阶段。《关于建立国土空间规划体系并监督实施的若干意见》文件的发布明确了要构建起“四梁八柱”的国土空间规划体系。“四梁”指规划编制审批体系、实施监督体系、法规政策体系和技术标准体系；“八柱”指国家级、省级、市级、县级、乡镇级五级规划层级，总体规划、详细规划和相关专项规划三类规划类型，简称为“五级三类”（图2–2）。

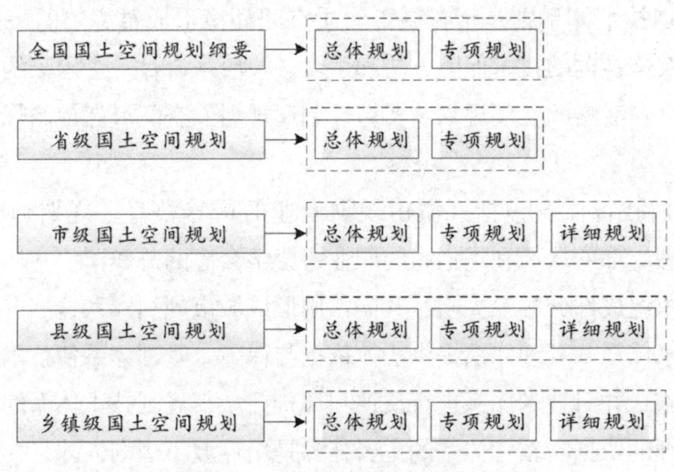

图2–2　“五级三类”规划体系

二、我国现行国土空间规划体系的层级与类型

（一）国土空间规划层级

1. 国家级国土空间规划

国家级国土空间规划以“宏观性、战略性和引导性”为主要原则，以贯彻国家的重大战略和落实政策方针为目标，同时对下层级规划具有一定的约束力，是各部门制定政策文件与编制相关专项规划的指南。

2. 省级国土空间规划

省级国土空间规划以“战略性、综合性和协调性”为主要原则，需要依据国家空间规划来进行编制，是从空间上落实国家发展战略的重要载体，是统筹省级宏观管理、市县微观管控需求的规划平台，有“承上启下”的作用，同时也是省级部门制定政策文件与编制相关专项规划及编制市县等下层级国土空间规划的重要依据。

3. 市县级国土空间规划

市县级国土空间规划以“底线管控、可操作性”为主要原则，落实国家级、省级的战略和规划要求，对接规划体系，注重保护和发展的底线划定，绘制蓝图。市县级国土空间规划是市县全域空间发展的指南、可持续发展的蓝图，是市县人民政府进行空间管控的基本依据。

4. 乡镇级国土空间规划

乡镇级国土空间规划以“落地性、实施性和管控性”为主要原则，是对乡村建设规划许可的法定依据，是具体地块用途的确切安排，是各类空间要素的有机整合，充分融合土地利用规划和村庄建设规划的内容。

（二）国土空间规划类型

1. 国土空间总体规划

国土空间总体规划属于纲领性规划，它类似于现行的主体功能区规划，具有战略性、整体性、约束性和引导性[1]。国土空间总体规划的空间规划分区主要有

①嵇兆坤.基于“多规合一”的国土空间规划体系构建探索[J].科技经济导刊，2019（27）：96-97.

城镇开发空间规划、农业发展空间规划和生态保护空间规划。

2. 国土空间详细规划

国土空间详细规划以总体规划或专项规划为依据，它类似于现行的土地利用总体规划，具有管控性、衔接性。“三条控制线”和“用途管制”在国土空间详细规划中要严格划定和落实。

3. 国土空间相关专项规划

国土空间专项规划是基于国土空间总体规划的引导下，针对某一个特定问题而编制的规划，是国土空间详细规划的深入和补充，具有针对性、专一性和微观实用性，如国土整治规划、风景旅游规划等。

第四节　完善我国国土空间规划体系的探索

新时期的经济竞争压力非常大，人口数量大幅提升，国土空间规划体系的革新与完善，已经成为必然发展的路线，不仅要从长远的角度来探究，还要在规划的过程中对区域的优势、劣势做出平衡。我国虽然在国土面积上非常辽阔，但是有相当一部分的资源需要充分的保护，走可持续发展路线，这对于国土空间规划体系提出了新的要求，并且在体系运行的过程中，应根据动态因素的影响做出灵活的调整。党中央提出，到2025年，需要健全国土空间规划法规政策和技术标准体系，形成以国土空间规划为基础，以统一用途管制为手段的国土空间开发保护制度。因此，需要加强研究如何完善国土空间规划体系。

一、构建我国国土空间规划体系的重要作用

构建国土空间规划体系对于我国的良好发展有重要作用。本节主要从更好解决空间无序问题、解决部门规划冲突问题两方面进行阐述。

（一）解决空间无序问题

我国国土资源辽阔，所以自然资源较多，但是人均资源占有量相对较少。

许多重要资源的空间分布与实际人口分布情况不均，契合程度较差。在社会的不断发展中，会产生许多不合理的空间开发活动与土地资源开发活动，这也是造成重要资源浪费、分配不合理的一个重要原因。随着我国资源环境承受能力的不断降低，使许多环境问题更加突出。基于此，需要通过构建国土空间规划体系的方式，更好地解决空间无序问题。严格按照自然发展规律，对人类活动做出科学合理规划。这也是更好解决环境问题的重要方式，可以在很大程度上促进我国社会更好的发展。

（二）解决部门规划冲突问题

通过构建国土空间规划体系，不仅可以解决空间无序问题，同时可以在一定程度上更好地解决部门规划冲突问题。从目前我国规划管理实践工作中可以看出，各个部门在规划空间的编制中，存在一致性与不一致性，也就是说存在一定的矛盾与不协调问题。这一问题的出现，不仅会带来严重的资源浪费问题，同时在很大程度上为空间开发工作带来一定难度。基于此，通过构架国土空间规划体系的方式，能更好地解决部门冲突问题，促使各个部门之间的沟通与交流，为后续工作的展开提供保障。

二、新时期国土空间规划体系的建构逻辑

（一）国土空间是体系建构的主线和根本出发点

将主体功能区规划、土地利用规划、城乡规划等空间规划融合为统一的国土空间规划，实现“多规合一”，强化国土空间规划对各专项规划的指导约束作用，这是中共中央、国务院对国土空间规划的基础性定位。根源在于，国土空间是人类活动的空间承载，具有不可替代性。国土空间规划体系也是围绕这一特性展开，以国土空间为主线和根本出发点，将各类涉及空间利用的总体规划、详细规划、专项规划纳入本体系，发展规划等非空间性规划最终也将以国土空间为落实载体，从而实现国土空间规划作为各类开发保护建设活动依据的基础性作用。显然，国土空间规划体系以国土空间为逻辑主线和根本出发点，与国家发展规划体系强调将发展战略意图作为核心依据的逻辑不相一致，前者更加注重空间治理与空间结构优化，后者更加强调发展部署与安排。

（二）规划事权与行政管理高度对应

新时期国土空间规划体系将规划事权进行重新切分，严格对应行政管理序列，即建立分级分类、条块分工、事权清晰的规划管控体系。从规划层级和内容类型来看，明确了“五级三类”。“五级”即国家级、省级、市级、县级、乡镇级，这与我国的行政管理体系完全对应。明确各级事权层次，国家级规划侧重战略性，省级规划侧重协调性，市、县级和乡镇级规划侧重实施性。下级国土空间规划服从和落实上级规划，层层传导，与传统国土规划的传导体系基本一致，有利于资源要素的管控。“三类”管理将以往规划技术协调转向行政管理统一，将原分散于各行业主管部门的涉及空间利用的要素规划统归于自然资源部门，要求专项规划服从总体规划，利于实现要素综合管理。

综上，通过梳理不难发现，新时期国土空间规划体系涵盖涉及空间利用的各级各类规划，但正是由于其将国土空间作为主线和根本出发点，在一定程度上，“忽视”了与发展规划体系的协调，在健全完善国土空间规划体系的过程中，仍然存在着“发展规划”与“空间规划”的体系博弈、“空间规划”与“非空间规划”的地位博弈、“长期规划”与“短期发展”的错位衔接、“发展弹性”与“空间刚性”的双向博弈、“三维管理”与“二维控制”的管控思维博弈等问题，有必要进一步分析和讨论。

三、完善国土空间规划体系的对策建议

（一）强化顶层设计，理清各类规划定位与分工

新时期国土空间规划由单要素向综合要素转变，将全域空间要素作为一个整体考虑。机构改革将原属于多个部门的规划管理职能调整至自然资源部门，是为了更好地加强空间管理。《关于统一规划体系更好发挥国家发展规划战略导向作用的意见》（中发〔2018〕44号，以下简称《意见》）与《若干意见》针对国土空间规划的基础性作用已达成一致，但国土空间规划与专项规划、区域规划的功能定位关系，在上述两个中央文件中尚未统一，既然强调了空间规划的基础作用，是否意味着所有规划需依据空间规划制定？因此，从捋顺新时期国家规划体系的角度来看，需强化国家空间规划体系的顶层设计，进一步明确国土空间规划与专项规划的功能定位关系，进一步明确跨区域或流域国土空间规划与区域规划

的功能定位关系，以免产生冲突矛盾。

同时，一方面，需要进一步明确国家发展规划、国土空间规划、专项规划等规划的编制内容与深度要求，划定清楚各类规划的任务分工边界，如国家发展规划对空间布局的深度要求，如何与国土空间规划的空间布局要求相衔接，要预留规划接口。另一方面，部门间仍存在职能分工的交叉现象，需要高位统筹，如当前生态环境部门推进的“三线一单”工作与自然资源部门推进的生态保护红线划定工作，两项工作均从各自技术角度对自然资源进行评估，在一定程度上存在重复工作。再者，是城市设计的归属问题，鉴于城市设计特殊的空间属性，自然资源部门从空间管控角度可以纳入国土空间规划体系，而住房和城乡建设部门亦可以从开发建设、城市更新角度纳入其部门职能管理范畴，这一问题需要从国家层面提出解决方案，减少部门间矛盾。仅从技术角度而言，针对城市立体空间建设管控，建议由住房和城乡建设部门会同自然资源部门共同负责建设方案审批工作，一旦审批通过，由住房和城乡建设部门负责实施管理。

（二）强化法规支撑，尽快出台法律法规依据

当前，我国国土空间规划体系刚刚建立，缺乏强有力的法律支撑，尚未出台相应的国土空间开发保护法、空间规划法、区域性规划的法律依据和规划指导条例等，国土空间规划的权威性亟待强化。

一方面，各层级规划的编制、审批、实施与监督程序需要进一步细化，各层级规划任务、目标、协调机制等亦需要在相关法律法规中予以进一步明确，以确保规划得以严格执行。同时，针对城市三维空间的管理与管控，建议出台相应法律法规，将城市立体空间的开发建设、景观营造等行为纳入规范管理范畴。另一方面，需要加强规划的法制化建设，提高规划的法律地位。严格依照法律规定编制和实施规划，规划一旦批复，任何部门和个人不得随意修改、违规变更。严格规划的法定权威地位，不得违反规划进行各类开发建设。同时，以法律为依据，清晰法定规划与非法定规划的地位和指导关系，法定规划修改严格按照程序进行，非法定规划涉及法定规划内容的，要严格依据法定规划执行。但是“规划法

定”并非意味着只编“法定规划”，不进行非法定的规划研究[①]。国土空间规划更要构架好规划研究、非法定规划向法定规划转换的桥梁[②]。结合《若干意见》要求，国土空间规划的编制审批、实施监督、法规政策和技术标准等内容均应以法律形式体现，尽快出台国土空间规划管理办法等，将规划工作纳入依法行政的范畴，做到有法可依、有法必依。

（三）统一时序安排，强化规划技术和工作方法创新

按照《若干意见》要求，新时期国土空间规划的规划期限至2035年，时限为15年，凡涉及空间利用的专项规划编制时限统一至2035年，极大地保证了国土空间规划与专项规划的时序衔接。但国民经济和社会发展规划的编制时限通常为5年，与国土空间规划的时序安排错位，不利于规划有效衔接。

从两个层面提出解决建议：一方面，从技术角度出发，建议制定时限为15年的国民经济和社会发展的中长期发展规划或纲要。如此，既解决了规划时限不一致的问题，同时也可以充分发挥国家发展规划的统领作用。同时，在国土空间规划中增加近期建设规划，时限为5年，每5年按照下一轮发展规划更新制定。另一方面，从工作角度出发，通过互设专题，交叉合作，进一步强化部门间的工作协调。具体来讲，在编制国民经济和社会发展规划过程中，设置空间发展专题，由发展改革部门会同自然资源部门共同负责。同时，在编制国土空间规划过程中，设置战略与目标专题，由自然资源部门与发展和改革部门共同负责，将两项工作融合开展，最大限度地强化规划的对应衔接，减少不必要的部门博弈。

（四）创新管控方式，强化开发建设管理方式转变

国土空间是有限的资源，一旦开发建设，就不能随意变更，否则将造成人力、财力等巨大浪费。因此，国土空间资源的利用需要更加谨慎。

但并不意味着一“刚”到底。一方面，针对体系本身而言，“五级三类”规划虽然被纳入法定规划层面，权威性得以保障，但是国土空间规划不可能“包打天下”，法定规划的“刚性”体现往往需要更多的非法定规划的支撑保障。对

①张京详，夏天慈.治理现代化目标下国家空间规划体系的变迁与重构[J].自然资源学报，2019，34（10）：2040-2050.

②周劲.从“二维”控制到“三维”管理的规划对策[J].规划师，2007，23（6）：66-69.

于非法定规划而言，仍然存在编制必要，尤其对于一些具体问题、针对性强或者暂时不宜纳入法定规划层面的，需要通过编制非法定规划进行研究或者提出规划性措施建议，这一点的重要性从以往规划实践工作中不难看出。另一方面，基于空间要素刚性这一特征，建议创新管控方式，结合当前完善国土空间规划体系工作，在不同层级规划编制和审批过程中，严格落实“管什么批什么”的工作原则，省级、市级层面应出台相应政策对各级规划编制权限和重点内容予以明确，最大限度地给予下级规划发展权。与此同时，探索简化用地分类标准，针对不同层级的国土空间规划应当提出不同程度的用地管控要求，如省级国土空间规划采用大类，允许出现混合用地或者弹性用地预留。市县规划层面允许探索分级管控，局部区域采用大类，非强制性控制的用地类别以大类控制，探索采用混合用地、弹性用地预留，充分保障未来开发的灵活性。再一方面，强化规划的权威性，对于严格管控的，必须执行，如基础设施、必要的公共服务设施等，在确保严格管控的同时，转变传统开发建设管控方式，创新开发时序安排方式，优先保障用地需求，探索基础设施和公共服务设施优先建设机制，将其作为周边用地开发建设的前置条件，开发时序作为详细规划的重要内容纳入法定规划要求。针对居住用地、商业用地等经营性用地，采取弹性管控方式，探索整体管理开发模式，充分发挥市场调节能力，促进国土空间的高效和高质量开发利用。

（五）创建“三会一机构”协调议事机制，促进规划方式多维参与

新时期国土空间规划是一项全新的任务，需要转变以往的工作思维，不断创新。以往规划编制过程中，“重编制、轻实施”“重技术、轻管理”的现象普遍存在，导致评估和监督机制缺失，鲜有常设人员跟踪负责，这种情况下很难保证规划的实施效率和实施质量。因此，建议建立“三会一机构”协调议事机制。首先，成立各级国土空间规划委员会，明确各自工作职责。国家、省、市、县、乡镇均成立国土空间规划委员会，实行本级主要行政领导负责制，负责审议本级规划和跨下一层级规划的重大事项，发挥决策、统筹协调作用。其次，成立专家咨询委员会，作为各级国土空间规划委员会的辅助机构，由涵盖经济、规划、自然、交通等多领域的专家组成，负责规划咨询、论证，提供决策支持。再次，成立公众参与委员会，可以采用常设或临时机构、固定与临时人员相结合的方式。

具体讲，可以设置常设或临时组建公众参与委员会，负责从规划编制到实施全过程公众参与的组织协调工作，其人员也可以根据机构性质采用固定或临时选用。这一做法可以最大限度发挥公众参与的作用。从规划编制“以人为本”的角度而言，建议设立常设机构作为公共参与的平台，使得公众参与工作从规划编制到规划实施贯穿全程。最后，建议成立专门的区域协调机构。随着我国城市化进程的不断加快，跨区域联动发展已经成为我国推进经济和社会发展的重要手段，经济带、都市圈、城镇群等区域板块已发展成为我国参与世界经济分工的竞争单元，区域性规划以及跨行政区域规划理应成为新时期国土空间规划工作的重点内容之一，例如长江经济带、长三角区域、粤港澳大湾区等国土空间发展纲要的相继发布，已经掀起了我国大尺度区域规划的浪潮。尽管《意见》明确提出此类规划由上一级自然资源部门，即自然资源部牵头组织编制，但建议成立专门机构负责跨区域规划、流域性专项规划编制协调与实施监督，促进形成常态化区域协调机制，可以有效衔接国家部门与省、市，促进区域分工协作。

（六）明确空间规划与发展规划的关系

为使国土空间规划体系建设工作能够顺利展开，同时使体系的科学性与合理性得到保障。需要明确国土空间规划与发展规划之间的关系。在我国相关的规划条例中，在很大程度上由发展规划催生，但是发展规划不能对空间布局问题进行系统化解决，我国国土空间规划应该朝着整体性、系统性方向发展。在发展规划领域中，可以按照我国经济社会发展实际情况展开相应的专项规划工作。在空间方面，需要按照既有的主体功能规划与未来空间规划内容进行。尽管国家层面的发展规划、空间规划会不断提升，但是针对的是具体布局工作。由此可以看出，为使国土空间规划工作能够有序进行，避免造成浪费，对于空间规划与发展规划之间的关系需要进行明确。

（七）确定部门与地区的职责，防止矛盾出现

在对国土空间规划体系进行编制时，最为关键的就是需要提高协调性。在没有构建完善的国土空间规划体系以前，相关部门之间都极易出现矛盾，自身职责也缺乏一定的明确性。

相关部门所确立的规划体系在空间层面存在一致与不一致共存的问题，导致

资源浪费的问题发生，还会对空间开发效率产生不利影响。我国在没有编制健全的空间规划体系时，许多区域在空间规划体系方面往往会出现规划种类较多、相关内容重复等多种问题，并且在追究相关责任时，存在权责不清问题，无法追究具体责任。由于个别地方并未对责任问题予以足够的关注，促使空间规划效率受到了严重的制约。因此，必须加强各部门之间的沟通协调，确定各部门的职责，从而提高国土空间规划的质量和效率。

（八）加强空间规划标准的实施与监管

随着国土空间规划体系的调整，区域性的资源利用和规划手段不断创新，在一系列问题的解决上采取了合理化的措施来调整，各方面工作的开展告别了传统工作的不足，而且不断提升国土空间规划体系的可行性。空间规划标准的完善是非常重要的，在规划中，确保重点，守护生命线（即耕地红线）、生态线、城建线，是实现“三规合一”的基础，是各项规划的第一目标。①规划的制定要有权威性。一经批复不得随意变更修改，下级国土空间规划要服从上级国土空间总体规划；②实现分级规划，包括国家层面、省级层面、市级层面、县区乡镇层面，通过逐层分解将规划任务落实到基层。对于有特殊要求的相关专项规划，经编制审批后要与同级别的国土空间规划进行核对，将其融入同级规划中；③在落实过程中需要提出开发约束指标。对于资源有偿使用和生态补偿、环境治理等指标体系制定进行承载力预警，根据考核指标对管理方和开发方进行约束和要求，才能把握国土规划的主动权，最大限度保障国家和群众的利益。

（九）改善国土资源规划机制

国土资源是最为重要的资源，在规划机制的创建、实施过程中，一定要站在多个角度来思考，确保每一项工作的进行都可以给出足够的依据，在一系列问题的解决上从正确的思路来出发。国土空间规划体系在完善过程中，要对区域性的国土资源表现、开发方向、利用模式、效益评估做出深入的把控，国土资源并不是随意开发、随意应用的，有些需要保护，有些需要观察，有些需要利用，要站在独立的角度来探究，促使国土资源规划机制的可行性进一步提升。国土空间规划体系的机制创建，还要遵守国家的各类规范、条文，这些都是强制性的约束手段，避免对资源造成严重的破坏。

（十）完善国土空间基础信息平台

国土空间规划体系在完善过程中，信息平台的建设是非常有必要的，而且能够产生的影响力非常高，在每一项工作的开展过程中都要采取科学的思路、方法来完善。信息平台的创建要掌握好长期发展走向，对平台的功能不断完善。例如，平台的工程分析、信息汇总、大数据走势解读、动态信息更新等都是重要的组成部分，要不断加大对空间基础信息的掌控力度，确保各项工作的开展能够从正确的角度来解读，在问题的预防措施上不断地强化。加大对国土空间规划体系的监督力度，尤其是某些项目的绿色化程度较低，不仅资源耗费较多，造成的环境破坏也非常严重，针对这样的项目必须严格筛选，在信息平台上及时公布。

第三章　国土空间规划

第一节　国土空间总体规划

一、国土空间总体规划概述

国土空间总体规划是指国家为了促进经济社会发展和生态环境保护，统筹安排和利用国土空间资源，推动区域协调发展而制定的具有法律效力的规划。它是在科学分析国土空间资源现状、趋势和问题的基础上，确定国土空间发展的总体方向、布局、重点领域和政策措施，为城市发展战略等各个领域的规划提供依据。国土空间总体规划是国家重要的战略规划之一，具有战略指导性和长远性。它涵盖了国土整体利用、城乡发展、生态环境保护、资源节约和环境治理等多个方面，是通过规划资源的合理配置，实现国家和地区全面可持续发展的重要手段。同时，国土空间总体规划也是指导城市发展战略的基础和前提。国土空间总体规划的制定需要遵循科学规划、民主决策、依法实施和监督管理的原则。在制定过程中，需要充分考虑各方面的利益和需求，尊重自然规律，突出生态优先，始终坚持以人为本的发展理念。

二、国土空间总体规划的编制

“五级”规划自上而下编制，不同层级规划体现不同的空间尺度和编制深度要求，镇级国土空间规划编制思路与之前各类空间性规划相对单一或片面的发展情况不同。新时代国土空间规划编制过程中要明确定位和编制原则，注重体现规划的全要素、全空间、全过程，如对规划基础工作进行整合统一、对规划编制内容进行改革创新、对编制和实施管理进行规范化等。下面基于国土空间总体规划重点和实用性这个角度，结合我国发布的国土空间总体规划编制相关指南和要求，以乡镇国土空间总体规划编制为例，针对性分析乡镇国土空间总体规划编制重点和实用性策略。

（一）重视由建设空间向乡镇全域全要素空间管控转变

传统的乡镇空间总体规划注重建设空间用地布局和建设，全域性管控能力较弱，造成自然资源保护和监管滞后。随着改革推进，新时期的乡镇国土空间总体规划需要转为全域全要素的空间规划，合理划分覆盖全域全类型的国土空间用途分区，以可持续发展为目标，不断优化国土空间保护和利用格局，合理实现对三类空间及所有用地的精准管控。

（二）注重刚性与弹性相结合的管控

传统的乡镇总体规划对乡镇土地利用规划过于粗放和均质。新时期的乡镇国土空间总体规划更注重刚性与弹性的相互结合，在约束性指标方面强调严格控制用地规模，在管控性边界方面建立健全控制线管控机制。为了避免在规划过程中出现矛盾，结合乡镇发展需求，提出实行弹性引导，如“主导功能分区+关键要素控制”方法，以实现对关键要素管控的要求。

（三）注重对村庄建设的底线管控

传统的乡镇总体规划重点是构建等级分明的镇村体系，以促进乡镇域空间体系的优化发展。但这种规划思路易忽视对村庄特定问题的考虑，无法满足村庄实际发展需求，实施难度较大。基于此，新时期的乡镇国土总体规划要着力体系性分类引导和底线管控，重视对现状村庄保护、合并等规划导向，提出各类指标控制和管控要求，引导不同类型的村庄建设。

（四）完善区域协调互促发展格局

新时期的乡镇国土空间总体规划需要基于区域视角给予规划回应和落实，加强相邻区域关系协调规划。但由于基层乡镇政府在经济产业、交通、市政、公共安全等方面的权限较小，对于如何发挥优势、避免劣势，顺利推进乡镇的规划建设管理，乡镇总规需要在完善的区域协调格局指导下，充分发挥应有的作用，如承担区域责任，提供必要空间资源；加强横向衔接协调的对策，为促进公共安全、环境保护、邻避设施协调助力；明确周边支持事项，在报批过程中获取更多支持。

三、国土空间总体规划实用性策略

（一）采取灵活多样的编制形式，科学制定实施方案

科学制定灵活多样的编制形式。区别于传统以单一乡镇行政管辖范围作为单元来单独编制，现阶段需要因地制宜地进行乡镇国土空间总体规划编制，采取灵活多样的编制形式，如一镇独编、多镇合编、县镇统编、镇村联编等形式，不同编制形式所要求的乡镇特征、编制特点、重点内容都存在一定的差异。一镇独编形式要求的乡镇特征为位于县规划城镇开发边界外，特色较突出，较注重上位规划确定乡镇功能定位，在编制重点内容的把握上，注重对乡镇主导产业发展方向和乡镇生态区域所承接功能的描述。多镇合编形式要求的乡镇特征为位于市县规划城镇开发边界外，编制特点较为注重连片乡镇的统筹和发展的协调性，同时在编制重点内容的把握上，注重对协调发展产业、交通和设施等规划内容的描述。县镇统编形式要求的乡镇特征为位于市县规划城镇开发边界内，编制特点较为注重县镇联动和同步编制，同时在编制重点内容的把握上，重点描述乡镇发展诉求的信息反馈。镇村联编形式要求的乡镇特征为与周边的村庄联系紧密，编制特点较为注重明确村庄建设的底线管控要求，同时在编制重点内容的把握上，重点描述村庄的建设边界、指标、设施配套。

科学制定实施方案。乡镇总规需深入分析镇域用地情况和盘点底图底数总体情况，并结合“三区三线”、刚性目标指标等上位规划传导内容，明确本镇现实资源与上位规划目标之间的差距，以提高具体方案的科学性与实用性。具体重点处理好城乡建设用地规模指标、建筑规模指标、耕地保护目标与绿化造林任务指标、“三区三线”等几方面内容。如结合某镇现状城乡建设用地规模比指标多出 $1.4km^2$，且同时需要新增建设用地，确定该镇现状建设用地减量任务为“规划增量 $+1.4km^2$”。在开展该镇本轮规划中，进行该镇存量建设用地的定量评估，进行技术思路、校核、意见征询等探讨，将减量任务落实到具体地块，并为复耕复

绿方向预留弹性发展空间。同时针对该镇未来一些项目建设所需建筑规模增量的需求，重点对全域产业用地进行存量挖潜和解决一部分建筑减量问题。另外，结合耕地保护目标与绿化造林任务指标，明确“耕地保障优先+绿化造林重新认定保障”的总体协调原则，在耕地保障和绿化造林方面落实规划方案。

（二）落实全域全要素覆盖，合理处理好村与镇的关系

落实全域全要素覆盖。综合目前我国各地方对乡镇国土空间总体规划指南的分析，其编制框架与传统的乡镇总体规划区别不大，主要包括总体要求、基础工作、规划内容、成果要求和附录等五大内容。但通过对具体规划内容的分析，新时期的乡镇国土空间总体规划与传统规划还是存在很大区别的，比传统的规划更注重“三区三线”统筹落实、注重用地管控的刚性与弹性结合、注重土地整治修复和再利用、注重全域全要素的保护。

合理处理好村与镇的关系。与过去城乡规划“重城轻乡”的做法不同，新时期的乡镇国土空间规划将镇域大面积的乡村地区作为规划重点。以某镇为例进行分析，该镇区的外围乡村地区面积约占镇域总面积的87%，为更好地构建和谐的城乡关系，在该镇总规中开展乡村产业专题、村庄居民点布局专题、划定城乡统筹的管控图则三方面的研究。

（三）综合利用更多技术方法，保障多部门协同实施规划

综合利用更多技术方法。目前国土空间总体规划的编制难点在于技术方法的支撑、底图底数的转换、边界矛盾的调和。乡镇国土空间总体规划成果叠加到“一张图”上需要很多技术方法支撑，如在编制之前，需要借助人工智能技术、大数据进行乡镇资源现状的分析和总结、专项规划的整合、乡镇国土空间总体规划与市县国土空间总体规划“一张图”的无缝衔接、乡镇国土空间总体规划的数据库建设等。保障多部门协同实施规划。乡镇规划需要多部门协同编制规划和实施，在技术方法上，对接各管理部门责任边界和重点关注多个部门统一管理的同一区块，合理划定用途管制区。如某镇总规划定六类用途管制区，包括村庄居民点、耕地保护区、水源保护区、交通廊道和市政廊道控制线、水域管理线，并对以上各区的面积和具体管控要求进行明确，形成清晰的管理权责空间关系。

（四）完善区域协调格局，处理好近期和远期的弹性关系

在乡镇国土空间总体规划中，需要解决好如下几方面的区域协调问题：一是经济产业发展协调问题，加强与周边区域的沟通协调，创新合作机制，实现一体化规划；二是做好承担起区域防洪安全和区域环境保护责任，明确管控要求；三是做好基础设施共享和无缝衔接，结合当地瓶颈问题，做好与市总规的衔接协调。

以某镇规划为例，一是在产业发展协调问题上，以农旅产业为主导，强化花卉、热带水果等特色农业、品牌农业和规模农业发展，优化农业产业结构升级；围绕全域旅游积极主动发展休闲旅游、度假旅游和乡村旅游，打造旅游新格局；延伸农业和旅游业产业链，促进农旅融合发展，构建产业振兴发展新体系，创造镇域经济发展新动能，重点加强与周边的沟通协调，打破行政壁垒，探索创新合作机制。二是区域环境保护与公共安全担当，以中心镇区和沿海、沿路、沿铁路边村庄为重点，以生活垃圾收集清运、生活污水治理、村容村貌提升等为主攻方向，整体改善提升该镇人居环境。严格保护该镇生态空间，统筹利用该镇生产空间，紧凑节约合理布局镇村生活空间，执行项目准入负面清单制度，强化准入管理和底线约束。三是基础设施共享和无缝衔接。一方面，与该市总规衔接协调，以镇村排水特别是污水处理设施和农村四好路为重点，建设提升乡镇基础设施，保障相邻道路、设施的线位、红线宽度、设计标准无缝衔接；另一方面，明确提出水资源供给瓶颈问题，以集中与分散相结合的供水方式，保障全镇所有村居民用上安全、卫生、洁净的生活用水，明确该镇供水设施分期建设与近、远期用水需求的匹配建设计划，以满足未来镇域用水需要。

目前我国国土空间规划体系不断完善，大多研究偏向于省级、市级和县级的国土空间总体规划，对乡镇的研究较少。乡镇国土空间总体规划作为国土空间规划体系的重要内容，有着自身的价值和意义。综上，如何编制有效和实用性强的乡镇国土空间总体规划是下一步国土空间规划改革的关键，在国土空间总体规划中应制定实施行动方案并预留一定弹性，提高国土空间规划的实用性。

第二节　国土空间专项规划

中央18号文提出分级分类建立国土空间规划，包括总体规划、详细规划和相关专项规划，国土空间总体规划是详细规划的依据、相关专项规划的基础，相关专项规划要相互协同，并与详细规划做好衔接。专项规划作为国土空间规划体系中的重要组成部分，如何在国土空间总体规划确定的整体框架格局下，实现各类专项规划的综合平衡与统筹协同，是全面构建国土空间规划体系需要解决的重要问题之一。

一、国土空间规划体系构建对专项规划的要求

（一）政策文件要求

2006年国家颁布的《城市规划编制办法》第三十四条指出："城市总体规划应当明确综合交通、环境保护、商业网点、医疗卫生、绿地系统、河湖水系、历史文化名城保护、地下空间、基础设施、综合防灾等专项规划的原则。编制各类专项规划，应当依据城市总体规划。"既列举了专项规划的类型，也明确了总体规划和专项规划的关系。

2019年，中央18号文中提到的专项规划包括"海岸带、自然保护地、交通、能源、水利、农业、信息、市政等基础设施，公共服务设施，军事设施，以及生态环境保护、文物保护、林业草原等"。相比过去，专项规划的类型更为丰富，扩展到跨区域、流域的专项领域，也纳入了涉及非建设用地的自然资源专项领域。

（二）技术规范要求

在自然资源部下发的试行版省、市级国土空间规划编制指南中，都在国土空间总体规划编制的内容要求中提到了涉及专项领域的编制内容，主要包括自然

资源、历史文化和自然景观资源、基础设施、防灾减灾、生态修复和国土综合整治。国土空间总体规划涉及专项领域的要素内容需要与专项规划协同，专项规划中涉及控规的核心内容既纳入总体规划，又为总体规划的编制提供支撑。

（三）实际发展需求

对接城市发展新趋势、新特征和新要求，反映到专项规划编制涉及领域呈现出综合性、精细化的特征。综合性主要体现在专项规划编制过程中，对于实施评估的分析、规划目标的把握、专项设施体系构建等方面，更加需要从资源承载、空间管控、公共安全、节能环保等多维度考虑综合效能。精细化则主要体现在专项规划领域的细化延伸方面，对接人口老龄化、生育率下降、完整居住社区塑造、社区生活圈营造等新现象和新理念，涌现出一批新的专项规划类型。

二、国土空间专项规划编制和管理工作

（一）专项规划的编制要求

1. 适用性要求

专项规划可在国家、省和市县层级编制，且不同层级、不同地区的专项规划可结合实际需要，选择编制的类型和精度；各地可根据实际需要对专项规划的编制类型和成果内容等方面进行深化和细化，制定具有地方适用性的专项规划编制体系、编制内容和成果要求等法规文件。

2. 传导性要求

专项规划在国土空间规划体系中承担对上衔接国土空间总体规划、对下指导详细规划的重要传导作用。专项规划的编制要遵循国土空间总体规划，不得违背总体规划的强制性内容，要将其主要内容纳入详细规划。相关专项规划在编制和审查过程中，应加强与相关国土空间规划的衔接及与“一张图”的核对。专项规划获批后，应将其纳入同级国土空间基础信息平台，并叠加到国土空间规划“一张图”上。

3. 规范性要求

专项规划的编制内容和成果形式应符合规范性要求。专项规划成果的编制、审查以及成果入库的流程，应按照规范要求进行，并将其成果纳入国土空间

规划“一张图”进行动态管理。此外，还应强调对专项规划编制完成后的实施、评估、调整等规划管理流程的监管和国土空间规划信息的交汇共享。

（二）完善专项规划编制与管理工作的建议

1. 建立专项规划目录清单管理制度

随着省级国土空间专项规划编制和管理工作的推进，在市级层面，应结合国土空间规划体系对专项规划的编制要求，以及交通、能源、水利、市政、公共服务等各部门的行业管理需求，建立专项规划编制目录清单管理制度，制定统一的国土空间专项规划编制目录。该目录可作为国土空间总体规划的文本附件一并上报审批，也可通过政府发文的方式予以规定和明确，从而强化目录清单的规范性和严肃性。其中，要对纳入目录清单的专项规划的编制主体、编制年限、涉及国土空间的核心内容、与总规的衔接关系等作出规定，并对纳入清单管理的专项规划项目的编制、审核、审批等流程进行规范管理。一是根据国土空间规划体系“批什么，管什么”原则，结合各部门管理需要，将涉及国土空间利用的基础设施、公共服务设施、自然资源保护、历史文化保护等专项规划纳入编制目录清单。二是对时效性强、规划期短、针对某些具体问题开展的专项规划，以及战略规划、旅游规划、产业规划等研究类、策划类的不涉及国土空间刚性管控的专项规划，可不纳入专项规划编制目录清单管理，从而简化目录清单的工作内容，提高专项规划管理效率①。而在专项规划目录清单管理制度方面，要解决专项规划名目泛化、事权不清晰的问题，避免部门间的推诿和管理上的矛盾，从源头上规范专项规划编制体系，解决专项规划到底包含哪些专项问题，规范专项规划的编制内容；同时，要严格准入机制和统一管理流程，为后续将专项规划纳入“一张图”管理、推动市级国土空间规划“多规合一”打好基础。

2. 规范专项规划编制内容与技术标准

（1）统一底图底数

纳入目录清单的专项规划，在编制中应采用统一的底图底数，可由自然资源部门统一制定并纳入信息平台，实现管理部门间的基础数据共享，再由专项规

①王昆，胡飞，杨昔.规划体系改革中专项规划的编制思路[J].中国土地，2020（9）：24-26.

划的组织编制部门提供给相应的编制单位。在包含用地规模、人口规模、设施规模等基础数据和用地布局、路网线性、设施布点等矢量化数据信息的“现状一张图”的基础上，实现“规划一张图”。在各专项规划编制中，采用统一的底图底数，一方面可提高编制内容的准确性，保障编制成果的质量；另一方面，也是为专项规划编制成果入库、实施“一张图”管理做好基础工作。

（2）规范编制内容与技术要求

纳入目录清单的专项规划，其编制内容和编制方法在满足行业技术规范的同时，还要符合国土空间规划编制要求和制图规范。可以参考国家和省国土空间规划编制的相关规范来制定专项规划编制指南文件，规范编制成果的内容和表达形式，便于后期通过国土空间规划信息平台对各专项规划成果进行技术校核和冲突分析，同时也利于规划实施过程中的“一张图”管理。

（3）统一编制成果入库标准

纳入目录清单的专项规划，其编制成果形式必须符合国土空间基础信息平台的入库要求。可由市（县）级自然资源部门结合各专项规划的特殊性和管理工作的实际需要，制定统一的包含专项规划在内的国土空间规划编制成果入库标准，明确专项规划的编制成果是全部纳入还是部分纳入信息平台、哪些内容叠加到“一张图”管理平台等问题。

3. 建立专项规划管理信息系统

建议依托国土空间的基础信息平台，建立专项规划管理信息系统，并叠加到国土空间“一张图”实施监督系统。专项规划管理信息系统集合了规划成果质检、规划信息汇交和规划实施监督管理等功能，各地可根据实际需要在此基础上进行功能拓展和延伸。

规划成果质检功能主要依托各专项规划的编制技术规范和成果内容要求。编制单位和管理部门可以利用该功能从成果的完整性、规范性和与相关规划的符合性等方面，对编制成果进行质量检查和校核，并生成质检报告。规划信息交互功能主要是对已通过规划成果质检，并经审批部门审核通过后的专项规划成果，通过指标数据、定位图则、文本条款等多元化的形式，在不同的职能部门之间实现不同专项规划之间的信息查询、对比分析和内容共享。而规划实施监督管理功能主要是在专项规划实施期间，对规划的实施情况进行动态监测和反馈，并为规划评估和规划调整与修编提供技术支持。

4. 建立专项规划统筹协调机制

国土空间专项规划的编制和实施涉及发改、规划、交通、环保、住建、市政等多个行业主管部门，在上述规范的专项规划编制体系和统一的信息化管理平台的基础上，应在市级部门建立专项规划统筹协调机制，一方面是统筹协调专项规划编制主体和实施部门的权力和责任，另一方面是保障专项规划在实施过程中的动态维护和监督反馈。专项规划统筹协调机制可以依托市级国土空间规划委员会建立，也可以由自然资源部门牵头成立专项规划统筹协调小组，主要协调专项规划在编制、审核、论证、审批、修改等过程中涉及的管理问题。

第三节　国土空间详细规划

一、详细规划概述

作为《中华人民共和国城乡规划法》中专门规定的一种规划类型，详细规划作为一座桥梁，它一方面在一定程度上要对总体规划或分区规划的战略意图进行落实，另一方面还要对规划管理进行直接指导，让刚性管控底线得以严守。详细规划将编审、实施与管理等各个环节联系在一起，保证了城市规划管理工作的有序进行。

二、国土空间详细规划编管体系

为推进国家空间治理现代化，更好地指引发展建设，2019年《若干意见》出台，提出构建全国统一、权责清晰、科学高效、相互衔接、分级管理、依法规范的国土空间规划体系并监督实施[①]。

2023年，《自然资源部关于加强国土空间详细规划工作的通知》强调了国土

①中共中央，国务院.中共中央、国务院关于建立国土空间规划体系并监督实施的若干意见[Z].2019.

空间详细规划的法定作用。国土空间详细规划在“五级三类四体系”中属于实施层面的规划，被赋予承担全域全要素国土空间用途管制、实现国土空间规划“一张图”精细化管理、提高空间环境品质、服务政府现代化治理的新使命①。

我国详细规划的产生源于计划经济背景下国家建设项目管控的需求，其逐渐发展成为城镇建设用地管控的法定依据②，形成了一套详细规划编管体系，在指导土地资源开发、公共资源配置中发挥了重要作用。然而，传统以“建设行为管控”为目标的详细规划编管体系与以“空间治理”为核心的规划改革思路不适应，在国土空间总体规划报批的关键时期，详细规划编管体系如何优化亟待探究。

（一）国土空间详细规划编管新要求

1. “一张蓝图绘到底”：国土空间规划体系下传导逻辑转变

2008年《中华人民共和国城乡规划法》的颁布明确了详细规划的在规划体系中“中间层级”的位置，赋予了详细规划法定地位。以往控制性详细规划（以下简称“控规”）在上承总体规划、下接实施治理的过程中暴露出两大问题：一是与总体规划衔接不畅，以往控规以单独的单元、按需划定的片区或地块等为范围展开编制，缺乏全市或分区层面的总体统筹，导致其难以传导落实总体规划的规模控制，易突破总体规划明确的规模上限；二是与详细规划实施脱节，以往控规对市场预判不足，导致规划频繁修改，各类公益性设施落地困难，易突破城市底线③。

国土空间规划体系强调“纵向到底、横向到边”“一张蓝图绘到底”，国土空间详细规划作为落实规划意图的“最后一公里”，需要平衡好“自上而下”的规划意图与“自下而上”的实施诉求，将“反复修改规划”进阶为“不断推进规划”。

①赵广英，李晨.国土空间规划体系下的详细规划技术改革思路[J].城市规划学刊，2019（4）：37-46.

②高捷，赵民.控制性详细规划的缘起、演进及新时代的嬗变：基于历史制度主义的研究[J].城市规划，2021（1）：72-79，104.

③陈川，徐宁，王朝宇，等.市县国土空间总体规划与详细规划分层传导体系研究[J].规划师，2021（15）：75-81.

2.统筹全域全要素：生态文明建设下管控要求改变

以往控规的规划范围为“规划区”内的城镇建设空间，不涉及“规划区”外农业、生态空间的管控[①]，导致详细规划长期以来侧重建设发展，忽视生态空间保护，城市建设用地无序扩张。

在生态文明时代，国土空间规划核心价值观发生转变，保护与发展相统一的可持续发展理念深入人心，详细规划也须从以开发为导向转向开发与保护并重[②]。《若干意见》明确指出“不在国土空间规划体系之外另设其他空间规划”[③]，因此详细规划需要统筹以往城镇控规、村庄规划、风景名胜区规划等一系列详细规划层次的规划，实现详细规划的全域全覆盖，承接以往控规对城镇空间的用途管制功能，整合详细规划层次各规划对农业空间与生态空间开发保护活动的管控功能，指导全域全要素自然资源管理。

3. 注重编管结合：治理能力提升下的管理效能改变

详细规划的高效编制和审批是详细规划发挥管控与引领作用的保障。以往控规重技术理性，较少考虑与管理实施的衔接，一是部门间事权边界不清晰，管理边界交叉重叠；二是部分控规编制范围未与管理边界衔接，在控规管理过程中需要协调多个管控主体；三是不同管理层级对同一空间的管理深度模糊。编制与管理衔接不紧密往往导致规划审批流程复杂、审批周期长、规划时效性差，大大削弱了规划的建设引领作用[④]。

在“放管服”深入推进的背景下，国土空间规划管理向精细化、高效化转变。《若干意见》强调“多规合一”“一级政府，一级事权”。国土空间详细规划需要从注重技术理性转变为注重编管结合，理清各部门、各级政府的空间管理权责边界，做好合理的放权、分权，优化详细规划审批程序，精简审批内容，提高审批质效。

---

①徐家明，雷诚，耿虹，等.国土空间规划体系下详细规划编制的新需求与应对[J].规划师，2021（17）：5-11.

②胡思聪，罗小龙，顾宗倪，等.国土空间规划体系下的汕头详细规划编制探索[J].规划师，2021（5）：38-44.

③中共中央，国务院.中共中央、国务院关于建立国土空间规划体系并监督实施的若干意见[Z].2019.

④周敏，林凯旋，王勇.基于全链条治理的国土空间规划传导体系及路径[J].自然资源学报，2022（8）：1975-1987.

（二）国土空间详细规划体系发展趋势

为适应新发展阶段的新要求，北京、厦门、广州、深圳等城市率先展开国土空间详细规划改革探索，在以往控规的基础上，构建符合本地实际的国土空间详细规划体系，并呈现出全时空传导、全域全要素管控、全流程管理三大发展趋势。

1. 全时空传导

为了适应传导逻辑的变化，围绕"一张蓝图绘到底"目标，各大城市从空间层次、实施时序两方面探索了总体规划与详细规划、详细规划内部的各层级传导关系，形成全时空传导体系。

（1）空间传导

空间传导指上级规划意图向下级规划传导。空间传导的关键在于打通总体规划向下传导的路径，合理分解总量控制指标，破解总体规划与详细规划空间尺度差异大、传导路径不畅的问题。北京、广州等城市通过增设中间传导层级，搭建分层细化的规划传导体系。北京在"市域总体规划—分区规划—详细规划"的传导体系下，增设覆盖分区范围的街区指引，把分区规划的目标指标、刚性约束指标分解至详细规划编制范围（街区），为详细规划落实总体规划与分区规划的管控要求提供保障。广州在区级总体规划之下编制组团指引，将区级总体规划控制要求分解至组团，单元详细规划则以组团指引为依据开展编制。

（2）时间传导

时间传导指在实现全域详细规划覆盖的基础上，根据开发建设需求按需滚动编制深化方案，使原有的"反复调整规划"进阶为"不断深化规划"，做到空间资源供给与需求精准匹配，有效解决以往控规频繁调整的问题。例如，厦门将详细规划拆分为两个层次：单元层次侧重管控，落实城市总体规划、专项规划的要求，明确强制性内容，推进全域覆盖；地块层次侧重行动，衔接发展规划、年度工作计划，按需编制。

2. 全域全要素管控

全域详细规划编制的目的是实现生态本底的整体保护、自然资源的可持续利用，形成理想的人居环境。这意味着详细规划不仅需要覆盖全域，还需将全域空间范围内的各要素纳入详细规划，形成能够有效管控各地区的科学指引。

广州、厦门等城市探索了分单元全覆盖、分类型管控路径，根据单元内的要素特点，差异化设置管控指标及编制要求，促进全域高质量发展。广州结合总体规划土地用途分区要求，将城镇开发边界内的详细规划单元划分为5类，将城镇开发边界外的详细规划单元划分为农业农村单元、生态景观单元2类，其中，城镇开发边界内的详细规划单元通过明确5类单元的特色管控要点，提升不同类型城市空间的品质；城镇开发边界外的农业农村单元结合全域土地综合整治、生态修复等工作，推动乡村群统筹发展。厦门将管控空间划分为城镇、乡村、海域3类单元，其中，城镇单元中的重点地区通过“图则管控 + 附加导则”对功能配套、开发强度等进行精细化管控；乡村单元聚焦空间资源管控，指导村庄建设、土地整治、乡村振兴、环境提升等行动类规划编制。

3. 全流程管理

对于指导项目建设的详细规划来说，只有明晰编制与管理各阶段的工作流程、审查要点、管理要求，才能确保规划的规范性。

（1）建立“编—审—施—评”的全流程闭环管理机制

在以往控规“编—审—施—督”的管理流程中，“督”侧重监督违法行为，对以往控规实施情况的反馈有限，缺乏及时调整、修编规划的机制。广州、厦门等城市建立起“编—审—施—评”的全流程闭环管理机制，通过“评”的环节，识别实施问题、评估详细规划适用性，及时将外部变化转化为调整需求。广州基于规划单元，开展详细规划实施管理的动态监测与定期评估，并将其作为下一年度制定详细规划编制计划的重要依据。厦门结合体检评估，根据评估结果判断详细规划执行与总体规划、专项规划的偏离情况，发掘问题所在，并适时修编或调整。

（2）通过“一张图”平台促进全流程管理

为响应综合运用互联网、大数据等新一代信息技术，推进国土空间全域全要素的数字化和信息化的要求[①]，应提高详细规划时效，加强法定规划成果的智能化管理。例如，广州、深圳等城市开展了详细规划“一张图”平台建设，广州基于全市“一张图”平台，进一步开发了详细规划设计端—审查端—许可端—管理

①中共中央，国务院.中共中央、国务院关于建立国土空间规划体系并监督实施的若干意见[Z].2019.

端的辅助工具；深圳结合各类信息化手段，探索了“总—详”传导实施监控、法定图则在线编制入库与管理、全域实施评估与监督等功能。

（三）详细规划编管体系优化路径

1. 畅通“总—详”传导路径

落实总体规划意图是详细规划的首要工作。“多规合一”使国土空间总体规划融合了以往的土地利用总体规划、城市总体规划和主体功能区规划等规划，其编制内容比以往任何一类规划都更加综合复杂[①]。为传递总体规划的规划意图，详细规划需要明确“总—详”传导内容、设计“总—详”传导衔接的桥梁、稳定承接传导的空间载体、开展首次详细规划评估。

（1）提炼总体规划核心传导要素

根据国土空间总体规划编制内容，详细规划应重点提炼4项核心传导内容：一是落实控制底线，包括“大三线”、“小六线”、特色控制线等；二是分解发展规模，包括人口规模、用地规模、开发强度等；三是贯彻总体要求，包括发展目标、定位、理念、战略、性质、结构等；四是明确要素配置，包括道路交通设施、公用市政设施、公共服务设施布局等。

（2）设计衔接转换桥梁

总体规划核心要素需传导至详细规划，而发展目标、发展规模等在总体规划中往往仅有上限要求，总体规划“总量指标”与详细规划“分量指标”间需要衔接转换的桥梁[②]。对于情况复杂的大城市，可在“总—详”间增加中间规划层次，进一步下沉核心指标，将总体规划的底线、指标、设施、分区管控要求等分解至详细规划编制单元，对详细规划形成明确指引；对于财政预算有限的中小城市，可在分区或乡镇（街道）总体规划中，将人口、用地等关键规模控制指标分解至详细规划编制单元，强化总体统筹，保障规模上限不被突破。

（3）稳定承接传导的空间载体

传导要素需要明确的空间载体来承接，以实现传导无遗漏、管理有依托。

①陈川，徐宁，王朝宇，等.市县国土空间总体规划与详细规划分层传导体系研究[J].规划师，2021（15）：75-81.

②曾源源，朱锦锋.国土空间规划体系传导的理论认知与优化路径[J].规划师，2022（10）：139-146.

以往控规编制范围未全域覆盖，且存在交叉重叠，未能与管理边界衔接，导致“总—详”传导不畅。因此，需在原编制范围的基础上优化形成新的编制单元，并将其作为新一轮传导的空间载体。编制单元划分应考虑以下6项因素：与行政管理边界衔接；协调各部门管理空间界限；衔接生活圈范围；依托道路、河流等形成明确的四至边界；人口与用地规模适宜；考虑不同要素管理的特点。

（4）开展首次详细规划评估

详细规划评估是维护详细规划科学性、合理性的重要支撑。首次详细规划评估不仅要识别详细规划编制与实施中出现的问题，还需保障新编制的国土空间总体规划与以往控规之间的衔接，为优化国土空间详细规划体系提供方向与建议。首次详细规划评估工作可重点从以下6个方面展开：

一是详细规划整体情况评估。通过梳理已批、已编的详细规划，从编制历程、拼合情况、单元划分、覆盖情况、编制年限等方面全面掌握详细规划编制现状，并与上版总体规划比较，梳理过去详细规划编制工作的成效与存在问题。

二是详细规划实施性评估。通过比较详细规划与建设现状，分析实际未按详细规划实施的原因。

三是详细规划合理性评估。对照最新标准、规范，从全域视角判断详细规划用地结构、设施布局等是否合理。

四是详细规划适应性评估。与最新发展规划、国土空间总体规划、各类专项规划进行对比，评价详细规划是否适应新的发展形势、符合“三区三线”等管控要求、落实规划等。

五是详细规划编制技术评价。评价详细规划编制技术是否标准、编制成果等是否规范。

六是详细规划管理效能评价。评价详细规划管理流程、人员组织、信息化水平等能否适应新时期详细规划的管理要求。首次详细规划评估可在梳理详细规划编制与管理情况的基础上，形成一系列详细规划优化策略，明确各单元调整的必要程度，形成单元分类引导和修编计划，推进详细规划有序优化。同时，按单元输出评估结论，明确各单元优化重点，指引单元优化调整。

2. 推动详细规划全覆盖

详细规划未实现全域覆盖，主要有以下两个原因：一是规划要求与市场需求错位，影响开发建设进度，导致规划“编而不批”“编而不用”；二是以往控规未将城镇建设用地以外的区域纳入考量，部分地区详细规划编制方法仍待探究。

（1）增强规划弹性，实现全域覆盖

通过分层分时的编制方法，将以往“一编到底”的详细规划拆分为“单元”“地块”两个层次，形成“单元—街区—地块”三级传导体系。通过单元层次详细规划编制，实现有弹性的详细规划全域覆盖，保障总体规划意图的传导，将指标分解至街区层次；街区层次作为控制下一层级底线与上限的稳定器，为地块层次的编制内容深化提供依据；地块层次则衔接市场需求按需编制，注重落实街区层次强制性管控指标，并与土地出让规划条件相衔接。

（2）开展特定地区详细规划创新

研究、探索针对不同地区的管控方法。以往所有地区的控规基本采用同一种编制方式，控制内容及指标基本相同，忽视了空间对象的多样性[①]。在“多规合一”的国土空间规划体系下，适用于城市地区增量发展的管控方式难以指导存量地区、乡村地区、城乡交接地区等的发展，急需创新差异化的管控方式，推进详细规划全域覆盖。

①存量地区

在新增用地指标紧缩的背景下，存量地区成为城市提升产业功能、优化人居环境的主战场。以往对存量地区一般采用弱化现状的“蓝图式”控规方案或延续现状的“保底式”控规方案，但这两种方案无法适应存量发展时代的二次开发需求。为推动存量地区改造，部分地区通过零碎的城市更新用地，以“打补丁”的方式优化原控规，然而在市场资本的驱动下，这类城市更新往往造成容积率失控、公共服务设施缺乏等问题，继而影响城市品质。为提升详细规划对存量地区的管理效能，可借鉴上海编制重点地区附加图则的做法，通过引入附加图则，将城市更新中明确的内容转换为强制性管控内容、引导性管控内容，实施运营要求等规划管理部门可操作执行的管理语言，强化对存量地区的管控引导。

②乡村地区

以往村庄规划侧重村庄建设用地管控，对村域内非建设用地考虑不足，难以统筹指导村域各要素的保护与利用。为强化全域全要素管控，可以将村庄规划分

---

①《城市规划学刊》编辑部.“空间治理体系下的控制性详细规划改革与创新”学术笔谈会[J].城市规划学刊，2019（3）：1-10.

为“村域—区块—地块”3个层次：在村域层次承接国土空间总体规划的发展与管控要求，保障乡村发展；在区块层次差异化管控各类要素，根据要素特征明确控制要求与指标；在地块层次深化建设指引[①]。

③城乡交接地区

城乡交接地区指既有城镇开发边界内的城镇建设用地，又有城镇开发边界外的乡村建设与非建设用地的地区。城乡交接地区是乡村城镇化的前沿区域，其生产生活方式与城市、乡村地区大不相同，对其简单采用城市建设管控模式或乡村管控模式都不利于该地区的建设与发展。因此，通过梳理城镇单元详细规划和村庄规划的管控要点，结合城乡交接地区特征，可以构建“空间管控一张图”“图则管控两张图”的“1+2”分级分类管控体系。以“空间管控一张图”锚固规划底线，明确目标、规模、用途、底线、设施等刚性管控内容；“图则管控两张图”分为开发边界内图则、开发边界外图则，以开发边界内图则控制发展规模总量，将管控指标分解到具体地块，以开发边界外图则对建设用地、农用地、生态用地进行分类引导，提出针对性的管控要求。

3. 提升详细规划管理时效

以往控规的审批管理流程复杂、耗时较长，致使详细规划的管理和实施难以适应城市发展与市场变化的动态需求。在国家推进简政放权的大背景下，可通过理清各级政府的管理权限、适度优化管理程序提升详细规划的管理时效。

（1）与空间治理事权匹配，划分管理权限

控规管理应该遵循“一级政府、一级事权”的原则，根据职责在本级事权范围内管理好本级事务，避免出现“多级空间规划管同一块地的同样一件事”的情况[②]。可以进行分级、分区管理，使规划审批权与政府发展决策权相匹配，提升各级政府部门编制详细规划、运用详细规划的积极性，并形成合力。

从分级管理上看，为加强详细规划的全域统筹，可将单元层次的详细规划编制与审批权限上收至市级层面，其中编制权在市级主管部门、审批权在市人民政府；将地块层次的详细规划编制与审批权限下放至区级层面，其中编制权在区级

①张乐益，吴乐斌.国土空间规划中村庄规划体系与框架初探[J].浙江国土资源，2021（7）：29-33.

②吕传廷，孙施文，王晓东，等.控规三十年：得失与展望[J].城市规划，2017（3）：109-116.

主管部门、审批权在区人民政府。从分区管理上看，为在全市层面把控部分重点地区的开发建设，可上收重点地区地块层次详细规划的编制与审批权限，下放一般地块详细规划的编制与审批权限。

（2）优化详细规划"修改"程序

以往控规不论面临哪种调整，仅有"修改"一条调整路径，并且整个调整流程耗时少则半年，多则一两年。为提高详细规划调整优化的效率，可根据"修改"程度将详细规划的"修改"细分为详细规划"修改"与局部调整两种情形。

当"修改"需突破街区层次详细规划的强制性指标时，启动详细规划"修改"程序，按《中华人民共和国城乡规划法》规定的流程执行。当"修改"无需突破街区层次详细规划的强制性指标，且不违反国土空间规划底线和生态环境、历史文化遗产保护、城市安全等强制性要求时，可采用局部调整程序，适当简化部分流程，缩短调整时长。

4. 建设详细规划数字平台

国土空间总体规划与相关专项规划的批复，必然会给详细规划带来众多调整，对所有详细规划单元开展修编，无疑会对财力、人力造成巨大压力。因此，面向高效维护详细规划、保障实施时效的要求，应以"动态维护"为思路，通过建立"评估—调整—实施—评价"的循环反馈机制，在信息化平台支持下，及时响应上位变化带来的详细规划更新需求，以最小的行政成本保持详细规划的高时效性。

详细规划"一张图"信息平台的发展会经历4个阶段：一是数据查阅平台阶段，该阶段以数据汇集与查阅功能为主，能实现成果质检与入库更新；二是编审管理平台阶段，该阶段侧重优化管维护模块，实现成果辅助审查、规划分析评价与规划条件生成；三是全周期智能管控平台阶段，该阶段纳入了评估反馈功能，实现定期监测预警；四是实时监督主动预警平台阶段，该阶段需接入人口、建筑、设施等的动态城市运行监测数据，实现现状问题实时监测，主动反馈。

（1）搭建近期可用的基础平台

遵循信息平台建设规律，在国土空间总体规划即将批复的过渡时期，应优先搭建基本覆盖、近期可用的静态"一张图"。通过建立统一的数据库建库标准，结合首次详细规划评估结论，将继续适用的详细规划单元纳入平台；对于需要落实总体规划、专项规划，涉及一批地区、一类地块微调的情形，可探索一套调整规则，实现“批量修正”；对于需要修编的单元，可明确修编计划，暂缓入库。

（2）逐步完善平台功能

在基础信息查询平台建设的基础上，逐步完善四大模块：需求输入模块、审批管理模块、实施监督模块和评估预警模块，以支撑详细规划全流程闭环管理。需求输入模块支持输入现状问题、规划计划、重大项目、政策规则、调整申请等，并在空间上汇总分析，识别详细规划需要维护的单元或地块。审批管理模块支持输入维护需求，统筹制定具体维护计划。实施监督模块支持对项目进行全流程的跟踪维护，辅助审查比对。评估预警模块依据最新的详细规划，结合多部门的计划和安排，辅助项目生成。

5. 完善详细规划标准体系

详细规划标准体系构建是促进详细规划编制管理规范化和科学化的重要手段，有助于从源头上推进详细规划改革、规范详细规划管理、提高详细规划编制质量、保障详细规划实施效果。

（1）建立详细规划编管纲领框架

详细规划管理规定、技术导则、成果规范是明确地方详细规划编制、管理各项基本要求的纲领性文件。管理规定明确详细规划编制、审批、实施、修改、监督评估等各阶段的工作要点、操作流程、所需材料，规范详细规划管理全流程，尽可能地减少行政自由裁量权对详细规划管理的干扰。技术导则明确对详细规划编制体系、编制内容等的具体要求，为详细规划编制提供技术支撑。成果规范明确成果形式、数据入库标准要求等，可促进形成“全域一盘棋”的规划成果。

（2）逐步完善通则文件

详细规划以“一事一例”的规划手段发挥管控作用，这导致详细规划的质量容易受到规划从业者技术水平和主观判断的影响。在日趋复杂的城市开发环境下，详细规划的合理性与权威性受到挑战。

通则是具有普遍约束性的规则文件，其以科学的指标体系为核心，针对一类要素、一类问题的技术方法以规则条文的形式呈现。通则作为详细规划的编制依据，可以从以下3个方面完善与优化，以增强其作用：一是通过压缩详细规划编制中的自由裁量权，提升详细规划科学性；二是通过普适性规定，处理复杂开发环境管控的问题，强化详细规划控制力；三是通过减少详细规划中的个案式规划、引用通则条文管控等方式，提升详细规划弹性，增强详细规划的稳定性。

第四章　城市更新内涵与理论

第一节　城市更新的内涵

一、城市更新的多元认识

“城市更新”是一个源于西方的概念，初始意义上的更新源自诞生之日起，城市就作为一个有机整体不断进行自我完善与发展。随着人类社会经济的发展变化，现代城市也经历着扩张、演化、收缩甚至是衰败、消亡的发展过程。可以说，自城市形成之日起，由人造环境所叙述的城市历史就不断地被改写。城市更新的实质是原有的城市功能不能满足社会发展的需要，主要表现在两个方面：一是城市功能的转型带来了城市设施的闲置，亟待更新；二是有限的土地资源要求城市功能提档升级，满足可持续发展需要。城市更新动力与城市发展的目标相一致，城市更新的长远目标是要建设社会、经济、环境、文化的可持续性，实现人类聚居环境的适居性，城市更新的现实目标是改造社区环境与公共空间秩序，追求人性化、宜居、安全、健康的城市环境，最终实现城市的有效治理。从内生根源来说，城市更新最初缘起是应对经济增长停滞问题，如何使经济具有活力，如何处理社会问题，如何形成环境质量和生态平衡，这些一直都是城市更新问题讨论非常核心的内容。但是如何通过城市设计、公共政策、城市治理等解决这些问题？城市更新的解决对策无论是自上而下的，还是自下而上的，正规的或是非正规的，很多都是将政策手段、空间策略和社会行动综合起来，最后达成一个良好、宜人、和谐的城市环境品质。

国外关于城市更新的深入研究主要以英、美等西方国家的探索与实践为主。研究认为，从西方城市更新实践阶段的整体划分上，以20世纪70年代凯恩斯[①]福利政府的破产为界，西方城市更新可以大致划分为两个阶段：第一阶段（20世纪30—70年代），西方的城市更新带有鲜明的福利色彩，有计划地制定任务，普遍实行政府干预经济，从最开始的贫民窟拆除到战后住房与基础设施的提供均是以政府投资为主。通过政府投资推动城市重建，为居民提供良好的生活环境被视为国家政府应尽的义务与责任。英国的《城市更新手册》（*Urban Regeneration：A Handbook*）提出的定义为：试图解决城市问题的综合性的和整体性的目标和行为，旨在为特定的地区带来经济、物质、社会和环境的长期提升。《更新：更简单的方法为威尔士》（*Regeneration：A Simpler Approach for Wales*）提出了类似的概念，指出更新是一个地区的提升，采用一个平衡的方法通过社会、物质和经济手段达到提高社区福祉的目的。随着20世纪70年代西方凯恩斯主义福利政府的破产，西方城市更新进入第二阶段。这一阶段私人资本在城市更新中的作用越发明显，但是政府的角色一直没有缺位，西方城市更新开始向一种公私合作的“伙伴关系”演进。这一时期的德国是西欧城市更新的代表性地区。德国城市更新的内容主要体现在对闲置用地的优先改造更新上，包括历史核心区的更新、旧制造业用地的更新、旧基础设施用地的更新，以及军事设施用地的更新等方面。20世纪60—70年代的美国城市更新面对高速城市化后形成的种族、宗教、收入等差异而造成的居住分化与社会冲突问题，以清除贫民窟为目标。虽然城市更新综合了改善居住、整治环境、振兴经济等目标，但是其所引发的社会问题却相当多。特别是对于有色人种和贫穷社区的拆迁显然有失公平，受到社会严厉批评而不得不终止。在20世纪80年代后，大规模的城市更新行动已经停止，总体上进入了谨慎的、渐进的、以社区邻里更新为主要形式的小规模再开发阶段。

国内学者对城市更新的概念进行了不同视角的研究。20世纪90年代末，吴良镛院士最先提出了城市有机更新的概念，指出从城市到建筑，从整体到局部，如

---

①凯恩斯主义相信只有在市场机制调节之下，才能达到维护自由的目标。但是，他们却认为市场机制有着一定的局限性，有它调节的极限，因此只能通过国家机制对其进行改良，才能确保人类的自由。凯恩斯的国家干预主义是有条件的，国家干预是为了弥补市场机制的缺陷和恢复市场机制有效配置资源的功能，缓解经济周期波动和各种社会矛盾，以不同形式，运用经济的和非经济的各种手段对经济运行进行调控的过程。

同生物体一样是有机联系、和谐共处的。城市建设应该按照城市内在的秩序和规律，顺应城市的肌理，采用适当的规模、合理的尺度，依照改造的内容和要求妥善处理目前和将来的关系。随着新型城镇化的不断推进，吴良镛院士的有机更新理论得到学术界的普遍认同，有机更新在新的时代也有了新的内容和要求，现今城市的有机更新融入了产业、运营等思维，对于资本有着更多的要求。住房和城乡建设部政策研究中心主任秦虹认为，真正的有机更新，既有建筑美观的增加，更有内容提升，包括产业共生、业态共享、多元化的资本参与、优秀的资产管理，等等。现代有机更新从以追求经济增长效益的单一导向的城市更新进入以改善人居环境、品质提升、可持续发展等综合性目标，以实现经济、社会、文化等目标的动态平衡和综合效益为最优目标。

同济大学伍江教授回顾中国城镇化发展中带来了社会分化、新区功能不完整、人文环境被破坏等诸多问题，呼吁城市建设理念亟须转型，应当转变当下这种大规模的、完全无视自然环境的旧城改造，转向小规模渐进式、常态化的城市更新模式，城市建设由粗放型转向精致型。伍江提出城市更新的四个方面内涵：第一，通过城市修补，使城市功能更加完善，让城市成为更加适合市民生活的空间；第二，通过生态修复，使自然环境更符合生态规律；第三，通过协调社会组织，提高城市的韧性和抗击力；第四，重新理解城市的历史文化内涵，认识城市整体的历史文化载体作用，保护作为整体的城市历史文化价值。

阳建强和吴明伟的《现代城市更新》提出了系统更新理论，他们认为城市更新不再是单一性的形体改造而是系统性的改造，应为尊重城市文化的审慎的渐进式更新。阳建强教授指出，城市更新是改善人居环境，提高城市生活质量，保障生态安全，促进城市文明，推动社会和谐发展的更长远和更综合的目标。城市更新需要建立政府、市场和社会三者之间的良好合作关系，形成一个横向联系的、自下而上和自上而下双向运行的开放体系，遵循市场规律，保障公共利益，促进城市更新的持续健康发展。

在摆脱最初的对于城市更新简单化的定义后，城市更新被认为是城市内部多种因素复合驱动的过程，其中既有政治、经济，也有文化、社会等因素。而城市更新的内容也从单纯“硬质”的物质和形体更新扩散到社会文化网络、邻里关系乃至人们的心理认同等“软质”更新。

二、城市更新的概念界定

近代意义上的城市更新源于工业革命，工业革命产生了强大的科技和物质推动力，使人们对城市的规划和布局、人居环境的改善、传统历史文化遗产的保护等问题的认识都超过了以往，达到了一个新的境界。“城市更新”的概念出现在1949年美国住宅法（The Housing Act of 1949）“城市再开发”（urban redevelopment）概念中，其目标为市中心区拆除重建，由联邦政府补助更新方案三分之二金额支持重建。然而，城市更新因牵涉部门过多，并不是许多城市都能够贸然尝试的，因此美国推行都市改革的政策逐渐放弃市中心拆除重建，转向邻里社区为目标政策。以邻里社区为目标的城市更新政策，旨在配合住宅政策，解决住宅问题，并于1954年由美国艾森豪威尔的一个顾问委员会提出的美国住宅法（The Housing Act of 1954）中正式使用“城市更新”（urban renewal）这一名词，并列入当年美国住房法规。1958年8月，在荷兰海牙召开的城市更新第一次研讨会认为，城市更新是指生活在都市的人基于对自己所住的建筑物、周围环境或者通勤、通学、购物、游乐及其他生活更好的期望，为营造舒适生活以及美好市容，进而对自己所住房屋的修缮改造以及对街道、公园、绿地、不良住宅区的清除等环境的改善，尤其是对土地利用形态或地域地区制的改善、大规模都市计划事业的实施等所有的都市改善行为。美国《不列颠百科全书》将城市更新定义为：对错综复杂的城市问题进行纠正的全面计划，包括改建不合卫生要求、有缺陷或破损的住房，改善不良的交通条件、环境卫生和其他的服务设施，整顿杂乱的土地使用，以及车流的拥挤堵塞等。认识到20世纪50年代的城市更新以拆除重建的粗暴方式与当时的历史背景相适应，在大规模的城市改造实践的不断检验和推动下，城市更新的内涵和外延都发生了深刻的变化。

总之，在摆脱当初对于城市更新简单化的定义后，城市更新被认为是城市内部多种因素复合驱动的过程，其中既有政治、经济因素，也有文化、社会因素。而城市更新的内容也从单纯“硬性”的物质和形体更新扩散到社会文化网络、邻里关系乃至人们的心理认同等“软性”更新。

通过梳理国内外关于城市更新多元认知的概念演进过程，可见城市更新是一个十分宽泛的研究方向，不同领域不同学者研究的内涵、界定与侧重点存在较大的差别。另外，关于城市更新在表述上也存在许多类似的概念，例如，通过文献可以检索到的国内类似概念至少有旧城改造、旧城改建、旧区整治等，而在西方更是有城市重建（urban reconstruction）、城市复苏（urban revitalization）、城市再开发（urban redevelopment）、城市再生（urban regeneration）、城市复兴（urban renaissance）等概念，各个阶段的命名体现出其在不同城市阶段中的工作侧重点，这使得城市更新的概念更加难以准确界定。通过对以上概念的梳理可以发现，各概念的主要内涵基本相似，只是在城市不同的发展阶段，不同的社会背景之下，所侧重的方面有所差别，这也从不同的侧面反映了城市更新所关注的重点是随着城市的发展有所变化的。

（1）城市重建："一战"后开始出现，主要为推土机式的大拆大建，后发展成为结合社会、经济、物质和安全的综合事项。

（2）城市再开发：认为城市更新是自上而下的政府开发行为，对于废弃的城区进行物质结构的去除和更新，并开始注重工业再开发，延续城市生命力。

（3）城市复兴：包括社会、文化、经济、环境的可持续发展，创造能够重构和振兴城市空间的政策。

（4）城市振兴：针对城市某个区域的政策，为预先选定的有前景的部门和家庭加强区位环境，管理者的作用突出。

（5）城市更新：应对城市衰退现象的、对既有的建成环境进行管理和规划，从物质层面和策略层面解决城市的问题。

我国自1990年以来，"城市更新"的概念开始在学术界得到广泛讨论，从强调物质环境逐渐转向注重综合性与整体性。城市更新所面对的问题早已不再停留在简单的住房提供、基础设施完善等物质层面，而是向城市的可持续发展与整体复兴的综合职责转变，这些目标的实现不可能由市场完成，城市政府的直接职能成为城市更新的主体推动力。根据《深圳市城市更新办法》（于2009年12月1日开始实施）的规定，城市更新主要是指对特定城市建成区（包括旧工业区、旧商业区、旧住宅区、城中村①及旧屋村等），根据城市规划和有关规定程序进行综合整治、功能改变或者拆除重建的活动。城市更新应优先考虑城市整体利益。

从目标导向来看，城市更新就是城市面对新发展条件的不断调整、适应、改

①城中村（含城市待建区域内的旧村，以下统称城中村）是指我国城市化过程中依照有关规定由原农村集体经济组织的村民及继受单位保留使用的非农建设用地的地域范围内的建成区域。

变的过程。在城市总体的规划层面，城市更新是一种统筹性的规划，是对城市整体利益、功能完善、价值提升的总体部署和安排，系统性地将城市中已经不适应现代化城市社会生活的地区做必要的、有计划的改建活动，试图解决城市问题的综合性的和整体性的目标和行为，旨在为特定的地区带来经济、物质、社会和环境的长期提升；在物质环境的更新层面，城市更新实质上是通过维护、整建、拆除等方式使城市土地得以经济合理的再利用，并强化城市功能，增进社会福祉，提高生活品质，促进城市健全发展。

三、城市更新的主要模式

城市更新发展之初首先是对城市不良住宅区的改造，随后扩展至对城市其他功能地区的改造，并将其重点落在城市中土地使用功能需要转换的地区。城市更新的目标是针对解决城市中影响甚至阻碍城市发展的城市问题，这些城市问题的产生既有环境方面的原因，又有经济和社会方面的原因。综合来看，国内城市更新可分为以下三种模式。

（一）综合整治类城市更新

综合整治类更新项目主要包括改善消防设施，改善基础设施和公共服务设施，改善沿街立面、环境整治和既有建筑节能改造等内容，但不改变建筑主体结构和使用功能。综合整治类更新项目一般不加建附属设施，因消除安全隐患、改善基础设施和公共服务设施需要加建附属设施的，应当满足城市规划、环境保护、建筑设计、建筑节能及消防安全等规范的要求。

（二）功能改变类城市更新

功能改变类更新项目改变部分或者全部建筑物使用功能，但不改变土地使用权的权利主体和使用期限，保留建筑物的原主体结构。功能改变类更新项目可以根据消除安全隐患、改善基础设施和公共服务设施的需要加建附属设施，并应当满足城市规划、环境保护、建筑设计、建筑节能及消防安全等规范的要求。

（三）拆除重建类城市更新

拆除重建类城市更新是指对城市更新单元内建筑物进行全部或大部分拆除后

重新建设的更新改造行为。拆除重建类城市更新应严格按照城市更新单元规划和城市更新年度计划的规定，经依法确定的改造主体组织实施。它通过更新计划的申报、更新单元规划的审批，重新确定建设用地面积、开发强度，并重新确定开发主体，签订新的土地出让合同。

四、城市更新的规划层级

任何城市更新都要符合城市和国家的规划层级与法规体系，城市更新的内容也划分为不同层级，体现在不同的城市更新规划编制的具体内容。

在城市的总体发展层面：编制城市统筹更新规划，涉及多规合一、三生协调、功能疏解、职住平衡等。或以城市总体规划为基础，对城市总体更新进行指导，要结合城市现实情况编制城市更新规划、总体工作方案，制订城市更新中长期及年度实施计划。城市更新的规划编制是综合盘活城市存量资源，对城市总体规划进行有效调节的重要手段，进而实现对城市总体空间结构的科学统筹规划。城市更新规划要遵循一定的基本原则，充分考虑国家的法律、法规以及政策等。

在城市的中观分区层面：在城市更新规划的框架下，统筹物质、社会、生态、文化环境，编制城市更新单元规划，进行片区统筹。城市更新单元规划强调结合城市运营与空间博弈，通过制度设计将城市更新内容纳入城市发展的相关项目中，把城市更新的协作要求纳入规划编制成果中，进而实现城市更新规划编制的管理化、规范化和常态化。

在中观分区的城市更新编制管理过程中，涉及城市更新单元及规划的内容如下。

城市更新单元是在保证基础设施和公共服务设施相对完整的前提下，按照有关技术规范，综合道路、河流等自然要素及产权边界等因素，划定相对成片的需求进行更新的区域。一个城市更新单元内可以包括一个或者多个城市更新项目。如S市城市更新单元的划定应：第一，符合《S市城市更新办法》规定的进行城市更新的情形；第二，符合城市更新单元划定的有关技术要求；第三，体现原权利人的改造意愿。

城市更新单元规划内容包括：

（1）城市更新单元内基础设施、公共服务设施和其他用地功能、产业方向及其布局；

（2）城市更新单元内更新项目的具体范围、更新目标、更新方式和规划控制指标；

（3）城市更新单元内城市设计指引；

（4）其他应当由城市更新单元予以明确的内容。

城市更新单元规划涉及产业升级的，应当征求相关产业主管部门意见。

在城市的微观项目层面：主要内容体现在对闲置、功能失效用地的优先改造更新上，包括旧城区的更新、历史文化保护区的保护性更新、旧工业设施及用地的更新、旧基础设施及用地的更新，以及其他设施用地的更新等。微观城市更新项目涉及一些基本的运作操作程序：更新计划申报及制定、土地及建筑物信息核查、更新单元规划组织调整和审批、实施主体确认、拆迁改造与城市设计方案、城市运营与投融资设计、用地审批行政许可、非行政许可及行政服务等。此外，我国学者还提出了城市“微更新”的模式，旨在从战略性和蓝图式规划转变到已建成环境“微更新”的品质提升规划，提高城市环境的精致度。

总之，从综合统筹的视角，城市更新的工作内容包括：调整城市结构和功能，实现新旧功能转换；优化城市用地布局，盘活城市存量资源；更新完善城市公共服务设施和市政基础设施；提高交通组织能力和完善道路结构与系统，改善城市交通环境品质。从项目运行的视角，整治改善居住环境和居住条件，维持和完善社区邻里结构；保护和加强历史风貌和景观特色，营造优质生态环境；美化环境和提高空间环境质量，营建城市公共空间环境；更新和提升既有建筑性能，改造历史文化街区、老旧工业区和城市棚户区；改善与提高城市社会、经济、文化与自然环境条件。

五、城市更新的实现维度

城市更新的难点在于资源与利益的再分配与再平衡。城市更新不仅仅是对建筑物等硬件设施进行改造，更要对生态环境、文化环境、产业结构、功能业态、社会心理等各种软环境进行延续与更新，是对城市全面的把握能力和综合运营能力。城市更新资源与利益再分配的实现与实施需要有实力和综合运营体系的城市服务机构介入。为此，上海城市更新率先提出“土地开发全生命周期管理”政策，即对土地开发和运营的整个周期进行管理，以土地出让合同为平台，将项目建设、功能实现、运营管理、节能环保等经济、社会、环境各要素纳入合同管理，通过健全经营性用地的用途管制、功能设置、业态布局、土地使用权退出等机制，加强项目在土地使用期限内全过程动态监管，让房地产开发商适应“城市运营商”的新角色，“以土地利用方式转变，倒逼城市发展转型”，从而充分发挥土地资源市场化配置作用并促进政府职能转变。

城市的更新运营包括两方面：一方面是对客观实在的实体（建筑物等硬件）空间的改造—物质环境的更新，涉及土地使用、项目建设、功能业态、视觉环境、游憩空间等；另一方面是对城市软环境进行改造与治理，即对各种生态环境、社会环境、文化环境、心理环境等的改造与延续，包括邻里的社会网络结构、心理定式、情感依恋等软件的延续与更新。

总之，城市更新需要采取综合手段，对城市的经济、社会和环境系统进行全方位的改造与完善。

（一）城市物质环境更新

城市物质环境的更新是基于“城市—设计—建造”这一过程的逻辑，这一过程需要不断地适应城市发展阶段新的环境，城市更新也可以理解为社会发展需求的演化过程。当城市社区物业无法满足人民居住改善的需求，废弃的工厂或港口不满足城市用地的价值需求，衰败的城市中心区无法完成新的城市中心性功能时，城市物质环境的更新就会变得极为迫切。

物质环境更新能够能动性地整合空间要素资源，挖掘城市用地的潜在价值，优化城市资源组合与完善城市功能组织。同时，物质环境的更新能够改善城市形象，促进城市旅游发展和刺激城市的多方面需求。比如，城市旧住区的物质更新可以改善物业价值，提升居住条件，增强居民幸福指数等。

城市物质环境更新包括以下几个方面。

重建或再开发（redevelopment）：是将城市土地上的建筑予以拆除，并对土地进行与城市发展相适应的新的合理使用。重建是一种最为完全的更新方式，但这种方式在城市空间环境和景观方面、在社会结构和社会环境的变动方面均可能产生有利和不利的影响。

整治（rehabilitation）：整建，是对建筑物的全部或一部分予以改造或更新设施，使其能够继续使用。整建的方式比重建需要的时间短，也可以减轻安置居民的压力，投入的资金也较少。

维护（conservation）：保留维护，是对仍适合继续使用的建筑，通过修缮活动，使其继续保持或改善现有的使用状况。

（二）城市经济环境更新

在一座城市的正常更新过程中，经济因素是导致城市更新发生的主导性原因。城市空间无疑是一种短缺资源，空间生产是资本驱动的结果，因此也具有相应的经济过程。戴维·哈维认为，城市在很大程度上就是资本生产体系不断变化的结果，此外也要考虑到政治决策、社会规范的约束。外部性经济问题是城市更新中的一个重要问题，在制定公共政策的时候，都会用到外部性经济的理论和分析方法。城市更新中的经济因素还包括产权变更与土地处置、拆迁与补偿利益分配、更新周期与成本收益等，由于外部性经济无论是政府主导还是市场主导，都存在公共利益和私人利益难以平衡的问题。因此，城市更新需要政府统筹更多政策、制度和财政保障，促进社会资本正向积累，鼓励合作经营多种经济主体，推动长期衰败地区的更新建设。

以经济学的视角，城市想要让人们能够留下来生活、享受娱乐活动，其最基本的服务功能就是如何让人们获得维持生存的资本。城市的增长、收缩、转型、衰退反映了城市经济社会的走势，也反映了城市规律演化的机理。作为城市治理的主体，城市政府需要提前洞悉城市的未来，科学引导城市的产业转型与升级。一些城市政府或将稀缺的土地资源作为最为有效的调控手段，以获得强劲的市场动力促进城市更新得以实现，这也是城市更新的常见手段。

因此，城市经济环境的更新需要我们洞察城市在产生、成长、城乡融合的整个发展过程中的经济关系及其规律。运用经济分析方法，分析、描述和预测城市现象与城市问题，研究重点为探讨城市重要经济活动的状况，彼此间的互动关系，以及城市与其他地区和国家的经济关系等。

城市经济环境更新需要借助一定的物质空间、社会经济、政策制度的改善媒介，其研究内容主要有以下几点。

（1）城市经济结构与城市成长。包括城市产生、城市化、郊区化、都会化、城市衰退、城市发展结构、城市特性、城市规模、旧城更新、新城建设等。

（2）城市内部结构。包括土地利用、住宅、交通等。

（3）城市公共服务及福利设施。包括城市财政、公共服务设施（如水、电、公园等）的供需状况。

（4）城市人力资源经济。包括就业、消费、迁移、贫民、人力资源、投资等。

（5）环境与城市生活质量。包括公害预防及处理、防范犯罪、旧城改造等。

（6）城市发展政策。

（三）城市社会环境更新

人类的根本属性在于其社会性。以社会学视角，城市已有的空间结构组织具有一定的合理性，改变现有城市空间的构成必然会对原有的社会环境造成影响。因此，城市更新必然产生社会环境的更新，如何在城市更新的同时创造一个包容性、韧性的社会空间才是城市发展的根本目标。

反思我国在几十年快速城市化的过程中，大面积泼绿、大手笔开发的背景下，城市空间不断地绅士化，城市尺度不断地巨型化，城市阶层渐渐地分化、固化，城市所形成的社会空间环境更新的诸多问题是值得我们不断思考的。重建城市的内部结构，不断激发城市的内在活力是城市社会环境更新的重要任务。在新兴城市中，我国改革开放的前沿——深圳的城市社会空间结构变革最具代表性，深圳从一个小渔村迅速发展成为大量外来人聚集的现代大都市，是一个典型的移民城市。在总结社会变迁的诸多经验教训之后，深圳开始对城中村（非正规空间）采取了“包容性整治”的态度，这一举措的转变对我国其他城市的更新方式有着积极而深远的意义。人们逐渐认识到：尊重原有的社会结构或者优化原有社会环境是城市更新焕发城市活力的重要目标，这也是城市社会环境更新的基本内容。

（四）城市文化环境更新

城市文化是一个城市所有历史人文因素的集合体现，对于城市文化的理解有利于理解城市形态格局的形成，同时，城市更新的过程中也要充分尊重城市的人文历史、底蕴积淀、民风民俗等。城市不是一天出现的，城市的文化也是，正因如此，在对城市文化环境进行更新设计时，一定要遵循一定的方法。

文化与空间、社会是“一体三性”的关系。作为社会的人，城市社会的经济行为与竞争无时不受社会习俗和文化传统的影响。城市土地的利用有些完全出于非经济目的，或者说是由社会文化因素所决定的。此种情况，文化就成为一种完全独立于经济与竞争范畴的生态因素。在城市文化学派看来，“理性地使用土地及其空间资源”中的“理性”这个概念本身必须耦合某种特殊的社会价值观，而不同的社会与民族价值观，最终形成了城市风格各异的外在表现。

文化包罗万象，其中一部分是有形可见的，更多的是内在无形的。城市更新涉及有形和无形文化环境的更新，有形文化环境包括有形的元素和形式，如文化设施、文化建筑、文化符号及其载体；无形的理念和精神，实际上包括了社会治理、道德水平、生存理念、乡风民俗等一系列复杂的文明话题。

城市文化环境更新包括以下概念内涵。

文化设施：它是营造文化环境不可或缺的重要内容，城市更新的文化设施的补充与完善，要充分结合历史建筑与建成环境，符合社会文化价值取向和社区民众的文化需求。

文化保存：不论是传统的旧街区还是新建的现代街区，都是展示城市文化的重要场景，在城市更新中保护、保存传统历史文化街区、延续保护传统非物质文化形态都是重要的文化复兴活动。

文化展现：在城市正确的文化取向和文化定位的前提下，城市文脉的延续，民风民俗的展现都体现着现代文明的风采，文化传播、文化活动、文化景观对城市文化环境的更新与营造都有着巨大的影响。

文化经济：它是指把文化遗产作为重要的经济资源来开发，文化经济作为一种新兴产业形式正影响着城市的经济形态，特别是对具有文化底蕴的城市可持续产业培育，有利于促进落后地区的城市文化经济发展。

城市更新演替的文化嬗变有着诸多的历史教训，特别是生产方式全球化技术的发展和对经济利益（市场卖点）的追求，使得在城市更新中的地域文化特色渐趋衰微。欧洲城市更新中从形体规划认识向人文规划的转向为我们提供了重要的历史经验借鉴。因此，在城市更新中，如何认识我们身处的物质环境、社会环境、经济环境和文化环境，在市场机制的作用下如何有效提升环境的社会文化价值，同时改善城市的机能，完成有机的城市更新，最终达到城市形态的整体和谐，这是我们不断努力的方向。

第二节　城市更新的原则

一、鼓励插建原则

从城市更新中得到的教训是避免拆清整个街区，而应在既有城市街块的地块划分结构中鼓励插建的方式，尊重原有城市形态、街区的几何形式，谨慎开发。因为，在很多城市更新中邻里社区被整体清除，封闭的街道、超大的街块以及原居民的搬迁，使得原有的社区结构被破坏，很多社会问题因此产生。插建更新的方式能够保证城市仍有活力的组织，同时也维持了原有城市结构可辨识的原则。

二、清除利用原则

城市中被废弃的设施用地需要被更新改造再利用，或被清除为绿地公园等类型用地。因为被废弃用地往往会成为城市流浪者或犯罪者的聚集地，成为犯罪率增加的灰色空间。因此，城市中的废弃地必须进行必要的管理及再利用，使之成为新的开发用地，或为城市居民服务的绿色基础设施用地。

三、有机更新原则

有机更新是一种不断完善、循序渐进、持续包容的过程，应当妥善处理目前与将来之间的关系，把握当前与未来的需求，满足不同时期的发展需要。在注重质量提升的同时，也要保持局部与整体的联系，顺应用地原始发展的规律，突出规划的完整性。

四、片区统筹原则

城市更新需要不断结合新的发展要求，识别城市发展的战略性区域，明确城市更新和土地整备的重点地区，建立区域融合、综合发展、统筹优化、富于创新的城市空间。在片区层面能够有效整合资源，对各个更新单元进行动态调节，实现更新统筹类规划引导的弹性与实施的不确定性相结合。

五、政府引导原则

城市更新的主体可分为政府主导和市场主导两种，无论是政府主导还是市场主导，政府在审批相关的城市更新项目时缺乏必要的依据，在这种情况下，微观项目往往逐利眼前利益和短期回报，难以为城市的总体发展提供系统的谋划和足够的支持。因此，在城市总体层面进行宏观引导就成了有效的规划管控手段。

六、市场运作原则

在空间资源有限的条件下，城市更新要遵循政府主导、市场运作的原则。积极合理运用市场规律使城市更新成为推动城市发展的驱动力。通过市场功能盘活存量土地，释放土地潜能，提升用地质量，优化城市结构，提升城市功能，破解发展瓶颈。

七、公众参与原则

公众参与，强调沟通协商式规划，规划完成于过程之中。公众参与原则是明确城市更新参与主体的权利与利益共享，并保障公众行使这种权利的基本原则。城市更新直接关系到每个人的生活质量和追求幸福生活的权利，也符合公众的共同利益。人们依法参与城市更新公众参与的行动，对违背公众利益的行为进行监督，同时也有促进城市更新良性实施的义务。

八、保障权益原则

从法律层面上讲，保障权益是指公民、法人或者其他组织对行政机关实施行政许可，享有陈述权、申辩权；有权依法申请行政复议或者提起诉讼。其合法权益因行政机关违法实施行政许可受到损害的，有权依法要求赔偿。在城市更新中，要保障权利人合法权益，例如，城市拆迁要做到“三先”“三后”，即先协议、后拆迁，先补偿、后拆迁，先公告、后拆迁等，要满足拆迁补偿和被拆迁人的合理要求。

第三节　城市更新理论

一、空间基因理论

（一）空间基因的概念

根据我国历史文化遗产保护的现状困境，段进院士以国外的形态学研究为基础，结合空间发展观念，提出了符合中国时代背景和发展需求的空间基因概念，即城市空间在与自然环境、历史文化的互动中，形成独特的、相对稳定的空间组合模式，将传统的城市空间形态论题从普适性的类型研究转向在地性的特征解析。

（二）空间基因理论的运用

与传统空间更新模式强调的普适性不同，空间基因承载着“城市空间—自然环境—社会人文”互动演化模式的空间信息，在对城市空间要素的识别和提取中，能够校准城市特色认知中出现的问题，同时在社会人文层面的反馈中，鉴别空间基因的完整性和准确性，实现空间更新与城市特色链接[①]。

针对城市更新对特色挖掘的需求，空间基因的研究视角能够较好地弥补对城市个体差异关注度的缺失，为城市更新设计的在地性研究提供有效路径[②]。

二、共生理论

（一）共生理论

共生理论来源于生物学，共生需要在彼此对立的同时，还能给予彼此基本

①段进，邵润青，兰文龙，等.空间基因[J].城市规划，2019，43（2）：14-21.

②陈锦棠，姚圣，田银生.形态类型学理论以及本土化的探明[J].国际城市规划，2017，32（2）：57-64.

的理解和支持，能共同发展通用领域，产生新的机会，应用在建筑领域，聚焦城市、建筑与人、自然环境的和谐共生。其内涵包括：各城市群之间的关系；城市整体与部分的关系；建筑设计与自然、人的关系。具体表现为：将城市、建筑与生命进行有机整合；重视历史传统、地域文化；过往、当下、未来的共生；通过创造无阻碍的中间件，实现不同生命体的共生。

（二）基于共生理论的城市更新策略

1. 更新城市产业结构，打造城市新名片

（1）以历史文化为抓手，提升城市知名度

在城市更新活动中，要首先保护城市历史文化的自然环境，与此同时，将城市文化作为城市发展的动力和源泉。在城市名片中加入历史元素，实现历史文化与商业发展的融合，多措并举提高民众对文化遗产保护工作的认识和支持，借助数字技术手段，扩大历史文化遗产的传播范围和传播形式，以此扩大城市的知名度，激发城市潜力，增强城市竞争力。

（2）活化历史文化遗产，增强城市发展活力

在数字信息技术高速发展的今天，可通过虚拟现实、电子地图等多种形式调动历史文化遗产的活力，打造具有历史文化韵味的旅游产业，多方位的宣传，不断吸引游客前来体验，增强了城市的发展活力。通过对更多产业的带动，活化了城市存量空间，提高了经济的可持续发展。对历史文化遗产的持续保护与更新、功能的不断迭代，城市的传统产业得到发展，整体上提升了城市的品位与档次。

2. 建立科学合理的城市更新规划体系

城市更新首先要做好各层级的规划工作，把低碳、绿色、可持续的理念和原则贯穿规划工作的全过程。与此同时，还应该做到细化层级规划指标，包括生态修复的步骤、智能交通系统的构建、清洁能源的使用、历史文化遗产的保护等方面。

（1）在现有城市规划方案、城市双修政策的基础上，结合实践应用，设计更详细的城市更新总规和细则，并与已有的海绵城市、智慧城市建设方案、政策法律法规、标准规范相适应，最终制定出科学、合理、可持续的城市更新规划体系，实现多方共生。

（2）按照政策指导和城市整体的社会经济结构，从城市发展角度，开展城

市功能定位工作，并依此进行产业结构的调整、升级、转型，创新发展共生经济，提升城市活力，打造城市的新名片。

（3）城市老城区环境问题突出、人口密集、建筑物多、交通拥堵，不具备科学合理的城市规划。改变老城区的生态环境，需要从顶层设计入手，强化城市更新中主体的参与程度，以人为本，人人可提意见，综合合理建议，进行环境治理，不断完善基础设施建设，创建宜居社会环境，达到城市与自然环境承载能力相统一的发展。

3. 完善城市更新的建筑设计方法

当前，在城市的更新发展建设中，还存在许多问题。比如，建筑改造设计不能做到有规可守，整个建筑设计体系不完善，缺乏落地举措和细则，可行性较差；不能做到因地制宜，改造建设完成后的建筑项目与城市定位不符，不能满足经济、社会、环境各方面的发展要求；建筑更新改造设计千城一面，毫无特色。这些问题严重阻碍了城市更新的步伐，很难做到城市、建筑、人的共生发展。因此，在城市更新的建筑设计中，要遵循科学、合理的原则，在共生理念的指导下，采用绿色建筑设计技术，对城市原有建筑进行更新改造设计。

（1）城市更新中的建筑设计要因地制宜，按照城市的实际发展情况和自然生态特色进行改造，保留城市的历史文化精髓，制订科学合理的改造方案，实现城市发展、建筑改造、生态和谐的共生统一。

（2）在城市更新总规划的指导下，结合实际工作，制定工作细则，有的放矢地指导建筑改造更新。

（3）结合城市功能定位，考虑城市历史文化因素和经济产业结构因素，确保建筑改造设计的可持续发展。

（4）鼓励城市主体的多方参与，为城市更新建言献策。加强对建筑更新改造设计的宣传，呼吁社区居民的积极参与，做到以人为本，服务人民，城市发展为了人民，构建城市美好和谐发展局面。

（5）在城市老旧小区改造工作中，要以绿色、环保、共生的理念为原则，积极采用节能环保技术、用数字化手段赋能基础设施建设，提高社区居民生活的便捷度、舒适度，使改造后的小区重新焕发生机。

（6）城市更新的提出，要求我们在城市的发展中要摒弃传统的拆建方式，转向新建与改造并行的方向，使建筑更新、历史文化遗产保护和新建建筑之间达到和谐共生。建筑更新改造设计工作要尊重原有建筑的形状、外貌，在保留原有特色的基础上，添加新元素、新材料，传统和现代的有机结合也为建筑更新改造提供了新方向。此外，在建筑的更新改造中，工作重点还应放到建筑内部以及老化的基础设施上，利用先进的科学技术和数字信息手段，让城市发展更智慧，人民生活更满意。

综上所述，我国城市更新要始终坚持以人为本，以历史与未来、人与自然的和谐共生为基本前提，不断解决城市发展中遇到的各种问题，转变城市发展思路，从增量规模建设转向存量市场的供给侧结构性改革，走高质量、可持续、集约化的新型城市发展之路。未来，城市更新也将成为城市开发建设的新动能、新趋势。

第四节　城市转型与城市更新

一、城市转型

（一）城市转型的内涵

城市转型指的是一种发展模式和方式的转变，路径就是对于涉及城市发展的所有领域进行的综合性改革转型，所涉及的是多层面、多方向、多领域的。在过去的一段时间里，中国的城市走过的发展道路，主要是以高耗能、高排放获得的快速增长和高速扩张，这是一种粗放型的发展模式。目前，在中央深化改革的目标下，按照五大理念，中国的城市发展方式已进入转型发展的新阶段，必须着力推动经济社会转型发展，走创新、绿色、集约、融合、和谐发展之路。

城市转型不能等同于一般意义上的城市发展概念，而是城市发展在过程中发生的重大变革性的转折，是在城市发展的各个方面上产生的具有全面性和深刻性的转变，也可以说是城市发展历程中的一次革命。

（二）城市转型的分类

1. 产业转型

从世界范围来看，城市发展的历史就是城市持续转型升级的历史，城市转型发展的核心动力来自产业和经济的转型。产业转型目前有两种解释，一种是较宏观的，是指一个国家或地区在一定历史时期内，根据国际和国内经济、科技等发展现状和趋势，通过特定的产业、财政金融等政策措施，对其现存产业结构的各个方面进行直接或间接的调整，也就是一个国家或地区的国民经济主要构成中，产业结构、产业规模、产业组织、产业技术装备等发生显著变动的状态或过程。从这一角度说，产业转型是一个综合性的过程，包括了产业在结构、组织和技术等多方面的转型。另一种解释是指一个行业内，资源存量在产业间的再配置，也就是将资本、劳动力等生产要素从衰退产业向新兴产业转移的过程。产业转型的成功需要借助城市更新的运作杠杆，淘汰落后产能，建立低效用地的退出机制，分散工业用地的整体规划、统筹考虑，并考虑引导产业结构升级，政策激励与公共服务优先，税费优惠与融资模式创新等，促进产业转型能够实现城市的连片开发、整体转型。

城市之间因为资源禀赋的不同、所处发展阶段的差异以及治理方式上的差异，对转型发展的时机切入、推进措施和具体对策，都会有自身的独特性，由此形成了产业链延伸型、整体转换型、混合发展型、特色引领型类型的转型模式[①]。

城市发展的根本性推动力是科技革命、技术革命和产业革命，但是如能顺应经济产业的发展周期就会为城市转型提高效率、减少代价。城市的发展需要把握好产业周期与城市周期转换的战略节点，培育创新驱动下可持续发展的产业环境。熊彼特提出周期创新学说[②]，认为创新是延长和扩展经济周期的基本动力，能够让城市保持持久的驱动力，摆脱产业主导的经济周期的制约，实现可持续发展的新城市生命周期。在我们国家的城市创新体系中，创新型城市、地区，其经济发展的质量与抗风险的能力越来越强，最根本的原因在于知识、创意取代了传

①李程骅.国际城市转型的路径审视及对中国的启示[J].华中师范大学学报（人文社会科学版），2014（3）：35-42.

②熊彼特.经济发展理论[M].北京：中国画报出版社，2012.

统的发展要素，创新型、服务型经济重构于城市的生产组织方式和空间结构形式之中，新产业空间也逐渐变成城市主要的功能区，同时企业的创新活动也源源不断地转化为城市的创新文化。

2. 空间转型

城市空间的最初转型是由于历史和社会的变迁，原有空间不能满足新的发展需求引起城市空间功能的改变。在产业转型的同时，同步进行的是空间布局优化和空间功能内涵转型伴随着中国城市化进程的快速推进，利用级差地租的方式实现城市旧城空间整体更新，就是在中国社会发生的一个个现实的城市空间转型。中心城市的转型是一个持续的过程，经济结构的转型和经济政策的调整促使城市空间发生转型，城市原有的功能区由单中心型逐渐转向多中心型；而郊区也由原来的经济型住宅区向混合型多功能的次中心转变；由于城市的去工业化，中心城市的功能也由制造业城市向服务业城市进行转变。城市的转型过程体现了城市服务价值的追求，促使城市功能发生转变，资本逐利的空间生产逻辑保障了空间转型的最终完成，低效激活的地价级差促成了城市转型在经济上得以实现。可以说，城市从制造业主导向服务业主导转型几乎是所有城市必须经历的阶段。

在信息时代，网络的即时性在一定程度上突破了传统的地理空间对城市布局的制约，淡化了空间区位的差异，而城市生产的分散、工作与生活界限的模糊化也促进了土地使用功能的兼容与城市功能的空间整合。时空压缩效应促使“流空间”开始出现，卡斯特尔（Castells）设想了一个由计算机网络所创造的新的生产与管理空间，即流空间（space of flows）。他从技术决定论出发，认为流空间将取代场所空间。卡斯特尔区分了流空间和场所空间，并提出了流空间由三层构成：第一层由电子脉冲回路所构成，它促使了一种无场所的非地域化的和自由型的社会；第二层是由其节点和枢纽所构成，促使了一种网络，连接了具有明确的社会、文化、物质和功能特征的具体场所；第三层指主导的管理精英的空间组织，它促使了一种非对称的组织化社会。随着流空间的分析、模拟与可视化研究深入，流空间正与实体空间一步步走向结合。可见，流空间是围绕人流、物流、资金流、技术流和信息流等要素流动而建立起来的空间（组织形式），其以信息技术为基础的网络流线和快速交通线为支撑，创造一种有目的的、反复的、可程式化的动态运动。流空间是信息密集型、功能复合型、创新高效的空间单元，流空间对于当前的地理空间格局起着润滑与重新塑造的作用。

城市空间转型意味着城市建设内涵的相应转变，城市发展的阶段性价值需求及城市自身的功能需求促使城市空间转型的系统性发生。如从投资驱动转向创新驱动；从形象工程转向民生工程；从生态破坏转向生态修复；从标准化空间生产转向凸显地域特色；从重建设轻管理转向“建管并重，有效治理”等。总之，城市空间可从历史维度、自然维度和文化维度等多重维度来解读城市空间转型问题。文化是城市空间发展的重要推动因素，包括提高城市的管理能力、城市的创新能力等。城市空间要从经济、文化发展，或产业发展的特点来找到自身的特色。现代城市服务功能和空间品质自身的完善与提升也会带来城市空间的创新，促使城市的生态、绿色、低碳、智慧、集约等内涵转向，从而塑造智慧创新与可持续发展的城市空间，这也是城市空间转型的重要方面。

由于经济条件变化是推动城市空间变动的主要力量，有研究认为，产业结构升级影响和推动了城市的空间结构变动。从推动经济发展的动力来看，可分为劳动力、投资、财富和创新推动四个阶段，城市不同阶段推动力量的变化必然会导致城市经济结构、集聚的要素类型、空间的表现形式等方面的变化。根据波特的城市发展阶段论，世界经济可以划分为三个阶段：要素推动、资本推动和创新驱动。创新驱动的实质是城市通过在以核心产业为中心形成的价值链上，向前后端环节延伸推动着产业内部结构升级，进而推动产业结构升级，这是城市产业功能拓展与延伸的本质，也是城市创新的本源所在。在市场机制作用下，创新性经济活动会在基础设施比较完善的区域集中，城市高利润的生产服务业与高技术产业趋于向中心城区集中，因为空间网络化和产业信息化是城市新经济集聚的重要前提因素。为顺应城市空间的规律性原理，在产业转型、空间转型之外，城市政府的战略性规划也发挥了根本性的引领和推动作用，城市政府应该根据城市发展的驱动因素、发展阶段，制订符合实际的城市战略规划，确立城市发展目标，制定城市复兴计划，为城市的成功转型提供了宏观政策和体制保障。

3. 社会转型

“社会转型”（social transformation），这个词在社会学、历史学、经济学等学科中都有丰富的含义。第一，社会转型的概念和一般的社会变化相联系，社会变化是所有社会的体征，但并不是所有社会变化都被称为社会转型，只有那些密集的、大范围的、根本性的、影响了几乎所有人日常生活变化的才能被称为社会转型。第二，社会转型是标示特定社会变迁的社会学术语，一般是指社会整体

从传统型向现代型转变的过程，抑或是社会现代化过程。第三，社会转型是一个长时段，是在一个社会母体内经历长期与不断的变迁（变量）所导致的社会结构性的转变（质变），这种结构的转变包括经济、文化等诸多领域，概言之，社会转型是一个包容人类社会各个方面发生结构性转变的长期发展过程。第四，社会转型是一种由传统的社会发展模式向现代的社会发展模式转变的历史图景，主要体现在三个方面：经济领域由非市场经济模式向市场经济模式的转型；政治领域由专制集权政治制度向现代民主政治制度的转型；文化领域由过去封闭、单一、僵化的传统文化向当今开放的、多元的批判性的文化转型。第五，社会转型，从其字面意义上说，是指人类社会由一种存在类型向另一种存在类型的转变，它意味着社会系统内结构的转变，意味着人们的生产方式、生活方式、心理结构、价值观念等各方面深刻的革命性变革。

在我国社会学学者的论述中，主要社会转型有三方面的理解：一是指体制转型，即从计划经济体制向市场经济体制的转变。二是指社会结构变动，持这一观点的学者认为："社会转型的主体是社会结构，它是指一种整体的和全面的结构状态过渡，而不仅仅是某些单项发展指标的实现。社会转型的具体内容是结构转换、机制转轨、利益调整和观念转变。在社会转型时期，人们的行为方式、生活方式、价值体系都会发生明显的变化。"三是指社会形态变迁，即"指中国社会从传统社会向现代社会、从农业社会向工业社会、从封闭性社会向开放性社会的社会变迁和发展"。城市规划中的社会转型是特指因为城市产业转型、经济环境、制度变革等方面所带来的城市人口数量、人口结构、社会关系的重大变化。我国经历了从传统农业社会向现代城市社会的转变、从计划经济向市场经济的转变，形成了相互推动的趋势。急剧的社会变迁是社会矛盾、城市问题的催化剂。改革开放以来，我国城镇化的快速发展引起城市规模的快速膨胀，不断打破城市内部社会生态系统的平衡，城市社会的各种冲突与矛盾在形态上显现出城市的区域性分异特征。例如，经济特区发展引起的大量人口迁移，国有企业改革引发的工人下岗失业增加现象，大量新区的建设造成的社会结构单一、社会交往匮乏等。

产业转型、空间转型、社会转型之间是相互促进的，彼此影响，互为因果，共同阐释城市转型的本质属性。产业转型是城市转型的主导动力和基本源泉，空间转型反映空间内涵建设转向，促进社会服务功能完善、支撑产业创新激励，为城市发展的要素集聚提供载体平台。以典型的老工业城市Y市为例，工业用地比例接近三层，其中大部分用地的产出和投入效率低下，城市转型过程中的产业升级、产业替代和产业融合对城市的人才需求、城市的服务能力、城市的文化建设等起到了主导作用。城市转型带来了较短时间内城市人口的流动集聚，社会关系重构、社会体制变革、社会阶层分化等社会转型特征。同时，社会转型要求也带动空间转型，空间载体向服务优质化、设施智慧化、居住生态化、信息共享化转向，进而促进产业转型的持续发展动力。

（三）城市转型的发展规律

产业转型升级是推动城市转型的最大经济学动力因素，通过促进发展转型，增加城市就业，优化人力资源，最终仍是激发产业的创新发展。

1. 产业转型升级是城市发展的持续动力

（1）转型与更新的作用关系

从城市转型与城市更新的作用关系来看，城市产业结构的更新转型是指一座城市重工业与轻工业、加工制造业与服务业等的变化与更新。当一座城市的产业结构发生变化和升级后，会引发城市的变化和更新，这一过程我们称之为城市转型。转型中的城市如果无法提供新的可持续的充足的需求，城市原有的基础设施就会处于闲置状态。这时就需要通过城市更新进行资源整合，实现土地资源二次开发，达到产业结构调整、城市功能协调、整体社会效益提升的目的。

工业化时期，城市作为生产和人口的中心，必须承担工业的对外服务与内部服务的职能。城市面对其所生产产品的需求关系的变化，需要不断调整内部结构以适应新的发展，需要城市再开发来调整改善城市基本功能，需要满足工业规模的扩大，维持社会生产的增长，保障社会福利，增加社会就业，维持经济繁荣。随着经济全球化、科技进步及产业革命的积累爆发，传统的、福特主义的工业城市的空间规模经济正在逐渐失去魅力。当很多城市赖以存在的工业经济的产业基础开始出现衰落时，城市不可避免地会产生衰退，甚至是衰败。此时，城市必须孕育新的经济功能替代型产业，这一时期也表现为城市发展的阵痛期，因为新产业的发展成熟是一个较为缓慢的过程，这一过程正需要作为预测科学的城乡规划对城市未来赖以发展的基础做出预见性的研究。然而，当城市新产业成熟后便能够迅速发展，完成产业替代。一般来说，主导产业群在整个城市经济达到顶峰之前到达顶峰，城市的衰退速度要慢于产业衰退的速度。

（2）产业发展与城市发展

在产业发展与城市发展关系方面的研究，形成了以钱纳里等学者为代表的经济发展阶段和工业发展阶段的经典理论。城市经济理论研究表明，城市发展同时受第二三产业的影响，并且经济发展阶段不同，有着不同的经济结构与之相对应：在城市发展的初期阶段，第二产业与城市化水平同步上升；而在城市发展的中后期，第二产业的比重则开始下降、第三产业成为带动城市发展的主要动力。纵观世界主要大城市的发展，经历了“工业化”“服务业化”“服务业高端化”“创新发展”四个阶段，发展动力由要素推动型向创新推动型转变。信息化是实现城市可持续发展的重要途径，智慧城市则是城市信息化建设的高级阶段。

S形城市化增长曲线表明，城市化分为三个阶段：第一个是前工业化阶段，是农业占据主导的阶段，城市化水平低，发展速度慢；第二个是工业化阶段，人口向城市迅速聚集，城市化加速发展；第三个是后工业化阶段，城市化水平高于70%，城市发展进入稳定阶段。同时，根据中国社科院研究院李恩平指出：“中国学者对‘诺瑟姆曲线’的冠名是错误的，国际学界并不认可这一说法；这条三阶段曲线的第二阶段，严格说来并不能称之为加速阶段。”实际上，两个拐点之间尽管表现出相对较快的城市化速度，但城市化水平并不能表现出加速增长趋势，相反，其增长加速度呈现不断下降趋势。因此，两个拐点之间可称之为“快速发展阶段”，而不是“加速发展阶段。”欧洲等较早开展城市更新的国外地区经验显示，当城镇化率达到50%以后，城市前期加速发展所积累的问题便开始放大，“城市病”进入高发期。城市更新也就成为解决城市面临的安全与卫生、资源约束和环境质量可持续发展等不同问题的重要手段。

2. 空间更新转型是资本的市场驱动结果

城市财富实现方式是指一座城市是通过什么样方式创造或获取财富，城市形态的更新体现了城市获取财富方式的变化。我们所见的城市是以我们所能感知到的空间呈现在人们面前的，城市所追逐的财富、繁华、时尚亦是我们每个个体所追求的，也是我们每个个体所创造的。城市财富的实现方式决定了城市在城市体系的价值链的生态位，不同生态位的城市体现出不同的城市形态特征。同时，一个城市形态聚集状态也必然体现城市获取财富的方式。例如福特主义时代的城市以大规模工业化生产作为城市财富的创造方式，这些城市体现了最基本的工业城市形态关系，即居住用地与工业用地的规划布局关系；又如，后工业化城市英国的伦敦、美国的纽约是当今世界的国际金融中心、城市服务经济聚集地，它们通过金融服务业创造城市财富，形成了以中央商务区（CBD）为典型特征的城市形态。伦敦通过“城市重建计划”将18世纪的工业城市转变为20世纪后半叶的国际性金融产业城市、创意产业城市、旅游城市后，市民的就业方式也从以蓝领为主逐步转变为白领为主；劳动方式从体力劳动为主转变为脑力劳动为主。因为，现代城市的高端服务产业对于国民经济的拉动效应是巨大的，在全球化的竞争中每一个城市都不断努力发展，力争占据现代城市链的上游。展望工业4.0的时代，人工智能的迅速发展将深刻改变人类的社会生活、改变世界，这些创新产业必将吸引大量社会资本的集聚，城市新型产业空间和智慧城市的应用场景也必将成为推动城市空间重组的重要力量。可以说，城市财富的集聚形式产生了变化，城市空间的集聚形态也跟随着产生了变化，城市空间更新转型是资本市场驱动的结果。

3. 精明收缩管理是危机转型的系统应对

（1）收缩城市与精明收缩

收缩城市形成的类型主要有四种，边缘城市对中心城市依附形成收缩、全球制造业转移导致工业城市收缩、郊区化进程引发城市中心地带收缩、地方制度响应失败造成城市收缩。国家发展改革委《2019年新型城镇化建设重点任务》提出，“收缩型中小城市要瘦身强体，转变惯性的增量规划思维，严控增量、盘活存量，引导人口和公共资源向城区集中”。等级越高的中心城市，越能获得更优质的要素，尤其是公共产品，如教育资源、医疗资源等。在这一基本规律作用下，在缺乏优质公共服务设施配套的情况下，收缩城市一般首先发生在中小城市。转型中的城市问题与机遇共存，效率与公平失衡加剧。对于中心城市而言，大量外地民工和流动人口持续进入城市，加剧大城市基础设施超负荷运行，同时引发大城市市容、环卫、治安等城市问题的严重。

从马克思主义政治经济学分析，城市收缩是过度积累危机的城市表征，过度积累的典型特征是资本盈余和劳动盈余，分别表现为不断上升的失业率、闲置的生产能力、缺失生产性和盈利性投资。城市在收缩背景下如何取得经济驱动力实现城市发展是面向精明收缩的城市研究的首要任务。城市收缩形态的规划引导与收缩城市增长的动力机制相辅相成。应对收缩城市要综合研究确定城市在未来经济发展中的角色和定位，优化生产、土地、劳动力与资本之间的关系，形成空间经济的高质量发展及其相适宜的城市规模才是维持城市可持续发展的长远基石。

（2）产业空心化及其优化转型

所谓“产业空心化”，是指以制造业为中心的物质生产和资本，大量、迅速地转移到国外，使物质生产在国民经济中的地位明显下降，造成国内物质生产与非物质生产之间的比例关系严重失衡，国内投资不断萎缩，就业机会不断减少，这是在许多发达国家经济发展过程中普遍存在的现象。由于产业环境和市场结构的变化，以及房价、土地、人力成本的增加，必然触及产业“成长极限”的天花板，造成部分产业外迁转移的“挤出效应”。这种结构性升级造成了城市产业空心化，如日本的产业空心化问题的产生，是由于20世纪80年代，日元升值使得在日本国外进行产品生产比国内更有成本优势，进一步导致了直接对外投资的不断扩大。一些丧失比较优势的劳动密集型、低附加值资本密集型产业转移到成本更低的国家或地区。造成日本国内产业结构中非物质生产部门的畸形发展，形成了所谓产业空心化。

产业空心化现象不仅存在于国家经济发展中，也会出现在区域经济的范畴内。倘若一个地区在工业化进程中，盲目跨越式发展，使得本地的基础产业落后，而新的产业又无法及时引进，那么最终就会导致地区产业链脱节，经济发展失衡。从表面上看，产业空心化虽然也表现为第三产业地位的提升，但其实它是在产业转型升级过程中，由于缺乏长远规划，贪图低廉的劳动力、就近的生产资料等，盲目地跨地域、跨国界扩张物质产业的生产规模，从而致使本地、本国三次产业之间良性循环被破坏，供给力与需求力不平衡，科技和生产力不升反降的负面现象。谨防产业空心化，不等于死守现有的传统产业，也不等于盲目壮大第三产业，而是在维持物质与非物质生产、供应与需求能力相平衡的基础上，以技术进步提升第一二产业的生产效率，促进其产业升级，在此基础上大力发展新兴产业，逐步完成整个产业结构的优化转型。

（3）产业转移与科学统筹

发达国家的城市转型中，产业的更新迭代经历了一般重工业向现代重工业，重工业向轻工业，轻工业向服务业，一般服务业向现代服务业渐进式更迭的产业更新规律。城市在产业更新过程中，通过产业扩散，将原来的产业扩散、搬迁到更远的地区，逐渐完成更高生产效率的新产业形态对原有产业的替换。在产业更新的同时，与新产业相适应的产业建筑、产业人口、产业文化等会替换过去的老产业环境，使城市因为产业变化而发生变化和更新。

值得注意的是，在发达地区的产业扩散与转移的过程中，城市转型中所淘汰的生产力往往会转移到经济欠发达地区。那些高投入、高耗能、高污染的“三高”产业往往成为欠发达地区发展经济的救命稻草，这类城市受制于短期快速发展经济的意愿，成为这些“三高”企业发展的“温床”。科学的统筹方式是，用科学的发展眼光去制订城市的长远规划，拒绝“三高”产业，而以提高产业科技含量、提高产品附加值，提倡绿色、可持续的产业链规划。不以经济增量论城市发展之成败，而应以经济发展的质量和科学合理性来统筹协调城市在经济、社会、文化、生态等方面的区域职能。

二、转型城市更新的实现方式

（一）全局转型的统筹更新

深圳的城市更新单元制度，最开始是借鉴中国台湾的做法。但是，从中国台湾、中国香港以及整个西方的对比来看，这种市场主导的更新模式，在城市更新的前期推动阶段，由于存在大量的市场可行性较高的土地，效率是十分高的。但是，随着现状开发强度低、拆迁容易的潜力空间开发殆尽，市场在推动更新的过程中动力越发不足。另外，随着城市更新的深入发展以及城市发展阶段的转变，这些目标的实现不可能由市场完成。当前，深圳市过于强调“市场主导”，依托项目式的“城市更新单元”进行管理的缺点和问题日趋显著，政府管理部门开始有意识地介入这种市场主导的城市更新中，其中更新统筹就是政府介入的手段之一。

特别是在城市的转型发展期，规划的综合调控能力变得越来越重要，公共资源的最优化配置是城市更新加强统筹的内在动因。城市更新改造项目中单个更新单元面积相对较小，腾挪空间有限，大型公共设施和部分厌恶型设施无法落实，且项目间设施贡献差异较大，迫切需要从片区层面开展统筹研究。以深圳为例，在片区统筹中，通常选择更新项目相对集中的片区，以法定图则为基础，以实施为导向，合理划分单元，优化用地布局，科学确定实施时序。其中涉及对法定图则强制性功能进行调整的，还要提出法定图则修编或局部修编建议。深圳城市级管理部门通过“战略规划”—“五年规划”—“年度计划”等对全市各区的更新项目进行统筹；区级部门通过“五年规划”—“片区统筹”—“单元规划”推进城市更新项目落地，其中“片区统筹类规划”逐步成为各区平衡市场逐利行为，加强政府把控的重要手段（土地整备、利益统筹）。城市更新通过城市更新统筹“片区化”，城市更新单元“项目化”解决空间博弈与规划落地的制度安排。其中，片区统筹作为中间环节，在整个层级中起着承上接下的作用，一方面深化全区宏观统筹目标，另一方面又作为审查更新单元规划的重要依据。

统筹更新的主要内容包括五个方面：第一，明确发展目标、发展要求，从而制定合理的发展策略。在全区更新规划明确后，对片区规划进行指引，并且根据政策标准、基础设施容量、更新产业规模等指标，在与同类片区对比之后，确定各片区更新增量。第二，根据各片区的建设现状和土地权属去划定小的更新单元，并且明确各更新单元的更新模式。第三，依据发展目标，确定更新区域的各系统的发展规划，并进行系统统筹，比如：市政设施、道路交通、公共空间等。第四，明确各区域重点产业项目、公共空间、地下空间等方面，制定合理的更新分配规则，以及需要进行开发权转移的捆绑关联地区。第五，落实城市各区域建筑形态、空间组织、公共空间控制和慢行系统等内容，深化区域更新中城市设计对其的控制要求。

通过对区域的统筹更新可以达到以下目标：第一，通过对大片区的统筹规划，避免小规模、单一开发造成的土地价值攀升，实现区域利益捆绑与平衡，经济的联动发展。第二，通过统筹各方的责任与利益，减轻政府财政负担，避免公共设施缺口进一步扩大的趋势，完善城市公共服务能力，提高城市生活品质。第三，通过对片区整体的统筹将城市零散部分整合，实现城市的整体协调发展，同时为城市战略与规划的实施空间提供制度保障。

（二）增长转型的旧城更新

在我国城市发展加速的增量建设阶段，由于中心城区发展空间受到诸多限制，城市建设的重心开始转向中心城区的边缘或外围地区，很多城市通过开辟新城来缓解中心城区用地空间不足的问题，并起着疏解城市功能、调整城市结构的作用。一般来说，旧城区居住密度高、设施欠账多，改造成本高、难度大、利润低；相对而言，新城区开发成本低、利润高、负担少。经过几十年的发展，我国新城与旧城建设均出现了不同的发展问题，值得我们思考。许多新城建设功能相对单一，文化积淀薄弱，空间特色不明显，持续发展动力不足；旧城的空间发展则呈现多维度空间加密现象，居住密度大，社会组成复杂，动迁难度大，然而在很多城市的旧城更新中，“推土机式”推倒重建的旧城改造模式却层出不穷。针对这些问题，正确理解与科学引导旧城更新与新城建设，特别是协调旧城和新城的功能关系就成了城市发展的重要课题。

旧城衰落是城市发展过程中一个难以回避的现象，主要表现为旧城区房屋老化、结构失衡、功能衰退和经济迟滞等[①]。旧城更新的实现方式可分为以下两种：其一，在保持原有旧城用地性质与功能基本不变的前提下，扩大与改善旧城区的环境容量与质量，优化升级旧城区的核心功能区，增强旧城区与新城区城市功能的相互作用，进而提高旧城区在新的城市系统中的效能；其二，通过改变旧城区的用地性质，使旧城区的功能在城市总体布局结构中发生根本性的变化，进而使城市各功能之间的组织关系和发展态势发生变化，最终从城市总体关系上优化空间资源配置与功能关系，提升城市经济和社会的机能效率。

在旧城更新中，城市更新的实现方式体现为针对旧城以市场为导向的政策形势。城市更新过度依赖政府，政府负担沉重，公共支出太多，对自由市场限制过多。旧城更新开始关注私人部门的力量，通过释放市场、采用公私合作，减少国家和地方政府干预等方式实现房地产驱动的更新和城市更新的私有化。但是，在旧城更新中，涉及城市风貌保护与更新发展等根本性问题，不仅关系到城市发展的经济与社会空间重组，还会引发文化价值与空间伦理的深层次思考。因此，城市旧城更新应以提升旧城主体功能活力为目标，以实现各功能区发展联动为突破口，以维护公共利益的公共政策引导为手段，特别是制定产业结构优化升级与土地置换相结合的产业、土地政策等，应该充分考虑有利于新、旧城区的互补互利和联动发展。吴良镛先生对旧城保护提出了四项原则：积极保护的原则（主动保护、积极应对）、整体保护的原则（整体协调、相辅相成）、循序渐进的原则（改进力度不能太大，量力而行）、有机更新的原则（新陈代谢的有机更新）。

---

①周婷婷，熊茵.基于存量空间优化的城市更新路径研究[J].规划师，2013，29（S2）：36-40.

（三）存量转型的优化更新

城市扩张出现“土地约束”“资源约束”或“环境约束”等一系列制约因素。“质量矛盾”成为城市面临的主要矛盾，城市发展模式不得不从增加要素投入向发展内涵转变，存量优化成为城市建设的主要路径。从扩张到优化是城市发展的必然过程，城市的发展必须判断城市的不同推动阶段，从而推断该阶段城市发展的核心驱动要素，在存量时期城市更新是盘活空间资源的重要手段。哈佛大学教授迈克尔·波特根据不同时期推动经济发展的关键因素，将发展划分为要素推动、投资推动、创新推动和财富推动4个阶段①。在这一推动过程中，城市更新的主要原则是适应城市治理的体制优化升级，使得城市在减少社会分化和社会隔离的前提下，实现城市要素的集聚与驱动，实现城市的空间转型与环境提升改善。不同社会群体、不同生活功能、不同环境条件、不同要素集聚，通过优良的城市优化而共存。

在现实背景下，珠三角因为发展阶段和特殊的农村集体土地问题，较早进入存量空间主导阶段。珠三角城市经济发达，然而空间资源却极度匮乏，以城市更新为主的存量土地二次开发，已经超过新增建设用地而逐步成为空间供给的主要来源。

存量资源转型中城市空间的利益主体逐渐多元化。增量空间主要通过城市设计的手段进行城市空间资源的初始分配；在存量空间中，往往通过城市更新的方式，城市更新问题的根本在于公共利益及其边界的确定。也就是说，城市需要优化更新的用地与其周边地段存在外部性，而外部性的边界往往难以确定。城市更新利益边界的确定是矛盾体的两面，例如，城市建成环境具有多重价值，其中包括私有财产具有的公共属性，这涉及城市更新中私人历史建筑保护的问题；反过来，市场开发也会带来的就业增长、经济复兴与收入增长、环境改善，也具有公共利益的特征。因此，在城市优化更新中政府需要做好主导人，从政策、产业、资源、资金等方面统筹平衡，带动转型主体积极参与。并且，存量优化的地块成片转型既要注重产业布局优化和产业能级提升相结合，还要注重城市功能升级和城市形态完善相结合，实现产城融合。

①郑国，秦波.论城市转型与城市规划转型——以深圳为例[J].城市发展研究，2009，16（3）：31-35，57.

如果说增量转型的旧城更新是一种战略的转型更新，那么存量转型的优化更新则是一种战术的博弈更新。城市存量更新的用地分布往往是破碎化、随机性的存在，以或点或面的诸多更新项目所构成，更新形态在整体上呈现的却是一种多重博弈的结果，这种作用结果的外显就形成了演替中的城市空间形态。可以说，城市优化更新的最大问题是文化价值的挑战，增量时代导致的同质性的生产空间，在优化更新的机遇下，又有望重塑城市的文化价值。

（四）工业转型的棕地更新

棕地的成因在于工业区衰退和城市产业结构调整所导致的城市土地价值改变，并在环保及可持续发展思想的影响下，一些重污染企业纷纷调整区位或转产，其原厂址则成为棕地。在后工业时代，技术的进步和产业的更迭带来城市的转型更新，转型中的城市大多具有产业结构失衡、功能设施配套不健全等问题。在城市用地方面，城市转型也面临着严控增量、存量改造的约束条件，存量工业用地更新成为城市更新的重要路径——积极利用城市更新手段对工业用地进行存量更新，利用腾挪空间建设创新产业，推动产业升级转型。从用地性质上看，转型城市的再开发以工业用地居多（棕色地块），有的是废弃的，有的是还在利用中的旧工业区，规模不等，有大有小，但与其他用地的区别主要是都存在一定程度的污染或环境问题。棕地因其现实的或潜在的有害和危险物的污染而影响到它们的扩展、振兴和重新利用。美国的“棕地”最早、最权威的概念界定，是由1980年美国国会通过的《环境应对、赔偿和责任综合法》（Comprehensive Environmental Response，Compensation，and Liability Act，CERCLA）做出的。几十年来，棕色地块的清洁、利用和再开发问题越来越受到美国联邦、州、各地方政府以及企业和民间非营利组织的极大关注。政府出台了许多政策措施，各相关城市社区和民间组织积极配合，希望以整治棕色地块为契机，推动城市及区域在经济、社会、环境诸方面的协调和可持续发展。

（五）减量转型的精明更新

随着工业化与城市化的快速发展，欧美国家的一些工业城市、矿区城市由于产业的转移与转型，给城市带来了诸如经济萧条、人口减少等问题。转型期城市在城市经济衰退后人口不断流失，我们可称之为“收缩城市”。精明收缩的概念最早起初源于德国，是德国对较为贫困破落的东部地区的城市问题而提出的规划管理模式，主要针对人口衰落城市的经济问题和物质环境问题。2002年，美国罗格斯大学的波珀夫妇（Deborah E.Popper and Frank J.Popper）首先提出了精明收缩的概念，并将其进行首次定义，将其概括为："规划减少：更少的人、更少的建筑、更少的土地利用"（planning for less：fewer people，fewer buildings，fewer land uses），且"精明收缩"对于正在无序蔓延扩张的城市、郊区、农村这三种不同对象提供了收缩规划的策略。由德国联邦文化基金会支持的研究项目"收缩的城市"，对城市的收缩现象进行了总结描述，并将成果收录在《收缩的城市》一书中。其统计结果表明，超过370个人口在10万人的城市都在萎缩；美国东北部工业带上的布法罗城、底特律、匹兹堡等城市萎缩和衰退迹象最为明显。面对城市"后工业化"的转型，一些欧美国家的城市提出了应对策略——"精明收缩"策略。

"精明收缩"作为一种城市规划策略，其真正意义上得以确立的标志则为俄亥俄州扬斯敦2010年规划（Youngstown City Plan 2010）。在扬斯敦的规划中，以城市收缩下的土地制度、合理的城市尺度、人文关怀等问题为焦点，规划策略包括强调收缩下的市场化运作的土地银行、绿色基础设施建设、公众参与、集约紧凑发展等。精明收缩的核心思想是在城市人口不断减少与城市萎缩发展的同时，注重对城市活力的培养，进行合理的城市规划、复兴邻里及空间肌理，提倡集约型的土地使用模式。许多收缩城市都制定了针对本地特定问题的人口政策，如莱比锡制定的外来人口的吸引政策。为了重振由城市收缩而萎缩的土地市场，许多城市提出了针对收缩的土地利用规划政策，如韩国仁川提出的网格状社区规划、澳大利亚阿德莱德的社区土地管理政策、美国弗林特的土地银行政策等。对于收缩城市而言，土地银行是城市更新的重要动力[①]。"土地银行"利用土地资本杠杆拉动，促进闲置和废弃资产的再利用，绿色基础设施空间网络构建涉及将废弃或闲置资产更新为新的城市公园、社区花园、修复后的生物栖息地、防洪减灾和雨水处理场地以及都市农场等，并将其与现有绿地联系起来[②]。为了重获商业市

①黄鹤.精明收缩：应对城市衰退的规划策略及其在美国的实践[J].城市与区域规划研究，2011，4（3）：157-168.

②张贝贝，李志刚."收缩城市"研究的国际进展与启示[J].城市规划，2017，41（10）：103-108，121.

场和就业岗位，许多城市则期望通过吸引创业来完成，并可以间接为城市带来人口，如曼彻斯特提出的“旗舰发展计划”，力图将城市努力打造成为知识经济时代重要的创业都市和英国重要的商业中心；克利夫兰则以创业作为先导，着重短期计划来获取国家政府的援助，以部分驱动整体。还有一些城市立足本地原有的工业基础，将政策集中于再工业化战略，如西班牙的兰格雷奥。

“精明收缩”的特点主要是为衰退的城市所服务，但在制定收缩规划的同时也同样注重对于活力增长的培养。其核心内容在于人口减少的同时注重城市内在的发展潜力，以主要动力机制作为城市发展的重点，带动城市的经济发展。政府的行政管理能力以及政府机构的直接参与是“精明收缩”发展的基本保障。而公众的角色及他们的积极参与也是对规划不可缺失的一个重要环节。在“精明收缩”的路线中，其规划的重心特点在于强调了对活力低下、使用频率低效、环境恶劣、生产生活空间格局混乱的对象进行重新审视，因地制宜，针对不同的问题采取不同的理论，强调对于低使用率、低活力、差环境、乱格局的生活生产空间，采取分门别类的方式，针对其不同的问题采取不同的处理方式，从而使空间能够得到有序的发展。

第五章　影响城市规划的三大因素

我国城市规划的发展对城市经济已经产生了深刻的影响，特别是改革开放以来，随着国家经济与城市化的快速增长，城市规划已成为实现城市经济和社会发展目标的关键环节。城市规划是对一定时期内城市发展的战略部署，是城市各项建设和管理的依据。在市场经济条件下，城市规划本质是对城市的经济、社会、环境发展进行的宏观引导和调控。

第一节　经济对城市规划的影响

一、经济视角的“城市”

前面我们一起学习了什么是城市，早期人类的居民点由于产生交换经济而逐渐演化成市，城市最初的形成也因此具备了经济属性。

（一）城市的经济特征

从经济学的视角来看，城市与乡村有着本质的区别，城市的经济特征包括三个方面的基本特征。

1. 高度集聚性

城市内部有限的空间内聚集了大量的人口，各种产业和经济活动在空间上集中产生的经济效果以及吸引经济活动向一定地区聚集，这是城市产生的基本因素，也是城市区别于乡村的最基本特征。

2. 农业剩余

农业发展带来了充足的农业剩余，而这恰恰是城市发展的必备因素，第二、第三产业是城市发展的基础，农业剩余包括产品、劳动、资本三个方面。农业资本剩余越大，工业与城市发展越快，城市化水平越高。

3. 市场交易中心

我们在第一章学习过城市的起源，很多城市的产生都是因“市”而“城”，城市内部和城市之间交易农业剩余，而“市”就是交易的场所。在现代，工厂和居民聚集在城市中，通过生产产品或者提供服务获得生活必需品，城市的经济功能逐渐趋于多样化、综合化，城市的聚集性也不断增强。

（二）城市与经济的关系

那么城市是靠什么持续生存的呢？为什么“北上广深”会发展成为中国大陆经济实力最强的城市？答案就是“集聚经济”。集聚经济亦称聚集经济效益，是城市存在和发展的重要原因与动力。集聚经济是经济活动在地理空间分布上的集中现象，因此，不同的城市会呈现不同的发展状态。城镇化水平越高，其城市的经济发展就越好，而经济发展越好的地区，其城镇化水平也越高。

总而言之，一个城市的发展和经济增长是相辅相成的，经济增长是城市发展的基础，而城市是经济发展的引擎，为经济发展提供了场所。必须充分认识城市运行的规律，科学了解城市的经济发展对城市的需求，才能制定有利于城市发展的规划方案。

市场运行的基本机制是竞争，市场机制是社会资源配置最基础、最有效的途径，但是由于市场垄断的存在，竞争也会失效。不完善的市场机制及现实中的多种因素均会导致市场失灵。所以，需要了解市场失灵的各种原因，从而提升城市规划各种政策在经济领域的针对性和有效性。

二、产业分类与产业结构

城市经济是一个独立的有机体，存在许多不同的产业部门，它们按照一定的结构和比例关系组织起来，推动城市经济运转和发展。产业是指由利益相互联系的、具有不同分工的、由各个相关行业所组成的业态总称。

（一）产业分类的维度

产业分类的维度一般有三种，分别是国民经济统计、生产要素、产业功能。

1. 按照国民经济统计进行分类

（1）第一产业

第一产业是指以利用自然力为主，生产不必经过深度加工就可消费的产品或工业原料的部门，一般包括农业、林业、渔业、畜牧业和采集业。

（2）第二产业

第二产业是指以对第一产业和本产业提供的产品（原料）进行加工的产业部门，包括国民经济中的采矿业，制造业，电力、燃气及水的生产和供应业，建筑业等。

（3）第三产业

第三产业是指不生产物质产品的行业，即服务业，即除第一产业、第二产业以外的其他行业。

2. 按照生产要素进行分类

根据生产要素在不同产业中的密集程度，可以将产业分为以下几种。

（1）劳动密集型产业

指在投入的劳动力和资本这两种要素中，单位劳动占用的资本数量较多的那一类产业，产品成本中劳动耗费所占比重较大，而物质资本耗费所占比重较小。

（2）知识密集型产业（技术密集型）

依靠和运用先进、复杂的科学技术知识、手段进行生产的产业。其特点是设备、生产工艺等建立在最先进的科学技术基础上，科技人员在职工中的比重大，劳动生产率高，产品技术性能复杂。该种产业代表着一个国家科技和产业的最高发展水平，为国民经济各部门提供各种先进的劳动手段和各种新型材料等。

（3）资金密集型产业

单位劳动力占用资金较高的产业，其特点是人均占有资金较多，资本有机构成高，生产过程复杂，设备比较庞大，容纳劳动力较少，投资周期一般较长。石油、化学、冶金、造纸等重工业就属于资金密集型产业。从单位产品的成本构成来看，资金密集型产业单位产品成本中资金消耗量所占比重较大，活劳动消耗较少，劳动生产率较高。

3. 按照产业功能进行分类

根据产业在城市经济中所发挥的作用，可以大致分为三类。

（1）主导产业（专业化产业）

决定城市在区域分工格局中的地位与作用，对城市整体发展具有决定作用。

（2）辅助产业

围绕主导产业发展起来的，并能够为主导产业提供基本发展条件的产业。

（3）服务产业

为保证城市主导产业与辅助产业发展以及满足城市生活需要而形成的产业。

（二）产业结构演进的规律

1. 三次产业比重转变

随着经济的发展，人均国民收入的提高，产业结构类型存在由以第一产业为主的金字塔形产业结构，逐步向以第二产业为主的鼓形产业结构转变，再向以第三产业为主的倒金字塔形产业结构演进的规律。

2. 产业结构转变

产业的加工度提高和附加值增加，高加工度和高附加值产业在产业结构中越来越占优势地位，起主导作用。

3. 生产要素转变

受多重因素影响，产业结构先是以劳动密集型产业为主，然后转向以资本密集型产业为主，最后变为以知识技术密集型产业为主。

4. 进出口导向转变

在产业发展初期，主要产品依赖进口，随着生产技术的不断提高，国内开始生产出替代产品，当内部积累达到一定水平，替代产品开始出口，这种产业结构的调整又可以称为“雁形理论”或“候鸟效应”。

（三）主导产业选择应遵循的原则

产业是促进社会经济发展的动力，每个国家或地区经济的增长都以主导产业的增长为前提，主导产业的选择是一个城市发展战略定位的基础，也是城市经济实现全面协调可持续发展的必要前提。在选择主导产业的时候应该遵循以下几个原则。

1. 比较优势

比较优势的概念来源于国际贸易学，是指一个国家在生产某两种商品的时候生产效率比另一个国家低，但是其中一种商品的生产率差距没有另一种大，那么该国家就在这种商品上就具有比较优势。

2. 产业关联

产业关联是指各产业相互之间的供给与需求关系，在社会再生产的过程中，社会各产业之间存在着广泛的、复杂的、密切的联系，按产业间供给与需求的联系进行划分，可以分为前向关联和后向关联。前向关联是指某些产业在生产工序上，前一产业部门的产品为后一产业部门的生产要素，这样一直延续到最后一个产业的产品，即最终产品为止；后向关联是指后续产业部门为先行产业部门提供产品，作为先行产业部门的生产消耗。

3. 产业周期与发展波动

产业的发展会经历从产生到衰落的生命发展周期，产业的生命周期是企业外部环境的重要影响因素，不同的产业发展阶段具有不同的特征。

（1）初创期

初创期也叫幼稚期，新产品刚诞生或者建成不久，初期的投资和产品的研究、开发费用较高，市场需求小。这一时期的市场增长率较高，需求增长较快，技术变动较大，产业中各行业的用户主要致力于开辟新用户、占领市场，但此时技术上有很大的不确定性，在产品、市场、服务等策略上有很大的余地，对行业特点、行业竞争状况、用户特点等方面的信息掌握不多，企业进入壁垒较低。后期，随着行业生产技术的提高、生产成本的降低和市场需求的扩大，新行业便逐步由高风险、低收益的初创期转向高风险、高收益的成长期。

（2）成长期

产品开始占据一定的市场份额，市场需求逐渐饱和，产品出现竞争者，此时，产品不能依靠扩大生产占据市场份额，而是需要加强技术革新，生产厂商不能单纯依靠扩大生产量、提高市场的份额来增加收入，而必须依靠追加生产、提高生产技术、降低成本以及研制和开发新产品的方法来争取竞争优势，战胜竞争对手和维持企业的生存。

（3）成熟期

成熟期时间往往较长，在这一时期里，在竞争中生存下来的少数企业垄断了整个行业的市场，每个企业都占据一定的市场份额。新产品、新技术开发较难，行业进入壁垒很高。产业的利润由于一定程度的垄断达到了很高的水平，而风险却因市场比例比较稳定、新企业难以打入成熟期市场而较低，其原因是市场已被原有大企业按比例分割，产品的价格比较低。因而，新企业往往会由于创业投资无法很快得到补偿或产品的销路不畅、资金周转困难而倒闭或转产。

（4）衰退期

衰退期开始出现新产品和替代产品，市场对原产品的需求量下降，企业利润下降，行业逐渐萎缩，直至逐渐解体。

（四）产业发展模式

1. 增长极模式

增长极模式是由法国经济学家弗朗索瓦·佩鲁提出的，是指作为经济空间上的某种推动型工业。增长极包括了两个明确的内涵：一是作为经济空间上的某种推动型工业；二是作为地理空间上产生集聚的城镇，即增长中心。

2. 点轴开发模式

点轴开发模式又可以称为区域增长极，是由波兰经济学家萨伦巴和马利士提出的，是增长极模式的延伸。从区域经济发展过程看，经济中心总是首先集中在少数条件较好的区位，呈斑点状分布。

3. 梯度模式和反梯度模式

不同地区经济发展的差异会形成梯度，一个经济落后的地区想要发展，就要沿梯度向上，从初级产业入手，逐渐承接经济发展水平较高地区外溢的产业。反梯度模式是指落后的地区在接收发达地区转移的技术、资本和产业的时候要发挥主观能动性，改变被动发展的劣势，调整三个产业发展的顺序和占比。

4. 进口替代模式

进口替代模式是由经济学家普雷维什和辛格提出的，指当本国的产品发展到一定阶段时就可以逐渐替代进口产品，或者通过限制进口来推进本国工业化战略。

（五）工业化阶段的判定

在经济发展过程中，产业结构呈现一定的规律性变化，即第一产业的比重不断下降；第二产业的比重是先上升，后保持稳定，再持续下降；第三产业的比重则是先略微下降，后基本平稳，再持续上升。

三、城市经济发展的机制

（一）经济的外部性

经济的外部性又叫经济活动外部性，是指在社会经济活动中，一个经济主体（国家、企业或个人）的行为直接影响另一个相应的经济主体，却没有给予相应支付或得到相应补偿，就出现了外部性。外部性的影响可能是正面的，也可能是负面的。

（二）城市地租理论

马克思认为，地租是土地使用者由于使用土地而缴纳给土地所有者的超过平均利润以上的那部分剩余价值。

1. 企业竞租模型

企业竞租模型是由阿隆索提出的，指随着企业与市中心的距离增加，土地价格不断降低，企业有更多资本投入到土地上，取代非土地资本。

2. 家庭竞租模型

不同等级收入家庭会根据家庭的经济状况选择住宅位置和交通出行方式。

第一，城市公共交通发达，私人交通相对不方便。高收入家庭选择居住在城市中心，减少远距离交通的时间成本，提高舒适度；低收入家庭选择远离城市中心，在出行方式上多选择廉价的公共交通。

第二，城市私人交通发达，公共交通发展不健全。高收入家庭选择远离市中心，承担较高的通勤成本，换取更大、更舒适的居住环境；低收入家庭因为承担不起高昂的远距离通勤费用，选择居住在市中心，但因市中心房价较高，因此，低收入家庭只能选择减小居住面积。

（三）城市规模的约束性因素

1. 城市规模与本地产品

城市中，产业的发展程度与城市规模相关，无论城市大小，只要有足够的需求量，该产业就能得到发展。如餐饮行业，无论在什么规模的城市里，都有人需要吃饭，同时也需要相应的餐饮行业从业人员。

2. 产业数量和类型

城市中的产业类型和数量也因城市规模不同而受到影响。不同产业提供的就业岗位和对相关产业的影响不同，因此，城市对产业类型的选择不同。例如，上海作为金融中心，对金融企业的选择就优先于其他产业。在数量方面，随着产业数量的增加，城市的综合性增强，各行业生产率提升的同时能够提供更多的就业机会，当企业发展到一定阶段，工人生活成本增加，对企业的工资要求就提高了，此时，一些中小企业就开始转移到其他城市发展。

3. 外部不经济的约束

城市人口增加导致人口密度增加和城市规模的增大，间接导致了土地租金增加和一系列交通问题。因此，较高比例的交通花费在一定程度上制约了城市人口数量的不断扩张。例如，城市中心居住成本很高，工人们选择居住在距离市中心较远的区域，此时，需要承担更高的交通成本；相反，如果城市交通成本较低，就会吸引外来人口，从而推动城市进一步扩张。

四、全球化背景下的城市与产业发展

（一）全球城市

国际分工水平的提高以及国际贸易各国生产力的发展，英国伦敦、美国纽约、法国巴黎和经济全球化促进了生产要素在全球范围内的流动，国际贸易的迅速发展，推动了世界范围内资源配置效率的提高，提供了更加广阔的发展空间，全球城市应运而生。目前，日本东京被认为是“四大世界城市”。

（二）产业集群

20世纪90年代迈克尔·波特首次提出了产业集群，他认为产业集群是指在特定区域中，具有竞争与合作关系，且在地理上集中，由有交互关联性的企业、专业化供应商、服务供应商、金融机构、相关产业的厂商及其他相关机构等组成的群体。产业集群有四种典型的划分方式，通常城市中的产业园区都是多种类型产业集群混合，或几种之间相互转换。

1. 马歇尔式产业区

马歇尔式产业区由小的地方企业支配并占据市场份额，主要是规模经济较低的类型，与外界企业联系较少。

2. 轮轴式产业区

轮轴式产业区以关键产业为核心，辐射周边一个或多个主要企业，在周边有供应商及相关活动的区域。

3. 卫星平台式产业园

卫星平台式产业园由跨国公司分支机构组成，往往开设在落后地区，运营商能够保持独立，卫星平台式产业园发展较为普遍，但与国家的发展水平无关。

4. 国家力量依赖型产业园

国家力量依赖型产业园多为公共或者非营利实体，关键承租者可能是军事、国防研究室、大学或者政府机构。

五、城市规划中的经济与产业分析方法

城市间经济联系的测度是制定城市和区域发展战略的基本依据，地理学家塔费提出地区经济联系量化的计算方法，即经济联系强度同人口成正比，同它们之间的距离成反比，计算公式如下：

$$R_{ij} = k\frac{\sqrt{P_i \times V_i} \times \sqrt{P_j \times V_j}}{D_{ij}^2} \qquad (5\text{-}1)$$

式中：Rij——城市i与城市j之间的经济联系强度；Pi、Pj——两个城市的人口指标，通常指市区的非农业户口；Vi、Vj——两个城市的经济指标，通常指城市的GDP或工业总产值；Dij——两个城市之间的距离；k——常数。

此外，还有两种分析方法可用于城市规划中。

（一）投入产出分析法

该法多用于评价经济已经产生的何种影响效果，而不是预测未来经济会产生

何种影响。投入产出分析将区域经济视为一个网络，网络中不同的经济成分被划分成不同数量的部门，这些部门之间相互联系。投入产出分析是研究国民经济各部门之间平衡关系所使用的方法。

（二）趋势外推法

此种方法可以直接用于确定总人口或经济水平未来的发展趋势分析等。预测通常需要通过公式来表达，公式可以清楚地描绘人口或经济的增长和衰退曲线。实际预测中最常采用的是一些比较简单的函数模型，如线性模型、指数曲线、生长曲线、包络曲线等。

第二节　社会与人口对城市规划的影响

一、人口要素对城市规划的影响

人既是城市的建设者，又是城市的居住者、使用者。在一个城市的发展历程中，人的行为与人的需求都尤为重要。因此，在进行城市规划时，城市人口要素的需求测定就至关重要。那么人口要素对城市规划会有哪些影响呢？我们主要从三个维度来进行解析。

（一）人口规模

人口规模用于估算居住、商业、办公空间、工业生产空间、城镇设施、开放空间的需求，是决定城镇化发展的基本标杆。例如，可以通过人口规模估算出规划区域需要多大面积的住房用地，同时需配套多少公共基础设施。

（二）人口结构

人口结构是指人口整体规模中特定组群的比重，可以按照年龄、性别、文化、民族、家庭情况等进行分组。例如，我们可以通过群体的年龄情况判断青少年对学校的需求，老年人对医疗和健康设施的需求等。

（三）人口空间分布

人口空间分布是评价公共服务设施的配置、工作地点、商业以及其他设施可达性的必要依据。例如，根据人口在城市中的分布情况，可以判断规划建设的公园位置和面积是否合理。

二、城市人口数量的分析方法

（一）人口动态变化的相关概念

1. 自然增长

自然增长是指出生人口与死亡人口之间的净差值，通过自然增长率来计算，主要受到出生率和死亡率的影响。

自然增长率=（本年出生人口数－本年死亡人口数）/年平均人数×1000‰

其中出生率受到城市人口的年龄结构、育龄妇女的生育率、初育年龄和儿童数量、生活水平、文化水平、传统习惯、医疗条件和国家政策的影响。如果城市人口处于婚育年龄的人口比例高，那么出生率就会比较高；同理，如果平均结婚年龄偏大，且生育意愿低，则出生率就会较低。

死亡率受年龄构成、医疗卫生条件、人民生活水平等因素的影响。通常，越先进的国家死亡率越低，越落后的国家死亡率越高。

2. 机械增长

机械增长是指由于人口迁移而产生的人口数量的变化，主要通过机械增长率来计算，受一定时间内迁入人口数和迁出人口数的影响。

机械增长率=（本年迁入人口数－本年迁出人口数）/年平均人数×1000‰

人口机械增长主要受社会因素影响，例如，经济发达的地区增长速度快，而经济落后的地区则低，甚至是负增长，一般表现为由经济落后地区向经济发达地区迁移。

（二）人口静态统计

人口静态统计又称为人口普查，即在限定的时间点对人口的状态进行普查统计。我国关于人口普查的概念包括户籍人口、流动人口、暂住人口、常住人口等。

1. 户籍人口

户籍人口即在当地公安派出所登记户口的人口。

2. 流动人口

离开了户籍所在地到其他地方居住一定期限的人口为流动人口。按居住期限划分，一般分为半年以下、半年以上、一年及以上；按流动去向划分，一般分为流入人口和流出入口。

3. 暂住人口

离开户籍所在地到其他地方暂时居住一段时间的人口为暂住人口，暂住人口相当于流动人口中的流入人口。

4. 常住人口

在某地实际居住半年以上的人口为常住人口。满足居住时限的户籍人口、居住半年以上的流入人口和居住半年以下的流出人口均可纳入其统计范围。

三、城市人口结构的分析方法

人口结构还可以称为“人口构成”，具有相对的稳定性，在一般情况下，人口结构随着时间的推移和经济发展而发生变化。按人口过程的特点及运动方式划分，人口结构可分为人口自然构成、社会构成和地域构成等。按自然构成可分为年龄构成、性别构成等；按社会构成可分为民族构成、文化构成、宗教构成、阶级构成等；按地域构成可分为城乡构成、区域构成等。以下将介绍几种比较常用的人口结构分析方法。

（一）年龄构成

年龄构成是按照城市人口各年龄组的人数占总人口的比例进行划分的。

一般来说，人口结构可以反映出一个国家大体的社会和经济状况。如果以年龄为基准对人口结构进行划分，大致有三个模型。

第一种是成长型，即出生率大大超过死亡率，人口中的青少年在总人口中所占的比例非常大。这种类型的社会人口将会在较短的时间内快速增加，因此不用担心劳动力的问题。如第三世界国家，包括非洲大部分国家、印度、东南亚国家、南美洲国家。

第二种是稳固型，即人口的出生率与死亡率大抵相当。青壮年占社会人口的中等偏上。这种类型的社会人口的数量会保持在一个较为稳定的状态中，不会出现较大幅度的增加或减少。

第三种是衰老型，即人口的出生率略低于或等于死亡率，老年人在人口中所占比例较大，并且会越来越大。这种类型的社会人口趋于老化和减少。目前发达国家除美国外，基本都开始逐渐向老龄化的社会发展。生活和医疗水平的提高，加上人口出生率的减少，导致老龄化的国家缺乏足够的劳动力，这已经引起了非常大的社会问题，诸如养老保险、老年人的医疗问题、社会负担加重等。

那么在研究时，如何对人口的年龄结构进行分组呢？一般会分成少年组（0~14岁）、成年组（15~64岁）、老年组（65岁及以上）。根据年龄的数据统计情况，可做出人口金字塔图（也可以称为百岁图）和年龄构成图。

在城市规划中，人口年龄结构会产生什么影响呢？例如，掌握少年组的数量和发展趋势，可以预估幼儿园、中小学等教育公共设施的规划指标；掌握成年组的人口数量和就业人数，可以估算出就业形势和潜在的劳动力数量；掌握老年组的人口数量和占比，能够分析出一个城市的老龄化水平和城市养老、卫生健康等配套福利服务设施的规划指标。

（二）职业构成

职业构成是指城市中的社会劳动者按照其工作的行业性质进行划分，各行业人口数量占总就业人口的比例。

按照《国民经济行业分类与代码（GB/T4754-2017）》，国民经济行业主要分为：A. 农、林、牧、渔业；B. 采矿业；C. 制造业；D. 电力、热力、燃气及水生产和供应业；E. 建筑业；F. 批发和零售业；G. 交通运输、仓储和邮政业；H. 住宿和餐饮业；I. 信息传输、软件和信息技术服务业；J. 金融业；K. 房地产业；L. 租赁和商务服务业；M. 科学研究和技术服务业；N. 水利、环境和公共设施管理业；0. 居民服务、修理和其他服务业；P. 教育；Q. 卫生和社会工作；R .文化、体育和娱乐业；S. 公共管理、社会保障和社会组织；T. 国际组织。

城市是一个经济、社会、文化各方面紧密联系的统一体，所谓“牵一发而动全身”，例如，劳动密集型的产业园区规划需要大量的体力劳动者，规划中就要为这些劳动者提供相应的生活设施、交通设施与社会福利保障设施，而技术密集型产业规划时需要大量的脑力劳动者，这样对于城市的科技文化设施如高校、科研院所的设施要求就会相应较高。

城市经济发展是社会发展的基础，社会发展是经济发展的前提和动力。城市经济发展也是城市产业经济的发展，包括第一、第二、第三产业经济的协调发展。在城市规划中，应探索发挥产业优势，体现产业经济发展规律，使两者相互促进，协调发展。

（三）家庭结构

通常来讲，家庭结构是指城市人口数量、性别、备份等家庭情况。家庭结构一方面会对城市居住区住宅区类型的选择、生活和文体设施的配套建设等一系列围绕家庭展开的教育、医疗、卫生等活动产生重要影响；另一方面，家庭结构受宏观的社会、经济、文化不断发展的影响，同时也对城市社会的生活方式、行为和心理等产生直接影响。

目前，我国的人口结构中，老龄化加剧，人口红利减少，家庭结构正演变为“倒金字塔”结构，小家庭已经逐渐取代传统的复合大家庭。因此，在规划中要充分考虑规划区域居住人口的家庭结构状况，结合人口动态变化数据，建立符合实际的规划指标体系。

（四）空间结构

空间结构是指人口在城市内部的空间布局特征，如人口密度等。城市发展和城市人口空间结构变化是相互影响的，通常可以用人口密度模型定量描述两者间的变化规律，人口密度模型能够清楚地描述人口密度随距离市中心远近的变化情况。常用的人口密度模型有Clark模型、Sherratt模型和Newling模型。这里以Clark模型为例进行介绍，Clark模型公式为：

$$D_d = D_0 \times e^{-bd} \qquad (5\text{-}2)$$

式中：D_d——城市某处的人口密度；D_0——城市中心的人口密度；e——某处到市中心的距离；b——一个与人口密度衰减速度相关的参数；d——该位置到城市中心的距离。

通过模型的公式可以看到，离市中心越近，人口密度越高；离市中心越远，人口密度越低。

四、城市人口的预测方法

城市人口预测是进行城市总体规划的首要工作，它既是城市规划的目标，又是确定总体规划中的具体技术指标与城市合理布局的前提和依据。因此，合理预测城市人口对城市的总体规划和城市的可持续发展有着十分重要的意义。城市人口预测有以下几种方法。

（一）综合增长率法

综合增长率法以目标年之前多年的历史平均增长率为基础，预估目标年的人口数量，公式为：

$$P_t = P_0(1+r)^n \tag{5-3}$$

式中：P_t——预测目标年末的人口规模；P_0——基准年的人口规模；r——人口综合年均增长率；n——预测年限（t_n-t_0）。

在计算时，r应根据城市历年的人口规模确定。

综合增长率的适用范围为人口增长率相对稳定的城市，新建的城市和受外部环境影响较大的城市则不太适用。

（二）时间序列法

时间序列法是对城市的历史人口发展趋势进行分析，预测未来的人口规模。公式为：

$$P_t = a + bY_t \tag{5-4}$$

式中：P_t——预测年年末人口规模；Y_t——预测年份；a、b——参数。

时间序列法的适用范围为有长时间人口数据统计且数据变化不大，预估未来也不会有较大改变的城市。

（三）劳动平衡法

劳动平衡法在过去的规划实践中使用较多，其主要是通过社会经济发展计划确定的基本人口数和劳动构成比例的平衡关系来确定。但是，在市场经济条件下，社会的经济发展状况很难确定，预估数据质量无法保障，因此，劳动平衡法现在已经很少使用了。

（四）职工带眷系数法

职工带眷系数法是根据职工人数以及职工带眷情况进行人口预测。计算公式为：

规划总人口数=带眷职工人数×（1+带眷系数）+单身职工　（5-5）

式中：带眷系数——每个带眷的职工所带家属的平均人数。

职工带眷系数法的适用范围为新建工业城镇，能够根据企业职工数量推算出建成后城镇的人口数量。

职工带眷有关指标见表5-1。

表5-1　职工带眷有关指标

类型	占职工总数比例	备注
1.单身职工	40%～60%	带眷职工比要根据具体情况而定。独立工业城镇采用上限，靠近旧城采用下限；迁厂采用上限；建设初期采用下限，建成后采用上限。单身职工比相应变化。带眷系数已考虑了双职工因素，双职工比例高的采用下限，比例低的采用上限
2.带眷职工	40%～60%	
3.带眷系数	3～4	
4.非生产性职工	10%～20%	

五、社会要素对城市规划的影响

（一）空间供给与社会需求相协调

随着城市的不断发展，城市应具备的功能和社会需求会不断地发展和演变，城市规划要在有效的空间进行合理的安排和有效的配置，城市的物质性设施和空间结构需要不断地更新、完善和优化才能满足社会不同群体的不同需求。

（二）保障社会各阶层公平享用公共资源

一方面，城市规划要通过对各项城市功能的合理安排、各项建设的综合部署，为实现经济社会的发展目标服务；另一方面，在规划过程中要尽可能地保障公共利益，保证社会各阶层在居住、就业、出行等方面的公平，让城市全体居民能公平地分享城市发展带来的好处。

（三）保障社会弱势阶层的基本需求

在城市规划过程中，弱势群体往往由于社会地位和经济地位等因素缺少足够的话语权，而规划兼顾效率与公平的关键所在就是要保障社会弱势阶层的基本生存需求，同时也使其享受到必需的公共服务设施，使他们获得发展的机会，形成不同群体相互依赖、共同融洽地生活在一起的共生关系，促进社会和谐稳定发展。

第三节　生态环境对城市规划的影响

一、城镇化空间格局与环境交互作用的研究意义

在信息化和经济全球化的推动下，中国有可能在较短时间内完成工业化的进程，进而改变长期二元结构体制下的城乡结构。这一变革对城市空间结构的带动主要体现为城市产业结构的调整、大量产业园区的兴起及农村地区的自主就地城市化过程，相应地推动了城市空间结构的调整，引发了新区建设的热潮。城市新区建设是城市空间扩张的一种方式，对于早期建设的城市新区而言，其动力机制一般为产业积聚推动、纾解旧城人口压力，从类型上看，一般较多为产业园区和城市边缘大型居住新区。2000年以来，伴随城市产业结构的深度提升，从区域层面加以职能定位的综合性新城成为发展趋势；同时20世纪90年代末深化住房制度改革，城市新区逐渐成为房地产开发的热土，居住空间的建设对于城市新区来说不再是单纯的配建，表现出日渐增强的引领作用。

城市新区的居住空间作为城市居住空间的主要增长空间，在促进新区的内涵式发展、增强新区的吸引力和竞争力方面的作用是巨大的。从目前的发展状况来看，城市新区居住空间已成为吸纳旧城疏散出的人口（包括主动疏散和被动拆

迁）的主要空间，同时也是城市扩展中涉及的被征地农民的聚居空间，还是外来移民的聚居目的地之一。城市规划在其中起到了一定的引领和推动作用，同时又暴露出种种问题。

一是功能方面的问题。宏观层面，缺乏对新区居住空间发展的动态控制，居住空间与就业空间难以取得良性互动。中观层面，配套设施规划建设缺乏适应性；居住空间组织结构趋同，缺乏深入细致的研究支撑；不重视设计组织，特色与活力欠缺。微观层面，空间环境与住区形象过于注重视觉效应、豪华风格及与身份标签的对应，对外缺乏与城市结构的互动，内部设计忽视场所性、生态性和集约性。城市规划亟须从更高的角度、以更宽广的视野综合考虑经济效益与社会效益、短期效益与长远效益。

二是社会方面的问题。新区居住空间发展普遍忽视社会空间结构的调控。居住社会空间结构的丰富性和混合度呈现下降之势。对于承载低收入、失地农民等居住空间的保障性住房的建设而言，规划一直以来呈现失语状态。突出的问题诸如经济适用房普遍存在社会负效应和外部负效应问题，失地农民安置区由于缺乏适宜的环境支撑导致城市适应性低，外来农民工租赁住房保障失效等，这些问题不利于社会和谐发展，不利于新区长远持续健康地发展，将给日后整治协调增加巨大的成本。

我国20世纪80年代以来，进入社会经济的“双重转型”时期，受发达国家后工业生产方式及经济全球化等影响，其所涉及的社会经济层面的变化十分复杂。当下这一阶段已经走到了转型的关键时期，经济增长速度加快，社会分化程度加大，利益格局差距加深，环境污染问题严重。为应对这些问题，国家政治经济体制已开始针对性地改革，开始从“又快又好”地发展转向“又好又快”地发展。反映到有关居住空间建设方面，住房制度、房地产调控、土地管理、住房规划等方面的政策导向已开始转型。新区居住空间的良性发展，将推动城市整体空间结构的调整，促进新区经济的健康发展和社会的和谐发展，使新区真正成为新型理想家园。

有人认为，新区处于动态发展过程中，在这一过程中出现问题是不可避免的。诚然如此，却不能以此作为城市规划的失效进行辩护的理由。城市规划的作用当然是有限的，但如果城市规划并未发挥出其应有的作用的话，仍可将其归为城市规划的失职。因此，笔者在研究中的所有努力，皆可归结为：从新区居住空间的功能和社会性两方面探讨已有建设中的城市规划效用，面对转型期的发展形势和挑战，探寻城市规划如何推动新区居住空间的良性发展。

需要强调的是，本书的着力点不在于已出现问题的解决（这是城市更新和社区研究的范畴），而在于在当前城市新区还在蓬勃发展、不断崛起的形势下，如何尽量避免这些问题的产生，降低日后整治协调的巨大成本，探讨城市规划如何与时俱进，如何通过提升城市规划效用来推动居住空间的良性发展。

因此，立足于城市新区居住空间这一具体研究对象，通过兼具广度和深度的居住空间理论研究和实践研究，把握功能性、社会性、制度性三方面的理论研究重点和热点，梳理不同发展基础与条件下居住空间扩展及建设的路径，总结新区居住空间发展趋势，以期对我国城市新区居住空间建设具有借鉴意义；聚焦于转型以来我国城市新区及其居住空间的建设历程，检讨分析功能、社会性方面的成绩与问题，把握当前制度环境下的形势与挑战，将为新区居住空间发展夯实实践研究基础；而以开放的视野，从建设机制、规划体系这两个可以与更广阔的社会经济背景相联系的方面切入，提升规划理念，具体开展规划行动、规划控制、物质空间形态规划、保障性住房规划四个方面的规划应对研究（前两者侧重于相关规划机制和体系的全面优化，后两者侧重于规划弱项的重点强化），对推动城市新区居住空间以更为健康、有序、高效、和谐的方式发展，具有重要的理论意义和实践价值。

二、国外城镇化空间格局演化及环境响应研究

（一）对比分析

研究表明，发达国家居住空间扩展的历史进程体现出共同的发展趋势：从单一居住功能走向复合功能、从较小范围的复合功能走向较大区域范围的功能整合；从低密度发展走向紧凑型发展；从工程技术型规划走向人性化规划。

然而，尽管发展趋势具有明显的共性，这些国家居住空间扩展的推动机制、开发机制、空间形态方面的区别也是十分明显的。就以几个国家都曾经出现的新城（planned new town）来说，其承载功能、人口情况、建设机制和空间模式都有所不同，见表5-2。

表5-2　美国、英国、日本、新加坡新城建设对比

	承载功能	人口情况	建设机制	空间模式
美国郊区新城	住宅建设先行，应对的是有效需求。由于通勤一种普遍的交通方式，很长一段时期新城建设并不以自给自足的综合功能为首要目的，就业追求的是区域层面的平衡。20世纪60年代应对工业郊区化，开始建设功能全面的新城（20世纪60年代160余个新城项目中的20个）	大部分新城是针对中上阶层的，少量针对中低收入阶层，如雷德明、格林贝尔特城计划、莱维敦，但即便如此，也多针对的是由于年龄周期而暂时性低收入家庭（以白人青年家庭为主），无形中加剧了阶层隔离尤其是种族隔离	大多数以市场力量（开发商、投资商）为建设驱动，少数以政府救济、住房建设机构为建设驱动；研究机构提供规划指导；以政府相关住宅、金融信贷政策为引导	早期郊区的紧凑型建设模式；20世纪20至30年代适应现代生活方式与田园梦想的邻里模式；二战后松散的低密度郊区蔓延模式；20世纪60年代的综合新城；20世纪70年代至今紧凑的精明增长模式
英国新城	前期以疏散大城市人口为主要目的，后期以建构新的区域增长点为首要目的。且力图达到“居住与就业的平衡及社会平衡”，即“在提供日常所需，包括就业和商业及其他服务方面自我平衡。在混合不同的社会、经济群体方面进行平衡”。只是这种意图难以达到	新城的规划人口规模呈增长之势。通勤人口比例始终较大。新城企业对就业岗位的结构需求使得居住人口中白领与高收入体力劳动者比例较多，低收入者较少。另外开发公司的住房分配政策也比较排斥不需要技术及半技术的工作人口	由政府支持的“新城发展公司”进行每个新城的开发建设，这些公司有权征用、保留、管理、转让土地和其他财产，以实施建设或者其他运作，提供水、电、汽、排水设备等设施，以新城为目的进行营运或者建设	第一代新城较为简单的邻里模式；第二代新城淡化邻里的表面呼应，注重交通组织；第三代由于规模普遍扩大，采用综合性更强的整体规划模式
日本新城	新城建设最初是为了抑制城市的过度膨胀，同时满足人口迅速增长带来的住宅大量需求。其功能逐渐从卧城向混合功能转变，近年来新城建设更是基于紧密的空间经济联系和“功能自立化的新城市圈”发展目标进行功能定位	通勤人口比例始终较大。由于政府基于土地紧缺的发展条件，注重对于小户型、集约型住宅的引导，新城建设并没有出现欧美国家常见的严重的阶层分异	早期，住宅公团（政府主导的事业单位，企业化运作）起到了决定性作用，随着住房危机的缓解和城市发展速度变缓，公团的主导职能逐渐向都市整治过渡。后期的新城建设中市场力逐渐加强	相较于欧美国家，体现出的是高密度集约型的空间特征，其空间模式经历了这样的演变过程，从早期的大规模注重单调规划建设向以高水准的服务和环境质量为目标的小规模集合住宅区演变，20世纪90年代以来更是十分注重设计组织，引入总建筑师或协调建筑师制，在周密的设计控制下生成空间模式

续表

	承载功能	人口情况	建设机制	空间模式
新加坡新城	新城建设与新加坡闻名世界的公共住房建设是一体化的，为了达到经济和政治的双重目的，既要解决住房危机，又要建设一个稳定的、团结的日益中产阶级化的社会。新城的功能经历了从“早期的零散建设的低收入集中住区”，到“具有平衡的综合功能社区”，再向“从区域整体层面统筹土地利用和交通整合的凝聚型社区”发展的趋势	全国86%的人口居住在政府组屋内。其中81%是屋主自住组屋，5%为出租组屋。另外14%的高收入阶层入住私人发展商的产业，如共管式公寓和置地住宅。通勤人口比例始终较大	政府主导的“建屋发展局”进行每个新城的开发建设，后期随着住宅总量超越人口需求，也开始逐渐加大市场力的引入	高层高密度是新加坡新城的必然选择和空间特色，具体空间模式体现出从邻里单位向紧凑式网络系统的转变，并结合科技进步（尤其是交通系统的发展）和人文需求进行模式创新

首先，城市化的进程，人口结构的变迁，住房供应市场的发展特征，“政府”“市场”“社会”三方力量平衡等方面的不同造成推动机制的差别。如英国的居住空间扩展呈现伴随老牌资本主义国家城市化、工业化进程的典型阶段性特征：旧城负担逐渐加重——大城市病逐渐严重——向城市外围发展——郊区田园城市——以自我平衡为目标的新城——以可持续发展为目标的居住空间扩展制度。而美国的居住空间扩展则与其特殊的移民历史、新大陆快速崛起的经济强势、二战后政府对郊区建设的大力扶持密切相关。

其次，经济模式、相关制度和政策造成开发机制的差异。如新加坡经济发展动力主要来自外资和海外市场，相较而言，房地产等拉动内需型产业并不是其经济发展的重点，另外，新加坡在20世纪60年代建国初期迫切需要实现社会安定，政府组屋是稳定民心十分重要的政策，公积金则是政府协调外资企业劳资关系的重要手段。因此，新加坡的新城建设主要是由政府推动，且以公共组屋为绝对主力的住宅类型。同时，新加坡政治结构单一，有利于及时决策、高效迅速地执行政令，政府力行廉政、奉行透明化的公共服务等都是新城得以顺利开发建设的原因。而其他国家根据自身的经济与社会发展特点，在市场作用与政府作为之间进行平衡选择，如英国新城是通过“一个新的，专门的机构来建设新城”——即由政府支持的新城发展公司，这些公司有权“征用、保留、管理、转让土地和其他财产，以实施建设或者其他运作，提供水、电、汽、排水设备等设施，以发展新城为目的进行营运或者建设。总之，为了新城的建设目标，承担所有必需的或有利的工作”。值得注意的是，这些发展公司并不是新城发展中唯一的机构。例如，教育和当地医疗服务仍然是正规地方政府机制的责任。水、污水处理、汽、电和医院同样也是正式的地方政府机构的责任。另外，新城的开发并不排斥市场力，只是其必须在新城发展公司的控制下进行统一而协调的开发。

最后，土地资源条件、居住文化、规划作用是造成空间形态区别的重要原因。新加坡与美国居住空间的扩展体现了截然不同的两种空间形态，前者以高强度的集中开发模式为主，后者以低密度的蔓延式发展为主。空间形态差异的背后，是不同的土地资源约束条件和居民对于住宅形式认同的差异。而新加坡强有力的自上而下的规划作用和美国深受市场力约束的规划作用，则分别是推动新加坡新城得以井然有序整体建设和美国郊区蔓延式扩展的重要因素。

因此，虽然面临共同的发展趋势，但不同的国家具有不同的发展基础和条件，采取什么样的发展路径至关重要，对国外城市居住空间扩展的研究揭示了其发展演变轨迹，我们可从中总结出发展的规律（发展方式与经济社会背景之间的关系），并结合我国国情辩证地借鉴其经验和教训。

（二）思考借鉴

安德鲁·M. 哈默（Andrew M. Hammer）等指出了当前发展中国家与发达国家城市化进程的差异——“发展中国家目前的城市化并不只是重复发达国家的经验。从农村向城市的转化是在过高的人口增长率很低的收入水平、几乎没有机会统辖新的国内或国外的边界这样的背景下进行的。在这个过程中，城市化的绝对规模正在检验规划者和决策制定者的能力”……这种增长是由于发展中国家的城市人口增长率是发达国家的3～4倍。另外，与西方发达国家早期城市化的推动力主要与围绕以资源为基础的交换活动有关不同，现今发展中国家城市化的推动力还有诸多后工业时代因素及全球化劳动分工的影响。

除了面临上述发展中国家共有的困难之外，中国还有特殊的发展历史和背景。长期的计划经济体制导致了特有的城乡二元社会结构。农村和城市在经济和社会结构上的二元性不利于今天立足全局进行各种资源的合理流动和最佳配置。随着工业化和城市化进程的加速，打破我国经济、社会、环境二元化结构的条件正在不断成熟，中国正致力于建设中国特色的社会主义市场经济，既要毫不动摇地巩固和发展公有制经济，又要毫不动摇地鼓励、支持、引导非公有制经济发展，既要发挥市场在资源配置中的基础性作用，又要建立完善的宏观调控体系。

在政治体制方面，1998年自中央开始进行机构改革，我国行政部门将向精简、高效、廉洁的方向迈进一大步。我国各级政府行政观念正由统制为主向调控服务为主转轨，行政效率、行政监督、行政透明度均有待加强。但小政府不等同于弱政府，要加强宏观调控的作用，既要稳定市场经济，又要协调各方利益，防止出现东南亚、拉美贫富差距扩大甚至对立等情况。

在经济发展方面，GDP多年保持快速增长的趋势，同时实施扩大内需的发展战略，因此住宅开发在经济建设中具有重要作用。住房市场既拉动了房地产投资型增长，同时还能带动一大批相关产业的发展和生活消费品市场的成长，能有效拉动内需，近十年来成为国民经济新的增长点。但是在关注住房开发的经济效益的同时，决不能忽视其社会效益，如果住房开发的利好不能为人民共享，成为少数人投资或投机的对象，那么将影响社会的和谐发展，也终将遏制经济的深度发展。

国外居住空间扩展的经验普遍表明，居住空间的发展应成为社会经济及环境发展的一部分。而依据中国的国情，当今政治经济体制的改革以建立一个经济发达、生活小康、和谐稳定的社会主义国家为目标，居住空间的建设应与这一总体目标协同，既要推动经济发展，又要关注社会效益、经济效益之间的平衡。当然注重社会效益，并不是说单纯依赖政府财政投入就能获得好的效果，美国公共住宅的案例就说明应以持续的观点来设定发展路径。

同时，在土地资源严峻的形势下，环境效益也必须予以高度重视。在积极进行改革探索、体制转型的大背景下，综合经济、社会和环境目标的居住空间发展具有实现的可能性。国外居住空间扩展的经验还表明，城市规划不能独立于社会经济体系而存在，它是社会经济体系的组成部分。但是城市规划理念、制度、体系、组织方式的全面优化十分重要，将从规划概念至具体建设的各个层面促进居住空间的良性发展。美国的成长管理政策（UGB）、英国都市村庄的项目运行机制、日本的城市设计组织及其协调机制、新加坡对于高层高密度居住空间形态规划模式的探索，对于我国均具有借鉴意义。这些规划举措涉及宏观、中观和微观各个层面，更深入地介入居住空间发展的过程中，产生了较好的规划控制效果。由此我们可以得到的借鉴是，应在当前的制度环境下积极提升城市规划的效用，对居住空间的规划建设进行更加有效的指导。

三、国内城镇化空间格局演化及环境响应研究

（一）新区社会空间结构总体发展走势

中国城市新区居住空间建设是具有中国特色的郊区化进程的体现之一。在这一进程中，住房分配取消福利制，为走向商品化提供了政策机制，由政府推动的房地产市场为各阶层提供了择居的市场机制，加速推进城市化，城市结构演变为分异提供了多样性空间，新区的居住空间分异是新区社会空间结构的重要特征。

新区社会空间类型的丰富性和混合度代表了社会空间结构的布局特点。丰富性是指新区居住空间类型的多少，混合度则指一定范围内不同类型的密度。

就丰富性而言：20世纪90年代即启动建设的新区，其社会空间类型的丰富性大于2000年以后较晚启动建设的新区，如河西北部地区，就有多种类型的居住空间，包括：早期安居房（回城知青等）、单位福利住房、中低档商品房、中高档商品房（包括多层、高层和一类居住用地的别墅）、拆迁安置房（包括失地农民和城市拆迁居民）、城中村；而河西中部地区，则以中高档商品房为主，只有一处早期建设的经济适用房和一处中低价商品房，原有农民被征地后基本上被安置到其他地区的经济适用房。同样，江宁开发区早期开发的百家湖板块的住区类型也要多于较晚开发的将军山板块。

就混合度而言：20世纪90年代即行启动建设的新区，其不同社会空间类型的混合度也要大于2000年以后较晚启动建设的新区。虽然2003年以后，尤其是2006年以来，经济适用房逐渐引起政府的高度重视，其建设量逐年增加，但是其布局呈现规模积聚态势，或呈现出边缘分布特征，而其实商品房住区日渐高档化，中低档住区渐少，这样的建设背景必然导致住区类型混合度的大幅度降低，进一步强化了空间分异。仙林新市区的居住社会空间结构较为典型地反映了这一现象。

也就是说，对应当前的社会分层，居住空间分异已成为必然现象，而随着市

场因素主导作用的增强及政府企业化运作城市土地资源方式的普及，社会空间结构的丰富性和混合度呈降低之势。

在西方国家，对于容易主动逃避责任的富人阶层及容易遭受排斥的穷人阶层的隔离与排斥研究最为广泛。而在我国目前的改革转型期，在社会分层日益明显、贫富差距日益扩大的今天，低收入者占有相当的比例，因此对于易受排斥的低收入居住空间的研究最为迫切。

城市新区目前的低收入者大概可分为几类：低收入城市居民（包括低收入城市动迁居民）、失地农民、外来低收入流动人口。他们主要的居住空间类型有：经济适用房、失地农民拆迁安置房、城中村、旧住区。对于这些居住空间布局所提供的城市资源与居民生存状态之间的关系，值得认真研究，以便从已进行的城市新区建设中总结经验与教训。

（二）对低收入者生存与就业支持的差异性

前文已提及，根据新区建设启动的时代不同，大致可归为这样两类：一类为20世纪90年代在旧城边缘地区进行的开发建设，主要功能为承接主城人口的疏散与主城功能的外溢；另一类为20世纪90年代中后期、进入21世纪之后的具有明确主导产业功能的新市区或各类新城建设所引发的房地产开发。

早期建设的第一类新区直接对应的是住宅的刚性需求，住宅空置率低，虽然具有卧城的特征，伴随有居住空间与就业空间的分离问题，却能够为低收入者提供公共设施共享性较高的居住空间，就业支持性也较好。这是由于其建设时间段跨越了住房制度改革的前后两种不同供应体系，房地产业处于逐步成长阶段，其中的住宅建设类型非常丰富，一般包括：单位福利住房，企事业单位以集团消费形式购买的商品房，探索性的早期集合式商品房（档次定位不是太高，承接的是早期被释放的有效住房需求），逐渐成熟期的中高档商品房（包括多层、高层和一类居住用地的别墅），中低档商品房中混合的小规模农民拆迁安置房，早期的经济适用房。对于低收入者来说，社区服务、商业服务等低层次就业机会也较多，就业交通出行成本较低。另外，不同社会阶层的居住混合度较高，拆迁安置房、早期经济适用房散布在整体社区当中，虽然针对低收入适龄劳动力的职业和技能培训较少，但其后代可以与其他阶层享用同样的中小学教育资源，因此长远的就业支持较好。

第二类新区对于低收入者的居住空间的提供及就业空间的支持，则与政府的决策和发展理念有很大关系。某些新区，在片面的“城市经营”理念的指导下，大都会把“经济适用房”或“农民安置区”布局在土地效益不高的地段，这些地区通常交通不便，而周边社区服务、商业服务业可吸纳的就业人口也极其有限，虽然提供了居住空间，但是就业支持性较差。另外，这些地区即使教育等设施配套完善也难以吸引到优质的师资力量，对于下一代的就业支持成了问题。而某些新区的经济适用房和农民安置房的分布则体现出较为有机的形态，虽然这些住区的规模较大，但从建成情况来看，20公顷以下尤其是10公顷左右的此类住区还是可以与周边社区较好地融合，而且交通方便，周边的工业企业、社区服务业、商业服务业可以吸纳的就业人员也较多。从调研情况来看，拥有较多劳动密集型产业的新城区由于可以提供较多的低技术岗位，对于低收入者尤其是失地农民有较好的就业支持。值得注意的是，随着新区逐渐发展成熟，土地价格的上升会对政府发展决策起到很大作用，即市场力量的强大会强化对低收入者的排斥。

四、城市规划效用分析

（一）针对新区居住空间功能的城市规划效用

对以南京市为主的新区居住空间的功能进行分析，可以观察到城市规划在其中所起的作用，既表现出许多成绩，也暴露出种种问题，见表5-3。

表5-3　城市规划效用分析

	居住空间格局	公共设施配套	居住空间形态	微观空间品质
成绩	基于可持续发展理念，城市与新区总体规划层面对居住空间的布局研究日渐重视生态分析与公交导向的交通规划	进行了基于市场经济条件和各管理部门发展趋势的公共服务设施配套标准改革，在河西新区的建设中根据不同地区具体情况确定公建设施的具体分级及各级规模	在政府强力推动土地市场运营和加强新区吸引力的背景下开始重视道路系统和开放空间系统规划，地块开发密度在集约理念下也有所提升	主要体现在市场推动下对居住需求和舒适性的满足，如加强对物理环境的规划控制，适应汽车时代的内部交通系统创新，基于景观追求的绿地系统创新，丰富多样的住宅造型和空间环境等

续表

	居住空间格局	公共设施配套	居住空间形态	微观空间品质
问题	缺乏更为系统的能够协调居住空间和就业空间、居住空间和城市交通体系的居住空间体系指引，缺乏对新区居住空间发展的动态指引和联动发展计划	配套设施规划布局的适应性总体显得不足，除了河西新区在分级层面强调适应性以外，其他新区在分级，乃至规划布局如何适应市场运营和提升新区活力方面不甚理想	中观层次规划对居住空间整体控制不足、对特色营建不够重视，导致空间形态趋同、缺乏空间特色与活力，居住空间表现出整体的粗放发展与地块内部争奇斗艳的两极化怪异现象	由不健康的市场导向而产生，如空间环境与住区形象过于追求视觉效应、豪华风格及与身份标签的对应，忽视生态效应，忽视对城市居住生活的深层次建构，缺乏文化内涵，住宅设计忽视中小户型设计等

目前，我国城市居住空间的规划与建设，通常都以经济效益为主导目的，在经济全球化的态势下，更是成为地方政府塑造城市形象、增强城市竞争力、招商引资的重要砝码，而对于居住空间的其他重要方面却没有引起足够的重视。城市规划在居住用地总量平衡及宽泛的发展方向上有所引导，为政府提供批租土地的地块蓝本，微观层面比较注重与市场的契合。已取得的成绩多体现在规划与市场经济的结合方面，规划体系与规划理念有所进步，而同时众多问题的存在也凸显进一步改进的迫切性与重要性。

城市规划亟须从更高的视野、更全面的角度综合考虑经济效益与社会效益、短期效益与长远效益。在宏观层面应加强居住空间体系研究、加强对于居住空间的动态发展引导；中观层面突出公共设施配套适应性研究，加强居住空间形态的针对性研究；而微观层面应减少浮躁虚华、不以人为本的设计，提升设计内涵，注重集约型住宅设计研究。

（二）针对新区居住空间社会性的城市规划效用

新区居住社会空间结构的总体趋势是丰富性和混合度渐趋降低，而低收入居住空间格局的差异性与新区的发展基础、发展定位及发展理念有关，其被隔离和排斥的程度呈现一定程度的不同。可以说，对于目前新区的社会空间结构和低收入居住空间的布局，主要是市场力和行政力在起作用，规划对此几乎处于失语状态。从四类值得关注的居住空间类型的解析可以看出，在承载低收入居住空间的保障性住房建设中，规划没有显示出特别的引导作用。

城市规划涉及空间资源的配置，而空间资源兼具物质属性和社会属性。对于保障性住房来说，其在地理空间的定位，应综合考虑总量、单元属性、交通区位、就业环境、社区环境等多种因素。保障性住房规划，应使被保障人群获得可持续发展的可能，而不仅仅是只有一处容身之所。然而现实情况是，保障性住房规划对于上述这些因素的综合应对是比较迷茫的。

就以区位选择来说，似乎总也脱不开简单的二分论，即“建在外围地区还是中心地区？”“建在外围地区，市民因位置远、生活配套不完善不愿意去住”与“建在中心地区，土地的市场价值得不到充分发挥，政府也不情愿”的矛盾局面似乎难以化解。

保障性住房规划如何破解类似困境，需要进行深入细致的研究。然而从现状来看，相关转型背景下城市新区居住空间规划研究尚存在以下缺失。

1. 规划研究基础薄弱

长期以来，缺乏保障性住房的统筹规划，因此也就缺乏基础性的研究工作。对于已有的保障性住房，缺乏系统的跟踪研究，已有的调查研究多是就事论事、问题—解决型的探讨，研究视野较为狭窄。

2. 规划体系不完善

目前，保障性住房的规划只有两级，宏观层级为粗线条的住房建设规划，着重于量的控制，但这一层级量的预测准确度通常不高；微观层级则为建设地块的详细规划。而中观层次的保障性住房在空间上的区位选择与规模确定，则缺乏相应的规划研究和控制，既缺乏指导性规范的支撑，也没有在相应的法定规划体系中予以落实，通常情况下是行政干预的结果，没有做足够的、针对性的规划研究。

3. 规划目标不明确

除了满足被保障人群基本居住需求以外，相关规划所要达到的目标多为关注的是物质层面的目标，诸如配套齐全、环境优美、功能完善等。社会层面的目标鲜有提及，缺乏居住空间与就业空间的良性互动、缺乏针对被保障人群的社区支持。而物质空间的建设，离开社会层面的支持，则会造成管理不善、经营不善等后果，这一点在配套设施建设方面尤其显著。

4. 规划制度不健全

中国快速推进城市化的进程导致大量新社区的出现，而由于缺乏对于社会属性的考虑，似乎只有先建设、后完善这一条路径可走。保障性住房规划不应仅仅关注基本居住需求的满足，在具有中国特色的社区发展背景和现状阶段下，保障性住房规划如何兼顾被保障人群的可持续发展和社区结构的和谐，尚应有相应配合机制确保有关支撑条件的联动完善。

5. 设计组织不重视

营利性的商品住区开发，其规划设计是开发商前期工作的重心之一，通常会精心选择设计团队，在项目策划的基础上组织进行规划设计，开发商自身的设计力量也会投入其中。相较而言，保障性住房的规划设计缺少精心组织。这与保障性住房规划的运作模式相关，从现状来看，此类住房或是由政府下属开发公司，或是通过招投标选择开发商进行建设，由于利润受限，又不需要通过市场出售，开发单位自然缺少通过精心组织规划提升住区品质的动力。也有少数情况，规划设计是由政府组织的，但是由于缺乏相应的专职机构和足够的重视，此种规划组织也就只停留在初期方案比选上，缺乏相应机构与设计单位之间的有效互动，一般也难以获得优质的具有针对性的规划设计。

上述规划研究的缺失，表明目前的规划力量尚未深入到保障性住房建设的社会经济系统中去，因而对于保障性住房的具体操作起不到科学全面的指导作用，对于保障性住房的政策制定起不到及时有效的反馈作用。

五、城镇化与生态环境间的交互作用

农村城镇化过程至少包括以下几个方面的内容：人口和劳动力向城镇转移；第二、三产业在城镇集聚发展；地域性质和景观转化；城市文明、城市意识在内的城市生活方式的扩散和传播。农村城镇化的本质就是通过工业化将大量农村人口转变为城市人口，其外在的表现就是城镇规模的扩大和城镇数量的增加。小城镇地区的生态安全是指当地生态安全系统提供的资源、环境与生态等条件可以支撑小城镇地区经济持续增长、保障人们身体和生活健康。

大量事实证明，加速城镇化并不必然导致城镇生态环境的恶化，只要坚持生态环境走可持续发展的道路，城镇生态环境非但不会遭到破坏和损失，反而会有助于城镇生态环境的建设。

（一）农村城镇化中的生态增殖效应

1. 农村城镇化能够缓解人地关系紧张的矛盾

据统计，2001—2010年，我国农村人口向城镇转移的总规模将继续扩大，估计可能达到1.6亿～1.8亿，平均每年转移量在1493万～1662万人。同时，要通过小城镇的发展来带动广大农村的发展，发挥其桥梁作用，将城市和农村有机地联系起来，达到缩小差距、共同富裕的目的，让广大群众享受现代城市的文明生活，感受现代化的气息。在农村人口份额降低和人地关系改善后由于农业能够实现规模经营，农产品剩余将可望大幅度上升，从而能够为城市人口提供更多粮食和工业原料，继而促进农村工业化和城镇化的发展，形成可持续发展的良性循环。

2. 城镇建设用地土地集约利用程度比非城镇化高

统计表明，每个城镇人口实际占地为7～17平方米，小城镇建设用地中大约1/3是耕地。合理的城镇建设规划可以节约建设用地5%～10%，同样面积的土地，城镇建设要比农村建设多出70%以上的使用面积。从经济意义来看，由于城镇的土地产出率比农村的高，这种“以土地换发展”的城镇建设比广大的农村更能共享基础设施，节约基建和项目占用耕地。城镇土地的集约利用程度也远远高于农村，通过城镇化合理利用土地、资源、资本和技术，在空间和时间上充分挖掘城镇土地潜力，获得城镇土地最佳的综合利用效益的过程。

3. 农村城镇化有利于集中防治污染和保护环境

集中于城镇的工业污染一般是点污染，比较容易集中治理，而分散化的农村工业粗放式经营所造成的工业污水、废气和废料大多采用直接排放，导致了整个面污染，不便于集中治理，不仅影响了居民的生活，同时还影响了农业生产的自然条件。城镇由于生活区和人口较农村社区集中和密集，可以有规模地兴建自来水、下水道、污水垃圾处理设施，路面硬化建设，地面集中绿化也易于实施。

4. 农村城镇化也是缓解人口、资源、环境压力的有效途径

通过城镇化，加强管理，合理分布工业区、商贸区和居住区，推行小区综合开发模式供水、供电、环保、防洪、垃圾处理等基础设施配套建设，有利于农村社会经济可持续发展。

（二）农村城镇化中的生态胁迫效应

1. 水污染严重

随着城镇化进程的加快，城镇生活污水和工业废水排放量急剧增加，而许多小城镇因人口多、密度大，又缺乏对生态环境保护的投入和系统规划，生产、生活废水直接排入天然水体，甚至以渗坑、渗井等方式排出，部分废水被引入人工塘库，也难以净化、利用，导致城镇水体污染。水环境的恶化：一方面降低了水资源的质量，对人体健康和工农业用水带来不利影响；另一方面，由于污染，原本可以被利用的水资源失去了利用价值。以浙江某城镇为例，该城镇面积为15.8平方千米，人口为10.4万，据2006年6月监测，1996—2006年，小城镇内8个较大坑塘的总面积由原来的43万平方米缩小到25万平方米；在居民活动比较频繁的地区，有的坑塘面积减少了近85%，几乎被填平。坑塘水不能流动，要靠自然净化达到净化标准十分困难；而且被污染的地表水会渗透到地下，污染地下水，造成今后的用水隐患。而在西部农村，因城镇水资源不足导致城镇严重缺水并且污染严重。地下水的过量开采引起地下水位急剧下降和地面沉降等一系列的地质环境问题。

2. 交通污染加重

小城镇中摩托车的数量增长迅速，大、中城市淘汰下来的机动车也有一部分进入小城镇，更加剧了交通污染。在西部地区，城镇空气中的二氧化硫和烟尘污染相当严重。城镇里的生活噪声、工业噪声、建筑施工和交通运输噪声的影响范围更是呈扩大趋势。

3. 工业污染加剧

不少城镇为了加快发展，往往不加选择地引进工业项目，甚至对陈旧设备和落后的工艺也照样引进。一些大、中城市为了摆脱污染严重的困境，将一些污染严重的工业逐渐向农村转移，更加剧了对生态环境的破坏。西部地区的小城镇工业污染更为严重，根据国家环境保护总局有关的统计数字，西部乡镇企业中，有65%存在着不同程度的污染问题。目前，我国乡镇企业污染物排放量已占工业污染物排放总量的50%以上，而且乡镇企业布局极不合理。

4. 耕地资源被大量占用，土地资源的生态功能降低

城镇化水平的提高导致全国征用土地面积逐渐增加。与此同时，农村人口扩

增的速度快于城镇人口增长速度，这就使耕地资源的有限性、稀缺性日益突出。目前在小城镇建设用地中存在着宽打宽算、不节约用地的现象，致使小城镇占地面积过大，人均建设占地比较多，而真正的建成区却很小；另外，小城镇用地普遍存在着重平面扩张、轻挖潜改造的问题，导致土地资源浪费。

农村城镇化也会降低土地资源的生态功能。一方面，大量农用地变为生态功能较弱的建设用地，产生了以不透水为主要特点的城市下垫面，其物理特性、化学特性及其中的生物等都发生了显著变化。城镇化占用郊区优质农田，湿地面积持续萎缩，森林、草地生物量下降，生物多样性减少。

（三）构建生态安全型城镇的政策建议

1. 合理规划水环境，实行废物管理，尽量减少废物排放

保护重点水域、水系和基本农田，建设自然保护地，保证农村饮用水源地的水环境质量基本达到饮用标准；提供安全卫生的水供应系统和处理、再利用系统，优化水资源结构，节约用水。塑造有利于城镇生活节约用水的制度，加强生活用水的节约管理。应建立合理的生活用水价格体系，推广使用节水器具，利用公共传媒在全社会广泛进行节约、合理利用和保护水资源的宣传。

推行乡镇工业小区和污染集中控制、村镇垃圾无害化处理，重视生活污水处理和垃圾处理设施建设，对生活垃圾实行分类收集和处理，回收各种可利用的资源，实现废物减量化、资源化。

2. 农村城镇化建设以环境保护为前提，做到集约用地和保护用地

要统一规则，通过挖潜，改造旧镇区，积极开展迁村并点、土地整理、开发利用荒地和废弃地，妥善解决城镇建设用地，做到保护与集约并重，以“挖潜”为核心，同时要积极探索土地使用权流转机制，将土地使用权量化给农民，成为可以交易的权益。要严格建设项目审批程序，对一些地方的城镇布局过于分散，土地使用粗放，违法使用土地，损害农民合法利益等问题要坚决予以制止。

3. 搞好小城镇的生态规划建设，形成合理的产业结构和布局

加强小城镇环境规划管理，采取有效措施防止高消耗和高污染的落后工业向农村，尤其是向西部农村地区转移，大力推行清洁生产和生态农业，推广使用清洁能源，提高能源利用率，减少因过度使用能源对环境造成的影响，实现能源系统的优化和节约，减轻经济和社会发展对生态和环境的压力；改善小城镇生态环

境质量和人民生活质量，尽量不占用耕地，保护绿地和生活环境，并尽量减少对周围环境的影响。

4. 完善小城镇环保体系，实现城镇化与生态保护协调发展

应以环境优美城镇建设为载体，以村镇生产、生活污染治理和农村面源污染治理为重点，完善小城镇环境保护体系，健全城镇环境保护监管队伍，推动乡镇环境建设健康发展。同时，把控制农村生产和生活污染、改善农村环境质量作为环境保护的重要任务，鼓励发展低污少废的生态农业、有机农业和节水农业，努力实现生态环境保护与经济社会发展共赢。

5. 农村城镇化的政策选择要避免认识上的偏向

在加快农村城镇化进程的政策选择上，要防止两种偏向：一是认为条件不足，特别是一些区域农村经济基础比较薄弱，正处于工业化初始阶段，应集中力量于工业化；二是急于求成，片面强调数量扩张，忽视内涵与质量的提高。这是两种需要澄清的认识偏向，尤其在西部地区经济基础差，农村小城镇建设的资金匮乏，要实现农村城镇化，必须先构建小城镇的产业基础。把农村城镇化发展建立在资源良性循环基础上，把农村、农业的可持续发展纳入农村城镇化社会经济系统，突出小城镇的生态经济特色，把发挥优势与突出特色有机结合起来，因地制宜地选择市场带动、加工带动、外向带动、旅游带动、产业带动等生态经济发展新模式，只有在产业聚集、人口聚集的基础上形成的具有经济功能的农村小城镇，才会有持续发展的动力。

（四）构建新型城镇化和谐人居环境的博弈与均衡

1. 新型城镇化时期和谐人居环境的构建

（1）构建和谐人居环境的品牌——文化特色

吴良镛在《学术文化随笔》中提到，具有特殊城市文化特色，并在民众心中产生好感的城市，往往才能成为人们怀念和向往的地方。文化是城市的灵魂，是区别于其他城市的个性所在，在经济发展中如果忽略城市文化的发展，是有悖于和谐的，在经济繁荣的同时，保持城市的地方特色和文化基因尤其重要。

（2）构建和谐人居环境的保障——生态环境

新型城镇化，其实质是实现资源节约、环境友好、经济持续、社会和谐的城镇转型发展，是以生态宜居为标志的可持续城镇化。在城镇化建设中，尊重自

然，最大限度地减少资源的使用与浪费，实现资源与能源的集约可持续发展，保护生态环境和生物多样性，切实保护自然生态过程的健康与安全。

（3）构建和谐人居环境的目标——优美宜居

1960年，美国的简雅各布斯在《美国大城市的死与生》中，尖锐地对城市的宜居性提出质疑，呼吁创建更适宜人类居住的城市。城市规划、建设应以人的全面发展为目标，进一步改善居住环境，满足人民群众物质、文化、精神和身体健康的需要，最大限度地关注民生，最大限度地追求和谐共生的多元生产生活创新模式，最终以城市居民的幸福快乐为城市发展目标。

2. 城乡规划的博弈与均衡发展策略

（1）博弈“单体发展”与“组群城市”，以区域合作的发展方式实现全面共赢

在新经济和全球化带来的机遇和挑战下，城市竞争力的研究已经在全球范围内进行。区域合作也成为城市提高整体竞争力的一种方式，在合作的过程中强调发展要素资源的市场化配置，实现资源共享统筹协作，全面共赢。新型城镇化建设应以城市群为主要平台，推动区域城市间产业分工、基础设施、环境治理等协调联动，在区域城市群增长极的辐射带动下，促进大中小城市和小城镇协调发展，实现经济的全面繁荣。

（2）博弈“粗放式发展”和“可持续发展”，生态低碳城市发展之路

①基于低碳城市建设基础条件综合评价，制定城市发展战略。低碳城市建设规划的编制应做好自然条件、资源条件、环境承载力及社会经济发展水平等方面的调查，在综合分析城市规划现状条件的基础上，以低碳城市建设为目标，深入研究城市空间结构的环境绩效评价、城市产业发展的环境影响评价、资源环境承载力评价、新能源与可再生能源开发利用条件评价、生态敏感性与生态服务功能重要性评价、社会经济支撑条件评价以及区域环境协调发展评价等，以挖掘符合地方实际的低碳城市建设路径。

②以绿色设计为指导，提升城市空间品质。倡导绿色设计，即要求在城市物质环境层面，更加考虑人类住区与自然生态环境的高度协调，注重自然环境的保护、城市效率的提升，加大公共交通的配给，绿色基础设施的完善，城市功能混合型的提高；在城市空间营造方面，尊重城市成长的内在规律性，塑造可以持续适应城市功能动态变化的空间模式，尽最大可能减少城市演替带来的“大拆

大建”造成不必要的资源浪费，把城市空间的静态使用与动态适宜性高度统一起来。

（3）均衡“传承保护”与“开发建设”，建设城市文化品牌

①处理好保护与开发之间的关系。城市处于不断的新陈代谢、吐故纳新的过程中，让历史文脉有机地融合在当地城市风貌的整体中，提高城市的整体素质和生命力，应当以发展的眼光来看待历史遗产的保护、传承和可持续发展，体现地域性与现代性的完美结合。因此，必须在规划上进行整体控制，使城市建设既展示现代文明的崭新风貌，又突出文化城市的高雅品位，并充分考虑到城市的文化特点，将文化遗产和城市特色作为城市形象的基础，处理好城市发展与保护文化遗产的关系，建立一种相互促进、相互依赖的协调关系。

②以文化建设来推动城市综合发展，建设城市文化品牌。城市文化的进步，反映在空间品质、城市景观、人文风貌等方方面面。做强做大城市文化品牌，应将文化思维始终贯穿城市建设活动中，将城市文化营销融入城市经济发展的脉络中，着力于将城市活力与文化建设结合起来，让文化营造成为提高城市综合实力的动力之一。

（4）均衡“人与城市”和“人与人”的和谐关系，打造优美宜居城市

①合理配置空间资源，提高城市空间使用效率。正确处理“疏”与“密”的关系，适当提高中心区的土地开发利用强度；合理地把握公共交通系统和私人交通系统之间的发展平衡点，注重以TOD模式为主导，整合公共交通与土地使用的关系，达到高效率的交通运行和集约化的土地利用；关注个体利益与公共利益的关系，强调保障事关城市整体和长远利益的公共空间。

②创造以人为本的可持续社区，营造和谐人居环境。创造以人为本的可持续社区：“人对社会的依赖，最直接地表现为对社区的依赖”。可持续社区规划理念强调以人为本，注重人与人之间的联系，注重社区归属感和凝聚力；强调与环境和谐共生，注重节约能源，减少对小汽车的依赖；强调社区文化、教育、医疗、娱乐、体育等居民生活不可或缺的各种活动设施和活动场所的完备程度和高质量；强调社区应当拥有广场、绿地、水面、公园、步行系统等相当规模的公共开敞空间。

营造高品质、宜人的城市空间环境：高品质、宜人的城市空间环境，是展示城市现代化程度的重要方面。规划设计宜采用高绿地率、结构清晰和整体连续的

绿地系统，绿地空间系统与公共中心有机结合、绿地开发系统与自然环境要素相结合等方式，努力营造高品质、宜人的空间环境。

第一，高绿地率。一定规模的城市绿地是优化、美化城市环境必不可少的措施，以确保新城充满绿意和清新。

第二，建立结构清晰、整体连续的绿地系统。结构清晰的绿地分级有利于城市活动的相对分区和不同社区的形成，而整体连续的绿地系统有助于景观和休闲活动的连续以及良好生态循环系统的建立和维持。

本小节仅从几个角度来探索新型城镇化时期构建和谐人居环境的城乡规划策略。和谐人居环境的构建，涉及了方方面面，但归根结底，都是要处理好发展中的各种矛盾，协调好各种关系，在博弈与均衡中选择最优发展模式。

第六章　城市更新运行机制的优化管理

第一节　城市更新的主体及其互动关系

城市更新目标的实现需要以良好的运行机制为基础，或是城市更新偶遇新情况或是现有机制存在难以为继的缺陷又或是机制本身难以平衡各方利益，使得不断进行机制设计具有必要性。城市更新的运行机制是将城市更新看作一个有机动态的过程，表述的是在这个有机体内城市更新各要素之间的互动关系及其作用和功能。

一、机制理论

（一）机制理论的思想渊源

机制设计理论由赫维茨创立，因此他也被誉为“机制设计理论之父”。马斯金和迈尔森将机制设计理论进一步发扬。机制设计理论的思想渊源是20世纪20—30年代关于社会主义市场经济机制可能性问题的“社会主义大论战”。论战双方争论的焦点在于中央计划经济体制能否获得成功，或者说社会主义计划经济能否实现资源的最优配置，以哈耶克和米塞斯为代表的一方认为社会主义计划机制无法实现资源的有效配置，从资源配置的角度来看，市场经济优于中央计划经济。而以兰格和勒纳为代表的另一方则认为，在社会主义条件下利用市场机制是可行的，即实行市场社会主义经济机制。前提是解决激励问题，否则就不可能实现资源的最优配置。赫维茨发现双方论战焦点的实质是如何处理经济交易中信息分散和激励问题实现社会目标。传统的经济分析把给定的经济机制当作前提，人们针对某个给定的机制来讨论资源配置问题，例如，市场竞争机制能否导致帕累托最优。

赫维茨认为，不管是社会主义中央计划经济体制还是西方国家的市场经济体制，其实质都是为达到资源最优配置的制度安排，而问题的关键在于对于给定的某种经济环境和某个社会目标，能否设计出最佳的机制来实现这个目标，也就是说，不管是市场经济体制还是计划经济体制都是实现社会目标的一种特殊机制而已。一个经济机制不仅要关注如何配置给定的资源，更为重要的是如何确保资源得到最有效的利用，什么样的经济机制才能实现资源的有效配置，赫维茨在对比苏联的社会主义经济模式和西方的市场经济模式后提出了机制设计理论，而关注的核心问题有两个：信息和激励。机制设计理论的研究核心是如何在信息分散和信息不对称的条件下设计激励相容的机制来实现资源的有效配置，在机制设计理论中激励相容、显示原理和执行理论都非常重要，但激励相容的概念却贯穿整个机制设计理论理念之中。

（二）三位学者及其相关理论的基础理论概括

1. 赫维茨：信息及激励相容的分析

赫维茨在其1960年的《资源配置的最优化和信息有效性》一文中首创了机制设计理论的研究，他在这篇文章中分析的重点是信息问题。赫维茨将机制定义为一个交流体系（communication system），参与人彼此进行信息交换的通信系统，每个人都可以在这个机制中采取策略性的行动，即为了获得最大的预期效用或收益，参与人可以隐藏对自己不利的信息或者发送错误信息。机制作为收集并处理这些信息的中心，通过一个预定的规则针对每一种信息情况分配一个结果。机制的设计规定了参与人在特殊情形下（自由选择、自愿交换、信息不完全、信息不对称等分散化决策条件）信息博弈的行为规则，参与人在行为规则的约束下会显示自己的真实信息，以实现均衡的产出，并最终找到博弈的均衡解。机制理论的基本思路就是给定某一具体的社会目标，研究如何设计一种机制，使人们在自利行为的驱使下所采取的行动能够实现这一预定目标，即使个人的积极性与社会的目标相一致。

1972年赫维茨的《论信息分散化的体系》一文中，他提出了“激励相容（incentive compatibility）”的概念，即在市场经济条件下，每个参与人都是作为理性经济人出现的，都有其自利的一面，如果能够设计一种机制使得每个参与者在追求个人目标的同时，也正好能达到机制设计者所要实现的目标，那么这个机制就是激励相容的，换句话说，每个参与者对于其上报的真实报告其私人信息都是占优策略，那么这个机制就是激励相容的。他成功地将参与者的激励问题纳入机制设计中来，确立了机制设计理论的基本框架。在一些弱假设条件下，赫维茨证明了以下相反的结论：在一个标准的交换经济中，满足参与约束条件的激励相容机制不能产生帕累托最优结果[①]，即私人信息在市场经济条件下无法完全实现有效性，“帕累托最优和实话实说之间也许存在着天然的内在紧张”。

另外，需要考虑的是参与约束：任何参与者的收益水平不因参与机制而降低。也就是说，机制参与者能获得不低于同等条件下其他机制所提供的收益水平，这样一来，即使参与者追逐自身的利益，他们也能完成机制设计的目标。同时他在该文中提出并证明了“真实显示偏好”不可能定理，即在只有私人商品的新古典经济类环境下，只要这个经济环境中的成员个数有限，并且是在自愿参与的情况下，没有任何机制能使得帕累托最优有效与个人真实显示自己的偏好激励相容，也就是著名的“赫维茨不可能定理”——如果要想达到帕累托有效配置就必须放弃说真话的机制。

2. 迈尔森：显示原理

迈尔森一直致力于研究机制设计理论中的交流体系（communication system）信息简化问题，他卓有成效的工作使得机制设计理论获得了突破性进展，最具代表性的是他提出的“显示原理（revelation principle）”，即任何一个社会选择规则如果能够被一个间接机制所执行，那么一定存在一个直接显示机制，其中每个参与人真实显露自己的信息，这样所构成的均衡也能执行原来的社会规则。简单来说，显示原理可以表述为，任何贝叶斯博弈[②]的任何贝叶斯纳什均衡[③]都可以重新以一个激励相容的直接机制表示。

显示原理的提出使得任意机制的设计都与一个显示机制相连，根据显示原

①孟卫东.机制设计理论在资源优化配置中的应用研究综述[J].统计与决策，2010（10）：160-162.

②贝叶斯博弈也被称为不完全信息博弈。

③贝叶斯纳什均衡是一种类型依赖型战略组合，在给定自己的类型以及给定其他参与人的类型与战略选择之间关系的条件下，通过正确预测其他参与人的选择与其各自的有关类型之间的关系使得自己的期望效用最大化。

理，人们在寻求可能的最优机制时，可以通过直接机制简化问题①，这样就减少了机制设计的复杂性，这一原理大大简化了问题的复杂程度，机制参与人的类型空间就直接等同于信号空间，把复杂的社会选择问题转换成为博弈论可处理的不完全信息博弈。简单来说，如果一个社会选择规则如果能够被一个特定机制的博弈均衡实现，那么它就是激励相容的，即能够通过一个直接机制实现。显示原理将赫维茨不可能定理一般化为不完全信息博弈，将复杂的博弈简化为直接机制，使每个人都有讲真话的激励，而为了获得最大的期望效用与收益水平，机制设计者只需考虑参与者都接受的机制，因为在这个直接机制中所包含的博弈空间就是所有机制参与者的类型合集，他们在直接机制中真实显示自己的类型特征，从而有利于合作均衡以及公共物品的供给。

获得直接显示机制的均衡受限于苛刻的客观条件的要求：每个机制参与者的信息向量等于其参数向量，真实信息对应最优结果，但是如果参数空间过大的话，使用直接显示的成本就会过大，机制设计理论必须考虑机制运行的成本，因此在直接显示机制的设计时需要对成本问题进行细致评估。显示原理的提出虽然意义重大，但是并没有涉及多重均衡问题，即在存在最优均衡和其他多种次优均衡的情形下，参与人有可能陷入某种次优均衡，激励相容保证的是表达真实信息的均衡，但并不是唯一均衡，而马斯金的执行理论近乎完美地解决了这个问题。

3. 马斯金：执行理论

马斯金在现代经济学最为基础的领域做出了卓越而有成效的工作，他对于机制理论的突出性贡献是将博弈论引进机制设计理论。

马斯金在1977年的论文《纳什均衡和福利最优化》（1999年才正式发表）中提出了机制设计理论中具有里程碑意义的执行理论（implementation theory）。赫维茨等学者认为，在某些情况下，构建使所有纳什均衡都是帕累托最优的机制是可能的，马斯金则给出了可执行社会选择函数的一般性描述，即“马斯金单调性（Maskin Monotonicity）”，即在两种不同的经济环境下，在A情况下社会选择某一方案，在另一种经济环境B下，在社会偏好的排序中，被选择的方案与其他方案相比较地位没有下降，那么在B环境中该方案也将成为社会选择。他证明了纳

①孟卫东.机制设计理论在资源优化配置中的应用研究综述[J].统计与决策，2010（10）：160-162.

什均衡可执行的充分必要条件是必须满足“马斯金单调性”。在论证纳什均衡的充分条件时他所构造的对策被称为“马斯金对策”，为我们提供了寻找可行机制的一种标准和基本的技术方法，这项结果后来被称为“马斯金定理”，由此产生的理论被称为执行理论。“马斯金单调性”是解决所谓的“执行问题”所必须满足的条件，马斯金表示，单调性是社会规则实施的基本要求，而能够被实施的社会规则一定是满足单调性的。执行理论解决了完全信息条件下的纳什执行问题。

机制理论被看作社会选择理论与博弈论的综合应用，可以解释为，在机制设计理论中，社会目标就是社会选择理论所要达到的单一目标函数，假定机制参与者都按照博弈论的规则方式进行，那么机制设计的目的就是设计博弈的方式与规则使得参与者的博弈解或博弈均衡就是那个社会目标，或者恰好在社会目标合集里，无限接近于它。但是，在具有特定信息空间（参与人可以使用的行为选择）的一次性博弈中，一个博弈参与者的行动就是选择一个信息，诸如纳什均衡等博弈的解的概念就确定了一个称为解信息的信息集。对于机制理论的一般性处理是将目标解释成对应，而非函数，也就是最优结果集，分散决策信息下的策略性问题，目标函数给出的理想结果对应各种可能环境的理想结果。这样做的好处是，在现实经济环境之下的经济环境——无限策略的博弈模型——必须通过无限维策略空间实现精确的实施目标，从而使得我们不得不满足近似解或者是次优解。通俗地讲，我们将机制理解为一个变量的值，通过求解一个问题的“未知数”方式来确定变量的值，而这个值是最优值或者是无限接近最优值可供我们的选择。我们分析机制的运作不是最终目的，主要是寻找一个动态分散的决策机制，使得这个决策机制在既定经济环境中不仅能够实现目标函数的要求，而且具有最低的信息处理成本，使机制的运行不仅有效而且合理。

（三）机制理论分析城市更新运行机制的基础性贡献

长期以来，我国的许多政策并不是激励相容的，由此在我国的经济体制改革中出现了许多问题。机制设计理论被广泛地应用于经济、文化等诸多领域，成为现代经济分析的一种新方法和新工具，对于信息经济学、公共经济学、规制经济学等许多现代经济学科都产生了重大影响。当前我们正在进行社会主义市场经济体制改革，涉及的许多制度和体制必将发生变革，机制设计理论无论是对新制度、新政策激励相容的设计上还是通过显示原理寻找最优机制，以及判断一项机制是否可执行等方面无疑具有重要的借鉴以及指导意义。

机制设计理论不仅具有极高的理论价值：如马斯金对于公共选择理论中不可能定理的发展与完善，在许多模型中，古典的帕累托有效的概念往往被更为相关的激励效率概念所取代。同时，机制设计理论的实践价值早已被证明：以抽象的机制设计理论解决具体的经济问题。比如，国有企业的有效激励，垄断行业改革等问题，20世纪80年代，美国的加州电力改革打破电力垄断，但是又无法实现完全竞争，迈尔森用机制设计化解了美国加州电力危机，他设计的加州电力改革方案运行至今。具体来说，机制设计理论作为理论分析工具的基础性贡献主要表现在以下几方面。

1. 机制设计理论对于城市更新中资源配置的指导作用

城市更新实质上也是一次城市资源再分配的过程。亚当·斯密在其代表性著作《国富论》中，提出“看不见的手”[①]，认为在自由经济条件下“个人利益与情欲自然使资本朝着通常有利于社会的用途”。在城市更新中，大量的私人信息加剧了运行机制设计的成本，而且由于私人行为动机与社会选择的不同，很容易造成私人物品在资源配置时的不平衡。然而，机制设计理论对于资源的优化配置起着重要的指导作用。私人物品具有排他性和竞争性，在严格的条件假设下，市场机制能够实现私人物品的“帕累托最优”。但是，现实经济条件存在复杂和多变性，难以满足经济竞争机制运行的理想条件，比如交易双方的信息不完全和不对称等。而机制理论要解决的就是在信息分散和不对称条件之下的资源有效配置问题，因此运用机制设计理论能够在一定程度上有效地弥补市场经济的不足，以抽象的机制理论解决具体的经济问题，无疑是对机制上理论作用最好的注脚。

机制理论对于资源配置的作用不仅仅局限在私人物品由于公共物品具有显著的非竞争性、非排他性等特性，其显著的外部性容易导致“搭便车”现象的出现，机制设计理论能够使人们在机制中真实显示其偏好，减少或者削弱其“搭便车”的期望，以期达到公共品的优化配置。[②]由此我们可以看出，在城市更新中运用机制设计理论设计出良好的运行机制对于资源配置的合理性和有效性是具有

①隋映辉.科技产业转型——转型期科技产业结构调整及其战略管理研究[M].北京：人民出版，2003.

②田国强.和谐社会的构建与现代市场体系的完善——效率、公平与法治[J].经济研究，2007（3）：53.

重要的实际意义的。

2. 机制设计理论对于市场机制的弥补作用

城市更新离不开市场机制的支撑。资源可用性和技术可行性构成经济环境的一部分。也就是说，经济环境是外生给定的，而且，资源与技术的信息是散布在经济人之间的。分散的信息、资源的约束、技术可行与不可行，使得没有一个人或者经济体能够掌握全部信息。经济人的独立偏好也是私人信息的一部分，经济人偏好一方面构成经济环境的一部分，另一方面经济人的偏好影响经济效率准则的确定，以及经济目标的界定。新古典经济理论认为经济效率的常规概念是帕累托最优。但是，帕累托最优是一个相当弱的要求，许多的经济活动与帕累托最优相比体现出更强或者是不一致。在社会主义市场经济条件下，多种市场主体被纳入城市更新的体系中来。在纷繁复杂的经济环境下，虽然中央政府利用“看得见的手”对某些市场失衡进行干预，但是就城市更新本身的运行机制来说，还可以比当前在初始设计上做得更好，这需要机制设计从开始就做出有效的制约。

从机制理论的内容和运用来看，实质上机制设计是数学和博弈论成果的综合运用，并且学者们运用精确的数学推理对“市场失灵”做出了严谨的证明。更为关键的是，机制设计研究者以现实问题为依据，成功探索了如何设计有效的机制来弥补竞争市场的缺陷。机制设计理论的应用很广泛，在公共政策、社会选择、设计拍卖等方面取得的成就都证明了机制设计理论的价值。

3. 机制设计理论对于城市更新中矛盾的调和作用

城市更新中，利益主体之间既存在利益的差异化，又有利益的相同点，他们之间的利益关系有时会呈现矛盾的方面。其中，尤以公共利益与私人利益、全局利益与部分利益之间的矛盾最为突出。在委托—代理理论（Principal—Agent Theory）所解释的情形下，在委托方和代理方信息不对称的情况下，由于代理人所掌握的信息优势，往往存在逆向选择和道德风险的可能。所以，如何保证代理人——拥有信息优势的一方能够按照契约的另一方委托人的期望行动，就成为委托人目标能否达成的关键。在城市更新中，两对委托代理关系的存在使得矛盾变得清晰且明显。公众作为委托人政府作为其代理人以及政府作为委托人企业开发商作为其代理人，这两种关系其实是交错在一起的。

现代经济学的理论与实践证明，机制设计理论能够有效解决私人利益与集体利益之间的矛盾。在机制设计“激励相容”的条件下，能够使代理人的行为方式与结果都满足集体价值最大化——委托人的目标函数，达成个人价值与社会价值在激励兼容的情况下同时满足的最优结果，也就是说，行为人在自觉的行为过程中不仅成就了自己的事业，而且在“不自觉”的情况下也完成了委托人的目标，即个人价值与集体价值的两个目标函数一致，这样一来，就弥补了亚当·斯密“看不见的手”在市场经济过程中的可能性损失。

二、城市更新的主体及其互动关系分析

（一）城市更新的主体分析

我国的城市是伴随着我国社会经济运行体制的剧烈变化高速发展的，在这样一种大背景下，各种力量的交织与博弈成为这个时代的重要标志，我国已经进入“利益博弈时代”[①]。在城市更新中就表现为：复杂的利益主体结构、利益主体对于利益的重新定位、重新划分以及相互之间进行的利益的激烈争夺，城市更新过程俨然已经成为整个社会都在关注的利益焦点和各种力量相互博弈的竞技场。对于各种利益主体及其互动关系的分析是保障城市更新顺利进行的关键。在城市治理的研究中，关于城市治理的主体目前既有“三元治理结构论（政府、企业、社会）”[②]，“四元治理结构论（政府、非政府组织、私人企业和社会公众）”[③]，“多中心治理理论（多中心治理，治理主体是包括政府在内的治理网络体系）”[④]等。从这些理论来看，在城市治理过程中包含多种主体，在城市更新中，政府的地位与作用是无可取代的。另外，由于当前在我国城市更新中，非营利组织的发展还不是很完善和成熟，所以，本节就对以下几种城市更新主体进行分析。

在市场化的推动力以及现代民主参与意识普遍增强的背景下，城市更新的过程中，参与主体的多元化、复杂化成为必然趋势。在不同层次和不同的视角下，对于城市利益主体的分类是不同的。其中，最核心的主体包括国家（中央政府）、地方政府（城市政府）、企业（开发商及房地产商）、城市的社区公众。

①孙立平.中国进入利益博弈时代（上）（下）[J].经济研究参考，2006（2）：85.

②郝毛，诸大建.基于三元治理结构的现代化城市管理[J].城市管理，2005（3）：30-32.

③钱振明.善治城市与城市政府治理能力建设[J].城市管理，2005（3）：38-41.

④王佃利.政府创新与我国城市治理模式的选择[J].国家行政学院学报，2005（1）：31-34.

1.城市更新间接参与者——中央政府

面对巨大的生存压力和严峻的发展形势，政府作为公共利益主体很容易成为城市更新的主导，从历史印记来看，作为城市更新主导地位的政府行动由来已久，在罗斯福新政中，“绿带建镇计划”“就是著名的例子，该计划旨在拆除贫民窟并将居民搬迁到郊区。美国住宅法（The Housing Act）的颁布毫无疑问是政府在城市更新中地位的一次重要确立。

中央政府作为全局利益的掌控者和长远利益的维护者，其地位毋庸置疑。中央政府与地方政府不仅存在着行政序列上的上级、下级隶属关系，更重要的是在权力分配上的控制与自主的关系。一方面，中央政府通过政策、法律指导全国的城市发展进程；另一方面，将权力下放给城市政府，使其拥有较大的自主权，根据城市的实际情况选择发展与更新道路，通过直接与间接的手段，从长远上影响总体的城市化进程。

其中第十三条规定，省、自治区人民政府组织编制省域城镇体系规划，报国务院审批。

城市政府在具体操作过程中的乱拆乱建以及城市更新规划方案变更的随意性暴露了中央政府作为全局性利益主体的缺失，一方面是法律赋予城市政府的自主权力，另一方面则是中央政府对于地方性的城市规划的监管不可能事无巨细，面面俱到。另外，一些关乎全局利益、整体利益的项目工程，涉及环境治理、土地资源保护、城市历史文脉的继承等方面，中央政府的导控力度似乎不够。

2. 城市更新的核心主体——城市政府

城市政府作为城市更新的制度供给者与领导者，既是城市公共权力的掌权者，也是城市公共事务的管理者。第一，城市政府是中央政府利益与决策在地方上的代表和延伸，也是城市公共利益的代表。第二，城市更新的目标与管理的区域性特征。城市政府的地域性特征主要表现为对于城市信息的内生性与独特性、对于公共物品配置情况以及公民对于公共服务偏好的掌握，相比中央政府和其他非政府主体具有较大优势。第三，城市政府权力。城市政府对于城市管理有直接绝对的权力，当城市政府作为独立的利益主体参与城市更新时，很难保证其不利用行政权力为自己谋利，导致资源配置的低效率。

城市更新是一项系统化、长期化的工程，为确保城市更新的顺利进行，需要城市政府在政策上与制度上的保障。城市更新的方方面面，规划、住房、拆迁、基础设施建设等都需要制度性的刚性约束和政策规范的保障。

无论是从城市更新的规划方案制定、实施还是城市政府在城市更新过程中所代表的实际利益来看，城市政府都应是城市更新的核心主体。《中华人民共和国城乡规划法》第十四条，城市人民政府负责组织编制城市总体规划。在城市更新所涉及的复杂利益结构中，城市政府承担城市更新的规划方案设计、吸引投资者参与更新、管理与协调各利益主体间的冲突等责任，是城市更新过程的发起者与导控者。

我们可以从政府内部的不同层次来详细分析城市政府作为更新主体的方方面面：城市政府作为一个整体性的利益整体、城市政府内部与城市更新相关的各种政府部门分别作为不同的利益主体、政府官员作为利益主体的一部分或者直接可以作为一种利益主体。因此，对于城市政府不同利益主体的不同界定，其行为方式是不尽相同的。从各个主体的实际参与更新过程的程度来看，横向上包括所有与城市更新相关的部门，如规划局、建设局、市政局等，纵向上则包含了城市的各级行政序列市、区、街道。总之，城市政府是进行城市更新的核心主体，既拥有监、控城市更新的权力，也担负引导城市更新科学化、合理化的义务。

3. 城市更新的基本力量——开发商与企业

企业与开发商作为城市的基本经济细胞，不可或缺的重要参与主体。企业在参与城市更新时会面临很多约束，既有技术与市场等硬性约束条件，也有政策等软性约束条件。硬性的约束条件可以通过自身的不断发展与完善来获得提升。但是，在企业参与城市更新时，软性约束条件往往会成为滋生腐败的突破口。企业为获得参与城市更新的通行证，即获得有利于自身的发展条件，往往会与城市政府达成同盟，影响甚至是参与城市更新决策的主导。一个特殊的例子是国有企业，虽然国企通常享有很多特权，而且较容易在市场竞争中获得有利地位，但是国企的身份也被无形赋予了很多“非商业性义务”，造成额外负担。

各种利益开发商的参与虽然本质上是对于利益的追逐，但是其作用却是不可否认的。开发商的参与对于解决城市更新过程中的公共服务设施建设、社会住房供应等一系列市场化问题都具有重要的意义。另外，更为重要的是私人资本的投资和参与是对公共部门投资的有力补充与帮助。

4. 城市更新的潜力——社区公众

虽然社会公众在城市更新中大都是以“弱势群体”的面貌出现，但是作为城市更新直接相关的重要组成部分，有着巨大的潜力。事实上，从西方国家城市更新的经验与现实来看，公众参与已然成为城市更新的必需或者说是应有形式。在当前的城市更新运行机制中，因为个体利益和诉求的分散化，社区公众充当的往往是“虚位主体”的角色。徐静认为市民实现福利欲望最大化的途径，主要包括两种形式，一是通过“用手投票”，选举代表其利益的当权者；二是“用脚投票”，即迁移到其他更有吸引力的城市。事实上，在我国城市的居民在城市更新的实际运作中发挥的作用极为有限，仅仅依靠城市居民个人身份作为单独的主体或以松散、无序的组织行为与政府、开发商等利益集团进行博弈是远远不够的。作为个体的城市居民力量有限，但是在一定条件下，城市居民对于城市更新的方案设计、利益结构的冲击甚至是城市更新的进程都会有不同程度的影响，因此作为利益结构的一部分，其潜力是巨大的。

5. 非政府组织的作用

需要指出的一点是，非政府组织在城市更新过程中可以扮演较好的沟通桥梁作用。一些由专业知识人员组成的非政府组织作为公众代言人，既能得到公众认可，又可以作为城市居民的信息与利益表达的媒介。但是，民间组织在当前城市更新过程中所展现出来的力量还较为弱小，一般都是通过社区内部的组织来提供社会参与的渠道。因此，将非政府组织作为未来的力量。

（二）利益主体之间的互动关系

城市更新不仅是对于城市空间环境的一次重新整合，同时也是对于各个利益主体之间利益的分配与协调过程。根据机制理论的重要原理激励相容的指导，城市更新的运行目标应当是在不损害各利益主体利益的前提下或者说在保障各利益主体之间利益的前提下，实现城市的经济效益、环境效益与社会效益的共赢这一社会目标。

1. 中央政府作为长远利益主体与城市政府短期利益代表之间的互动

20世纪五六十年代，英美国家对城市中心区大规模推倒重建式的更新，引发学者借用城市政体理论（urban regime theory）进行分析，形成了主要以研究中央和地方政府在更新过程中分析二者之间权力关系和制度结构的城市更新联盟（Urban Renewal Coalitions）理论。政府之间的关系是城市更新成败的关键。

当前在城市更新过程中越位与缺位现象并存，中央政府利益主体体制性缺失的情况普遍存在于城市更新过程中。一些原本属于国家层面的利益，但是在现实体制下却是由短暂任期的城市政府来维护和代表。在这种情况下，当遇到国家的长远利益与当地的短期利益相冲突时，城市政府会毫不犹豫地选择自身的利益而置国家的整体利益于不顾，其结果往往是既损害了城市的长远利益又无法代表超出本行政区的长远利益，致使更大的浪费与破坏。而且，城市政府的“行政区行政”，即基于单位行政区界限的刚性约束，城市政府对社会公共事务的管理是在一种切割、闭合和有界的状态下形成的政府治理形态，使得城市政府在城市更新过程中将有利于本地发展的元素（资金、政策、人才、信息等）一股脑倾注于本地区。城市政府变成了只关注本地区的快速扩张的“增长机器”，但是在城市的资源优化配置、环境治理等方面却成为政府关注的冷漠地。城市政府作为整个行政序列的一部分，这种只重视短期效益，奉行地方保护主义的行为与公共理性背道而驰。

2. 城市政府与开发商的互动

城市政府既作为城市更新项目的发起者又作为整个过程控制者的双重身份使得开发商和公众的行为在三者进行互动时存在对政府的依赖。

一般来说，城市发展进程中的利益结构有三种形式：一是主导者与职能单位的关系，指一方（主导者）雇佣另一方（职能单位）或以承包方式使其承担某种项目；二是组织之间的谈判协商关系，指多个组织进行谈判协商，利用各自的资源进行合作以求能更好地实现各自单位的利益；三是系统的协作，指各个组织相互了解，结合为一，有着共同的想法，通力合作，从而建立起一种自我管理的网络。在我国当前的城市更新过程中，三者之间的关系大体都还基本上存在与前两种关系，但是作为各自利益主体的三者之间的系统合作还在探索与发展之中。在城市更新过程中，政府与企业和开发商之间进行博弈时，一般存在以下几种情况：一是维护公共利益与约束企业行为。企业在参与城市更新的项目进程中，存在危害公共利益的风险，当企业的利益侵害公共利益时，政府就应作出约束与规范的回应，企业利益与公共利益冲突，有时是不可避免的，政府对于维护公共利益的维护也是出于其公共利益代表者的身份。二是竞争关系。在某些城市更新的项目与操作上，存在政府与企业争利的现象。一方面，政府可以用某些行政手段将城市更新的项目外租，在没有竞争的情况下为自身创造最大化的价值；另一方面，公共服务与公共设施的提供与经营上，城市政府的垄断地位是企业的力量难以撼动的，在市场化的今天，这种垄断经营不仅难以保障城市更新的质量，对于参与者的积极性也是一种挫伤。三是同盟关系。主要是指二者之间的利益同盟指城市政府与企业之间存在的利益联系。从某种程度上讲，这种利益同盟对于城市的发展具有重要作用，如在环境、资金、技术上的相互利用，但是长远来看，公共利益无法得到保障。

城市政府与开发商、房地产商的密切合作是城市更新顺利进行的重要一环。在城市政府的更新计划方案确定之后，城市更新项目的具体开发建设均通过招标的方式吸引开发商进行参与。因此，公共部门与开发商之间的互动、合作关系是十分重要的。

吸引众多的开发商进入城市更新过程中来，通过大规模的更新与改造，对于城市基础设施的提升、社会整体福利的增进都有一定作用，并在一定程度上带动了新兴产业的发展空间，促进了城市内部的产业结构调整。但是地方政府与开发商在城市更新过程中过度的商业性开发造成了对城市公众的利益侵害。例如，房地产商在开发过程中所关心的始终是能带来高额回报的开发项目，因此对低收入住房建设的热情不高，一些城市更新的工程往往因为开发商考虑经济效益使得更新效果大打折扣。

3. 城市政府与城市居民的互动

从委托代理理论来看，政府与城市居民就是委托人与代理人之间的关系。作为城市居民的代理人，政府与居民之间存在着复杂的联系。城市政府是公共利益的代表，换句话说，也就是城市居民利益的代表，因此二者之间存在着利益的共融性。但是，当政府与基民展开互动与博弈时，城市居民往往会因为个体的弱势以及高昂的成本而望而却步。所以，当在更新时，表达利益诉求的选择就变得极为有限。一般来说，居民通过选举能够代表和执行自身利益需求的官员，从而达到传递利益诉求的目的，实现自身利益的途径是最直接的途径之一，另外，通过政府建立的机制或平台，如信访等渠道来达到目的，还有就是比较激烈的表达利益的方式，如游行示威甚至是暴力的方式。经常出现的一种情形是，居民个人利益指向与政府关注公共利益在总量上的不会完全一致。因为，政府在决定某一公共服务或者公共产品的提供时，需要考虑的信息和成本是多方面、多层次的，进行公共选择时具有强制性与选择性，难免出现遗漏或偏颇。从时间长度上说，居民个人利益和政府对公共利益的关注点存在短期性与长期性在时间跨度上的矛盾，种种现象需要城市政府通过机制的设计对损害社会整体利益的短期行为进行矫正和约束。

对于城市社区居民，应始终坚持“以人为本、强调民生”。如果更新项目以破坏城市居民的利益为代价，不仅对于稳定的社会关系是一种损害，还会导致更多的社会问题。

4. 开发商与城市居民之间的关系

对于开发商来说，其与城市居民之间的关系可以概括为一句话，即如何在保障其对利益追逐的基础上同时实现对于城市更新的贡献。地产开发商在城市更新中对于自身经济利益的追求则是乐此不疲的，他们希望降低开发成本以获得城市更新后收益的最大化。在制约因素不足的利益机制下，地方政府设租者和投资商寻租者的“合谋”普遍存在，公共政策更体现为各种利益集团讨价还价的结果，也总是体现着强势集团的特殊利益[①]，二者之间的关系主要表现在以下三方面。

第一，城市更新过度的商业开发。地方政府应综合考察预评估城市更新的实际情况，并在规划方案的设计与实施时对开发商进行激励与约束。防止开发商因利益过度膨胀造成对城市更新规划的影响，保障规划的科学性与严肃性；同时减少其对城市居民利益的侵蚀。

第二，开发商的成本社会化。在许多城市的更新开发中，承担开发商经济、社会成本的往往是公共部门以及社会公众。一些大的城市工程，对于城市更新所形成明显效益（多为短期利益）的地方，其环境保护问题往往被忽视，到头来治理的成本则被公共部门与城市居民分担。

第三，对于城市公众来讲，城市更新中的利益保障与补偿机制是关键。在城市更新的利益格局中受到冲击最大的利益群体是城市居民，而其利益在其空间被“压榨”时往往也得不到应有的保障与补偿。即使有补偿的机制，因为政府及开发商承诺的补偿不能完全到位，造成了城市居民利益状况的进一步恶化。

总之，在与城市更新各主体之间的互动中，政府作为城市更新的直接责任主体，容易出现角色错位。在城市更新中，强调政府在更新过程中的主导与核心地位更多的应当是一个组织者而不是身体力行的实施者，是一个“我搭台，你唱

①姜杰，曲伟强.中国城市发展进程中的利益机制分析[J].政治学研究，2008（5）：44-52.

戏”的角色。一是可以避免上面所述的种种不良情况，二是承担具体更新事务既不符合政府公共组织的性质，也不现实，更为重要的是，“不在其位而谋其政”的做法容易产生额外的社会成本，造成诸如重复更新等现象，所产生的社会成本只能转嫁到社会，由其他主体分摊。对于企业和开发商的约束与限制是必要和必需的。因为在城市更新的项目选择上，人口密度低、拆迁难度小、回报率高的项目是都想争取的“香饽饽”，在企业力量对于政府决策影响力日渐增强的今天，为更新而更新的项目选择是对城市更新规划方案初衷的破坏。完全受经济利益支配的企业行为，为了降低运营成本，不仅对于私人利益而且对公共利益也是一种伤害。各种不同利益主体之间虽然利益交错，需求不一，目的不同，但是完整有效的城市更新需要依靠三者的良好互动。

第二节　城市更新的驱动力

新马克思主义者认为，城市更新是投资者完成资本积累借助的手段。大卫·哈维（David Harvey）认为，在资本主义社会中对于资本的过度积累，导致资本对空间的开拓。也就是说，资本的快速扩张将不得不破坏城市的建成环境以开拓更大的积累空间。新马克思主义的观点对当前我国经济高速发展下的城市更新具有一定的启示意义。城市在其长期的演变与传承过程中会不断地积累与传承各个时代所留下的各种弊端与不足，经过相当长时期的积累，城市在发展过程中，尤其是当前工业化进程加速的大背景之下，城市更新的驱动力主要有以下几点。

一、将城市更新作为城市复兴的策略

在全球经济重组过程中，世界城市体系和城市内部空间均发生巨大的重组和转型，经济全球化推动了全球经济的重组，城市本身的产业结构在经济重组的情况下或是迅速升级，或是出现衰败，总之由此带来的产业结构在层次和广度上的变化，使得单独依靠第二产业的城市衰败迹象明显。城市产业结构变化带来的城

市社会结构的转型压力，尤其是城市阶层两极化趋势已成为在城市发展中不得不关注的焦点，在此情况下，城市更新就可以被政府作为一种策略来实施。简单地说，城市政府利用创新性的城市更新策略，以城市的产业结构为依托，通过吸引外资、大力发展第三产业等手段，在重塑城市形象、提升城市的竞争力、改善生存环境等方面大做文章，不仅有助于实现城市在经济方面的转型，对于低收入阶层缓解心理负担、融入社会主流也有较大好处。

当前，城市之间的竞争日趋激烈。随着我国城市化的快速发展，城市的集聚效应明显，为了获得更大的对于各种资源的吸引力及对于周边地区的辐射力，城市不得不通过城市更新这种手段来提升自身的竞争力与影响力。伴随着城市的更新，城市可以将此作为发展的契机。随着居民生活水平的提高，对于公共活动的需求呈现日趋多样化和多元化的趋势，城市公众对于交通、环境、公共设施等多样化的公共场所的需求成为政府城市更新的内在动力之一。值得注意的一点是，当前的城市更新过程出现了严重的攀比、趋同化，对于有特色的城市竞争力而言不得不说是一种讽刺。

二、城市更新是城市化的需要

以城市更新带动城市化是我国当前城市更新的重要特征，这一驱动力也是主要针对我国的国情而言的。以往西方发达国家城市更新的经验是在城市化基本结束之后才开始具有规模化的城市更新，然而我国则是城市化的进程需要借助于城市更新。一方面高速城市化使城市的扩张所需建设用地规模极度膨胀；另一方面，受中国国情所限，人多地少，18亿亩耕地作为不可突破的“红线”，中国实行世界上最严厉的土地管理制度。这就使得城市建设用地受到了严格的刚性约束，旺盛的建设用地需求与严格的供给限制形成尖锐矛盾，促使城市建设向已有的建设用地寻找出路，通过对于已有城市空间的拆迁、改造、更新，迫使城市化必须借助城市更新。这是世界城市发展史上未曾有过的中国难题。在这个过程中，如何解决存量财富与增量财富之间的矛盾就成为城市更新所必须关注的问题。

三、城市更新是不同利益主体利益需求的媒介

随着20世纪末网络信息和电子通信等高新技术的飞速发展以及“福特主

义”，流水线工厂化生产向“后福特主义”、个性化柔性生产的转型，新经济（new economy）逐渐成为推动大都市区内城复兴，旧工业城市产业重构的重要力量。新经济被界定为一种复杂的经济组合，包括新产业（neo-industrial）的项目密集组合形式或者混合制造业和服务业的复合经济（hybrid industry），以新经济为载体的城市更新和内城复兴多大多在两方面发生，一是在城市的原有工业用地基础上，二是伴随着由产业服务化和文化转向衍生出的城市高级新兴产业。事实上，大多数发达国家在城市更新中是将新经济作为重要手段实现内城复兴，以期在生产价值链的设计研发和服务销售环节创造更多价值。

在城市更新过程中，城市政府“企业化”现象严重，政府摇身一变成为超级企业。对于公共利益的追求成为谋取利益的借口与挡箭牌，究其原因，对于城市政府的监督监管与绩效评价体系的不健全是根源。同样，各级政府官员希望通过其岗位达到个人利益的最大化，个人的岗位控制权能为拥有者带来实实在在的利益，并能在一定条件下转化为经济资本，它与物质资本一样具有保值增值的内在动力。

城市政府需更新的项目与开发商希望投资的项目相一致。当然，可能存在开发商作为利益集团通过各种手段影响政府政策的一面，但是，城市更新的项目利润较高，极大地刺激了开发商参与城市更新的热情。

第三节　城市更新的决策过程与执行过程

城市是一个内容广泛的社会综合体，城市更新过程中多元利益主体的存在，也增添了社会资源再分配过程的复杂性。城市更新的决策过程可以理解为各利益主体之间的博弈过程。依据机制理论，能否在城市决策过程中实现各主体之间利益的协调，关系到城市更新方案的合理性及其实施的可行性。而要达成更新方案所预期的社会目标以及减少在以后的执行过程中可能会遇到的潜在阻力，也需要多元利益主体的共同参与、协调合作。因此，城市更新的参与主体在决策过程中扮演着重要的角色。

一、当前运行机制中多元化的决策主体及其角色界定

（一）中央政府——监管职能

一方面，假如我们以中央当局和地方当局作为制定和实施政策的理性行为主体，由此出发，政策手段的作用将部分地取决于地方当局在与中央当局的政策合作中看到有什么利益、其程度如何。中央政府依靠全局性的政策调整社会结构关系，其政策指向必然是区域的整体利益，但是这种宏观的利益并不是地方政府利益的必然组成部分，或者存在于地方城市更新的方方面面，因此，现实中难免会出现修改上级政策的行为——只传递而不实施，上下级精神貌合神离等。另一方面，城市更新强调以城市的公共利益为前提和准则，但是这并不意味着对国家利益的忽略。相反，城市更新与城市的开发、治理应当放在整个区域甚至是全局发展的大环境下进行。前文中，分析了作为长远利益代表的中央政府可能会出现主体性缺失的情况，造成城市政府越俎代庖，行为超出了自身的能力范围与权限。因此，中央政府在城市更新中体现出的真正作用在于，对城市政府的规划方案、实施过程等方面进行全面的监管，这也要求必须制定相应的惩处措施，以防止地方利益危害国家整体利益的行为发生。

（二）城市政府——领导地位

城市政府作为城市规划决策规则的制定者与实际决策权力的掌权者，领导与核心地位不可动摇。这首先体现在，城市规划方案的执行与实施要依靠行政权力的推动与保障。我国宪法修订案赋予地方政府部分立法权力，城市政府作为法定决策机构，由国家法律决定并应严格按照法律制度进行。同时，城市政府对于信息的掌控存有无与伦比的优势，尤其是与其他利益主体利益密切相关的信息，比如在更新项目的倾向性、特殊地段的用途、招标竞标的手段等方面，城市政府拥有的资源都是其他决策主体所望尘莫及的。

另外，城市政府还拥有着对于规划方案科学性及严肃性的垄断。一方面，城市政府在经专家评估后制定的方案代表了规划方案的科学性，当然也可能存在有关专家的价值取向受到城市政府利益倾向影响的问题。另一方面，对于方案的确定与方案的更改，基本上以城市政府的意志为准。

需要注意的是，在市场化的决策环境下，城市政府对于市场经济条件下各

种因素的干预日益广泛，同样受到各利益主体影响的可能性也在增强，尤其是在与利益开发商的互动中，应格外防止城市政府的“寻租”以及与利益开发商的“合谋”。

（三）开发商及房地产商——具有强烈利益诉求与影响力的参与主体

开发商及房地产商是城市更新过程中最为活跃的主体，追求效益本能，可能会促使其利用各种手段影响决策的制定。对于开发商及房地产商利益诉求的扩张如不加以制约，使“资源”与“权力”形成结盟，就可能对其他利益主体的利益造成损害。

（四）城市居民——弱势决策参与主体

在西方城市更新中，城市的市长首先是一个城市公民，然后才是城市的决策者，由此也可以看出城市居民对于城市规划决策的参与是多么必要。

但是在中国当前的决策过程中，城市居民仍然是弱势群体，而且往往被排除在更新决策的过程外。他们作为力量弱小的利益个体，缺乏将个体利益整合为集体利益的制度化途径与方法，也无法负担这个过程所需的极高的成本与支持。总的来说，相对于政府和开发商，城市居民不具备任何与之博弈进行的能力与资本，处于极其弱势的社会地位。

根据谢莉·安斯汀（Sherry R. Amstein）提出的市民参与阶梯（ladder of citizen participation）理论，我国情况所体现的是尚处于最低级，属于“象征意义的参与”。显然，缺乏互动的公众参与并无实质作用，而且容易沦为形式主义的伪民主。但是，在政府的角度看来，如果增加实质性的公众参与则会增加决策成本——信息与时间。由此，现实情况往往是，在忽视城市居民个人利益基础上所作出的决策，往往达不到对于城市更新的激励相容，造成个人利益与政策制定的目的——社会福利最大化产生冲突。在这种情况下产生一些极端的个人行为如“钉子户”等也就不稀奇了。

二、城市更新的决策过程

城市更新中作为机制的设计者，政府如果能够掌握所有的信息，也就是设计城市更新方案所需要的所有的分散的信息，如环境集、经济人私人的每个环境分布的信息和目标函数，那么政府的任务就会相对简单，需要的工作是选择共同完成既定目标函数的信息空间、对应分散决策及结果函数。但是城市更新的方案涉及何止千万信息，城市更新决策与方案的成功与否是决定城市更新效果好坏的关键因素，所谓“差之毫厘，谬以千里”，如果在城市更新的源头就存在失误的话，那么城市更新的过程也必然会一错再错。城市更新的决策会受到当代流行思潮的影响，追求国际化、现代化。同时，城市更新还取决于城市的地域性差异，受到城市文化条件的制约，而且，同一城市不同时期的执政理念以及领导人的好恶也是重要的影响因素。因此，如何保证城市更新决策与方案的科学性就是极其重要的。

城市更新是一个系统化的完整的过程，主要包含以下几个方面。

（一）形成城市更新议程

这一阶段的主要任务是，认清城市更新的问题并能形成政策议程。需要注意的是，城市更新涉及城市的经济、文化、社会等各方面，在形成议程的阶段务必全面、准确，以免顾此失彼。

（二）制定城市更新目标

城市更新应该具有一个多目标共存的目标体系。从宏观来看，这一体系应当考虑到城市的社会目标、空间整合、经济发展等，要与城市的功能定位相联系，要与区域的整体发展相联系；从微观来看，城市更新包含各利益主体的具体目标，需要充分考虑并予以协调。

（三）收集与处理信息

这一阶段是形成更新方案的基础。城市政府通过建立良好的信息互动与表达机制可以详细了解各利益主体关于城市更新的利益诉求和意向。同时作为决策过程的一部分，政府自身也有向公众保障信息公开透明的要求。一方面，在这个过程中，政府收集到需要的信息，各利益主体也可以有机会理解并领悟政府的相关政策，这无疑是减少执行阻力与提升政策科学化、透明化的有效手段之一。另一方面来讲，各相关的决策主体也需要表达自己的利益诉求，这就需要政府在城市更新过程中为主体之间的参与创造所需的参与平台。消除决策过程中的决策“机会不均等”，消除强势主体与弱势群体在博弈中加剧社会不公平的可能，对于降低决策的信息成本，确保政策顺利执行也存在重大的利好，政策执行效果的好坏更受制于政策对人们之间利益关系安排的恰当与可行程度，亦即政策内容是否最大限度地反映了政策执行相关主体特别是政策目标群体的利益需求。

（四）形成并确定更新方案

在充分考虑并综合各方的信息与利益诉求之后，制定合理可行的利益方案便水到渠成。确保城市更新方案“激励相容”是各利益主体参与城市更新积极性的保证。在设计初始方案后，要着重对效益与成本的考虑，对比得出获得最大更新效果的更新方案。在这一阶段，专家以及公众的意见是至关重要的，他们对于社会公平以及城市历史文化保护等各方面的要求往往比政府要迫切得多。

（五）执行城市更新决策并做出反馈

城市所处的外部环境是动态的，更新过程也应是动态有序的，对于更新规划执行过程中出现的问题，应及时反馈并按照相关的法律程序对方案进行修改。

三、城市更新执行过程

满足“马斯金单调性”是方案可执行的基本要求，也就是说，在“马斯金单调性”的条件下，城市更新的规划方案才能实现最优均衡，在根本上保证城市更新规划方案设计目标的实现。城市更新方案的可行性与执行的过程对于城市更新的实际效果有着重要的影响。政策的执行简单来说就是一个上传下达的过程，具体的执行过程中要考虑的因素很多。

第四节　我国城市更新运行机制的优化与管理

一、本地化的社区参与

本地化的社区参与是保障城市更新运行机制有效信息空间的必要手段。本地的居民最了解自身的需求，所提供的信息也更具价值。本地化的社区参与主要是指坚持政府主导与社区自治相结合，尤其是在城市更新与规划方案的设计中，着重考虑城市特色与社区认同感，注重对于本地化社区力量的培育与社区参与渠道的建立。

提倡公众的参与是一个老生常谈的话题，以往总是说得太多做得太少，关键是将社区公众参与做到实处。公众参与城市更新的过程关键是在于制度与体制的保障。积极塑造城市更新中的公共参与机制，将每一位公民都纳入具体的实施过程中是不现实的，因此本地化的社区参与就成为一种可行的渠道。本地化的社区参与设想是指：在关乎更新社区居民切身利益的规划和决策范围内，以社区为单位，在充分获取社区居民的真实信息如搬迁意愿、补偿要求、未来要求等的基础上，通过与政府机构的协商对话，真正把自己的意愿和想法贡献到城市更新的实践中去。

（一）在法律以及规范上，形成统一的制度性的参与制度

参与路径的确立是对城市社区居民参与城市更新的一个激励，有表达的平台，自然也就有表达的意愿。另外，这种确立公众参与地位的做法，使得对于公众信息的收集更加真实可靠，避免了类似听证会的参与流于形式、只做样子毫无用处的弊端。

（二）注重公民参与意识的觉醒教育

培育参与文化和参与意识，新闻媒介宣传作用不可小觑，作为获取信息的重

要途径，新闻媒介可以带动居民参与城市更新评价和监督的积极性。随着科技的迅猛发展，大家接触和关注信息的渠道与热情都较以前更为高涨，正好可以借此良机开展公民参与意识的传播与教育。

（三）更加关注社区实务

在城市更新中，单纯的城市景观的文化复兴不会促进城市社会网络的形成，城市社区的建设与进步还得靠本地化的社区参与和有效的制度支持。只有当公民自觉地参与到公共事务中来，真正地关心社区，关注与自身息息相关的事务，才能对社会融合和社会公平产生实质性的作用。

二、政府的作用

市场经济条件下，机制设计者几乎不可能了解所有的私人信息，因此，在设计机制的时候要保证给每一个机制参与者以激励，使得参与者在追求自身利益最大化的同时，自觉地完成机制设计的目标，这便是机制设计的激励相容。机制设计理论通过设计出相应的机制，在每个人主观上采用占优策略。追求个人利益的同时，客观上也同时达到了机制设计者既定的目标。我们要做的就是设计一种机制，在其中个人利益与公共利益激励兼容。赫维茨证明，在市场竞争机制中，真实显示偏好和帕累托最优无法同时达到。在很多情况下，个人利益与社会利益存在不一致，由于信息不完全，个人真实显示偏好不一定是其占优均衡策略，也存在通过虚假显示偏好操纵最后的结果从中得利的矛盾。

在城市更新运行机制设计时，要达到两个目标：一是最大化委托人的预期收益，也就是实现公共利益的最大化；二是实现整个社会的效率最大化，实现城市更新资源配置的最优化。个人的理性选择行动成为宏观社会现象的微观基础，成为理解和阐释社会现象特别是经济现象的基本原则，机制设计理论也将理性人假设作为理论演绎的基石，因此在机制设计时必须考虑当事人的“主体理性”与“社会理性”，做到激励相容才能设计出成功的机制。

（一）加强政府的导向与约束功能

政府在“绅士化”过程中通过财政和税收政策发挥一种导向作用，这已经成为众多研究者的共识。涉及政府机构的法律通常只规定任务或目标，很少规定该机构为实现目标而采取的手段，机构设置其实也面临机制设计问题。政府有很多资源和手段可以在实现城市更新目标的同时做到对城市居民利益的保障。

诺斯曾指出，“有效率的经济组织需要在制度上作出安排和确立所有权，以便形成一种刺激，将个人的经济努力变成私人受益率接近社会受益率的活动”。在城市更新过程中，作为制度的主要供给者和确立者，政府可以将企业追逐利益的活动与城市更新战略相结合，争取在调动企业的积极性与实现公共利益做到有效统一。

（二）建立信息与价值资源的共享渠道

机制理论接受博弈论“理性即主体间理性”的本体论立场，也就是说，只有符合主体间理性的机制才有可能有效运作，并能最终促进社会利益获得期望的机制效用。但是，在“囚徒困境”那样特殊的情况下，主体间理性的社会互动结果，从社会选择理论的角度来看，却是社会不理性的，是不符合社会利益和博弈者最佳利益的。与此相反，社会选择理论中社会理性的结果却可能不是主体间理性的，即不是博弈的均衡结果。因此，在主体间理性的前提假设下，人们可以根据共享的价值标准即社会理性对资源进行比较分析，并设计机制来对此加以弥补和完善。因为，假设一个人愿意报告其真实信息，那么就意味着真实显示偏好是其占优策略，但是在机制设计时，为了想要得到帕累托最优的机制必须放弃占优均衡策略，所以在设计机制时必须考虑激励问题。在机制设计理论的指导下，信息因素的重要性不言而喻。通过信息与价值资源的共享，既可以平衡主体间信息不对称的地位，也可以实现机制效率与效益的统一。

具体来说，政策信息的传递、理解及执行的及时反馈对于机制的良好运转至关重要。首先，信息的流动与反馈减少了信息垄断发生的概率，在主体之间信息透明的情况下，有效地防止了市场失灵与不正当竞争现象的出现。在政策的制定与执行过程中，信息的及时反馈有利于政策方案的及时变更与完善。其次，这种做法有利于保障各利益主体之间的利益。对于政府来说，信息的共享尤其是信息的反馈能帮助政府在决策时享有更为全面的信息，可以充分考虑各主体的利益矛盾，大大提高了政策的可行性、科学性和透明性。在城市更新的运行机制中涉及复杂的利益关系，对于利益诉求的回应不仅可以保障城市更新运行机制的设计做到“激励相容”，实现城市更新的目标，而且对于改变诸如公众意愿难以被回应且日益边缘化的现状有着重要的意义。另外，信息的共享省去了处理信息时纷繁复杂的程序，减少了人力、财力、物力在各主体之间的重复投入，有利于社会资本增值。

（三）加强对公共权力的制约

对于加强对公共权力的制约问题，主要可以通过以下几个方面进行修正和完善。

1. 明确公共权力的范围

这主要针对的是可能会出现的公共权力凌驾于法律之上的情况。政府作为整个更新系统过程的一部分，也存在自身的缺陷，在明确和严格限制公共权力范围的条件下，应努力遏制将行政权力作为谋取部门利益和私人利益的手段。

2. 刚性的法律约束

刚性的法律约束能够保证程序的合法和有效。程序合法不仅仅是指政府的行政程序要合法，更包括广泛意义上的各种决策的制定、更改、执行及反馈执行在过程上的合法性。法律对人们没有效力，就等于一纸空文。刚性的法律以及完善有效的程序是机制高效运行的重要保障之一。

3. 政务公开、强化监督

政务公开是政府对于其他利益主体负责的要求，完善的监督体系要求内部监督、外部监督，同体监督、异体监督相结合，同时，更加重视社会舆论、新闻媒介的作用。

三、对于城市更新目标可执行的考虑

在当前的城市更新运行机制中，城市政府对于城市更新的主导导致了许多更新中的短期行为和形象工程的出现，在社会目标与利益分配方面的不相容是城市更新存在诸多问题的关键性因素。在经济学文献中，经济学家认为，一个好的经济制度应满足三个要求：资源的有效配置、有效地利用信息空间、协调各经济单位的利益（激励兼容）。用于运作机制的资源最终用于生产或者消费，因此在评价城市更新方案时也需要考虑机制存在并起作用所需的运行和维持的现实成本。

普遍存在的一种城市更新的现象是城市更新的方案在设计时就是不可执行的。对于现有机制的考虑应当注意以下两点：第一，必须考虑满足既定目标的所有机制和过程，也就是说，必须判断机制集是否为空集，这是实现城市更新目标的基础性条件；第二，必须判断机制是否能够完全有效地实现既定目标，也就是说，机制在不是空集的情况下，能够通过有效性和成本等原则来比较不同的机制，进而选择和设计出最优机制，达成城市更新设定的目标。在城市更新决策与规划过程中，在规划方案的设计时，存在许多不可执行的因素，如果硬要将这些规划方案实施的话，将会造成潜在的危害。

（一）限定城市更新目标在可行性的技术范围内

这里所指的技术性范围是指城市更新目标要符合地方发展的长期利益，在科学性与现实性的双重要求之下，完成的城市更新目标要具有可行性。充分尊重科学合理的规划方案和设计，在此过程中做到尽量缩小行政化色彩的干预，既在法律规范的范围内，又做到科学合理。

（二）满足参与约束和激励相容

根据机制设计理论，满足主体的参与约束条件是实现城市更新运行目标的基本要求。因为，在排除更好选择的前提下，参与约束是吸引各种参与主体参与到城市更新运行机制的最低要求，如果没有这点，更新主体就不会参与机制设计者提供的博弈，那么机制将毫无作用。而满足激励相容，是有效实现城市更新目标的充分条件，因为满足激励相容条件会有效激励各主体在自利化的行为中自愿实现机制的目标，从而大大节省资源和成本。

四、城市更新运行机制的辅助手段及人本要求

（一）信息化与科技化

以科技手段提升城市现代化，就要实现城市管理主体的信息化以及城市管理内容的信息化。在规模报酬递增的经济环境中，通常不存在一个有限的信息空间的下界，换言之，在此环境下进行经济活动可能需要一个无限维的信息空间，需要处理无限的信息量，从而需要无限维的成本。因此，在城市更新过程中，对于成本的控制十分重要。本身城市更新就是一个巨大的系统，不论是信息还是沟通，不论是在过程中还是后续，都会产生大量的成本。计算机网络、互联网和相

关通信工具的用于信息处理和沟通功能是一个不可逆转的趋势。这样做：一是可以降低信息成本，提高工作效率；二是依靠信息处理的电子化实现城市管理的扁平化，减少机构设置和管理的层级障碍。虽然城市更新的问题较多，但是先进的科技手段还是给我们提供了“后发”与“跨越”发达国家的可能性。

面对城市更新乃至城市管理中纷繁复杂的社会经济事务，现代城市管理所依赖的是信息与数据，因此利用现代信息技术手段成为必然，完善城市更新的运行机制必然要走数字化信息化的道路。

（二）城市管理的柔性化，实现“人性化”更新

所谓城镇管理柔性化，是指从传统管理发展到文化管理，建立和实现管理的网络化、智能化、虚拟化、人本化。世界上没有哪个国家的城市更新不是以公共利益为目标的。以城市更新促进公共利益的实现，解决此间的社会成本问题即是为民谋利之表现。城市的拆迁与重建过程面临社会网络、邻里关系的流失，这些人文资源是岁月的沉淀、日积月累的结果，是一种极为宝贵的财富资源，最大限度地降低由此而造成的心理、财富等社会成本具有重要的社会稳定意义。市场化导向的城市企业化经营近年来已经成为一种趋势，在西方国家的城市更新中，吸引民间资本进入城市更新的项目中已经成为一种普遍现象。发展城市社区，关注微观个体，将开发商、原住居民、社会组织等各元素之间的纽带很好地串联起来，才会使城市更新真正实现人性化和以人为本。

五、对于“公共性”的回归和社会公平正义的正视

优化城市更新运行机制最终应当以“公共性”为归依，因为无论是不同利益主体的协同还是政府主导，城市更新都应当以满足公共需求为立足点。必须认识到损害、挤压公众利益的滥拆滥建、重复更新不符合城市更新的内涵和本质；以城市形象为目的的城市建设也不是城市更新，因为城市更新的根本目的是满足城市不断增长的公共需求，而不是实现政府自身利益的满足。

总之，无论城市更新机制如何构建与优化都必须基于城市居民的公共需求，只有这样才能真正实现城市更新与城市化的目标匹配，才能实现政府与公众的利益一致，政府才能真正履行好代理人的职责。然而，中国的城市更新面临着重复建设、资源浪费、利益冲突乃至社会公平等诸多问题，从资源的配置效率来

看，也无法达到最优化状态。这些问题的原因在于市场主体间的信息非对称性、城市更新机制的激励不相容以及参与约束的缺乏。因此，设计一套基于信息获得最小成本并且满足激励相容和参与约束的城市更新机制对于解决城市更新中的资源配置失效、主体利益失衡问题，实现城市更新的公共利益目标至关重要。

六、设计并遵守既定规则，尤其是城市规划方案

城市更新的规划方案作为“根本大法”跟宪法在法律体系中的地位是一样的。宪法不可随意更改，城市更新规划方案也一样。要有专职的城市规划组织结构。重点是机构设置，设置专职的管理机构。城市更新的涵盖面广，英国有专门的城市更新主管机构城市开发公司，新加坡是城市重建局（URA），主要职能可能包括，与城市更新相关的政策与法规的制定，参与协助城市更新规划方案的制定，对于城市更新主体资格的审查，组织城市更新项目的招标，监督城市更新方案的实施，协助拆迁补偿以及安置工作等。

城市规划之于城市更新的地位可以等同于“宪法”之于我国法律体系的地位，城市规划是城市更新的“根本大法”，城市更新依赖城市规划，城市规划主导城市更新。城市规划法第二十二条规定：“城市人民政府可以根据城市经济和社会发展需要，对城市总体规划进行局部调整，报同级人民代表大会常务委员会和原批准机关备案。”显然，该法规赋予地方政府在城市规划中巨大权力，可能会造成按照长官意志随意规划，导致城市规划失去连续性。

然而，当前普遍存在的情况是，城市政府在开展城市更新建设时，缺少一个明确或合理的城市规划，毫无疑问，这会对政策的具体实施带来诸多负面影响。举例来说，公共利益是城市更新的首要前提，因此，在更新过程中要特别注意对于城市弱势群体的关注。正如Michael P.所言：规划师与建筑师，“为穷人们设计所应付出的心血，一定也不应少于（如果不是更多的话）为富人们设计时所投入的一切”。但是，在城市规划的设计、成型过程中，资本、权力、利益等因素如影随形般影响着城市规划的方方面面。“作为被支付工资的雇员，为表达出雇主所希望的内容而调整专业价值取向，已成为规划师一个颇受争议的问题”。一种情况是作为政府御用规划人员，其规划往往指向的是政府官员的偏好。另一种情况是在市场化需求的推动下，在开发商利益的诱惑影响下，规划师编制的非法规划。

那么如何制订一个适合城市可持续发展的规划呢？保证城市规划的严肃性、权威性、科学性、公正性便成为城市更新成败的关键。同时城市规划要依赖于城市文化的传统和城市的历史底蕴，在更新与重建中重视城市文化品位的规划与设计。

（一）城市规划的科学性是其执行权威性的基础

如果某项城市规划没有科学性做基础，那么在实施过程中必然将遭到各种质疑与阻力，其权威性必将大打折扣。同样具有权威性的城市规划必然也是以科学性为标志的。因此在城市规划方案的设计时，坚决杜绝唯领导意志马首是瞻的城市规划。规划专家与公众的实质性参与是保证城市规划科学、合理的重要因素。现代城市更新包含信息之广泛，利益之复杂，仅靠城市政府自身力量单薄，专家与公众的参与不仅会节省相当的信息成本，对于规划效率的提升以及将来的规划执行奠定良好的基础。

（二）城市规划的制订应当保证其严肃性与公正性

城市规划的严肃性保证了规划的执行有严格的刚性约束，由于对规划进行一个充分的评估，这样执行起来就保证了公共利益的公正性不会因为规划方案的随意更改而受到影响。但是，城市更新中城市规划的主导地位却往往被行政权力所代替，城市规划处处体现的是领导意志而非科学化、法制化的制定及审批程序。在改革中，加强了对法定规则的编制和立法程序的法制化，却忽视了日常审批管理程序的法制化。而一个城市的实际建设与发展、变化与演进又恰恰是由一个个规划审批决定所促成的。如果日常的审批管理不采用法制化的程序，那么任何法规都可能被随意更改，再美好的规划蓝图都是空中楼阁。因此，在城市规划的实施运作过程中，应明确城市规划的法律地位，以保证城市规划的有效性及其对于城市更新各主体的刚性约束。而对于城市政府来说，他们需要认识到对城市规划的随意更改与破坏实际上等于城市政府自身公信力的破坏。

第七章　城市更新项目成功的关键因素

第一节　城市更新项目成功因素识别

一、关键成功因素的概念

关键成功因素是对组织获取项目绩效有影响的一些因素，管理者在执行管理工作时必须满足这些因素；如果这些因素无法被顾及，则结果会达不到期望效果，这时应从关键成功因素中找出主要矛盾，从而解决问题。

关键成功因素的核心内涵可以理解为三方面，首先，关键成功因素是这个项目成功的必要条件，在相同类型的成功项目中这些因素都很突出。其次，想要项目能够成功，这些影响因素是管理者对目标进行管理和控制的方向。最后，通过关键成功因素对项目的影响程度确定管理工作的先后顺序，对资源进行合理的分配更能获得项目成功。目前，关键成功因素在供应链管理、互联网销售、企业规划等各个领域都有大量运用，在项目建设领域中也有大量的研究，如合同能源管理、政府和社会资本合作项目、建筑信息模型工程、住房建设等。

城市更新项目的关键成功因素指的是确保城市更新项目能够顺利实施，并对项目能够实现期望的利益回报起到较大影响的控制点，项目管理方对这些因素加以监督和控制，则会对项目绩效的提升产生有利影响。

二、城市更新项目建设成功的标准

明确项目的成功标准是识别项目的关键成功因素的首先条件，衡量项目的成功具有多个标准，其本质是多元化的，而成功也是由多个因素相互影响，因此明确项目成功的标准是衡量项目是否成功的基础。但在项目管理领域里，众多学者对项目成功的定义始终未达成共识。

项目的成功可以从两个角度考虑：一是项目的目标是否实现，二是项目利益相关方的满意程度。目标能否实现从项目实施阶段考虑，可以从项目的成本、进度和质量三个方面检验是否满足既定目标，从而判断项目是否成功。但这种传统的铁三角理论并未考虑到项目的运营阶段，因此项目的成功可以从五个维度进行判断：项目的收益率、项目的风险识别应对处理、客户的满意程度、市场经济影响力以及项目资本方的企业文化。从项目利益相关方的角度出发，项目的成功可以定义为在完成项目任务的前提下，达到团队、业者、客户和使用者的满意要求。

对于城市更新项目的成功，目前还没有明确的划分标准。本节基于成功项目的定义结合城市更新项目的基本特征，对项目的成功进行分析。城市更新项目的目标是提高城市的竞争力，改善居民的生活条件，提升土地的利用程度，因此城市进行更新项目的前提是满足经济、社会、环境的条件下，对不符合可持续性发展的城市区域进行更新。对项目的全生命周期进行阶段划分，了解各利益相关者在不同阶段中的需求，统一协调矛盾，集中资源，对项目的关键因素加以控制，直至项目实现目标，即可断定项目的成功。

三、城市更新关键成功因素

（一）关键成功因素指标筛选思路

根据对城市更新的案例梳理分析和相关文献的梳理进行了城市更新项目关键成功因素的初步识别，从项目发展的角度对识别的指标进行分类，初步建立了指标体系，通过专家访谈对所建立的初步指标体系进行修正，删去不合理的部分，添加缺少因素，得出最终的关键成功因素指标体系。

（二）基于案例研究法的关键成功因素识别

城市更新的发展至今有200多年的历史，在全球范围内有大量的城市更新实践案例，这些案例则为城市更新发展奠定了基础。每个实践的城市更新项目虽所处城市背景、社会环境不同，且均具有城市自身特色，但是仍可以从这些成功的城市更新案例中找出共同特性，吸取成功经验，推进我国的城市更新项目建设进程，对所遇到的困难提供解决思路。本节收集了国内外城市更新的成功案例，选取了以下10个案例进行分析，归纳总结其关键成功因素，主要步骤如下。

1. 收集案例

通过两个途径对国内外案例进行收集，一是网页上对城市更新的案例的介绍和分析等相关资料，二是通过阅览国内外公开发表的书籍专著等材料。

2. 提取成功因素

对所收集到的案例进行分析，提取出所描述成功因素的文字并对其进行提炼，得出概念性的因素。

3. 归类成功因素

对所提取的各城市更新案例的概念性因素进行整理归类，具有相近意思的因素进行合并，删去相同的因素，剔除只具个性化的因素，最后汇总成基于城市更新案例的主要成功因素清单。

选取案例中对城市更新影响因素、建设过程以及对项目成功的分析等描述作为基础，对其进行分析解读，提炼出成功因素并进行整理如表7–1所示。

表7–1　城市更新关键成功因素案例分析

序号	项目名称	因素提取
1	重庆十八梯	居民较高的参与度 政府保障机制健全 项目独特的更新理念 项目与城市发展互利相通
2	德国格拉市萨克森广场	政府政策以及资金的支持 公私合作的方式，利益相关者相互沟通帮助 结合城市特色的更新定位 较强的城市效益
3	北京大栅栏	居民较高的参与度 各利益相关方协同合作 独特的地理位置使开发商对项目具有特色的定位 合理的开发模式
4	北京798艺术区	政府政策的支持 项目运营阶段经济效益丰厚 项目具有特色性的更新定位

续表

序号	项目名称	因素提取
5	深圳罗湖	项目更新规划明确 政府的保障措施
6	上海新天地	多方主体合作 项目独特的定位 开发商具有相关经验，融资能力强 特色的运营模式
7	成都太古里	独特的地理位置和历史文化 公私合营模式，政府保障机制健全
8	东京六本木	开发商具有城市更新的经验且对开发地区有独特的定位 多主体合作方式 公众参与的保障机制健全
9	深圳大冲村	公私合营的开发模式 安置保障齐全 项目优越的地理位置资源
10	汉堡港口新城	具有地域特色的更新定位 政府部门的支持与管理 可持续发展的更新理念 公众参与方式的多样性

四、城市更新项目关键成功因素体系的构建

对于工程项目的发展，可以通过主体、客体、环境和发展过程去描述，因此，本节对城市更新项目的关键成功因素分为参与方特征、项目特征、环境特征和项目管理四个大类。从整体的角度去考虑，此框架可以确保在识别过程中不会因为忽略某类型的因素导致体系的不完整性（图7–1）。对于城市更新项目来说，项目的主体指的是项目的参与方，项目的客体即城市更新项目本身，项目环境指的则是广义的环境，包括项目所在地的行政管理环境、社会环境等，项目的管理是指项目全生命周期的管理行为，故将指标分类为政府政策因素、公众参与因素、开发商实力因素、项目打造因素、项目管理因素、协调管理因素6个类别。

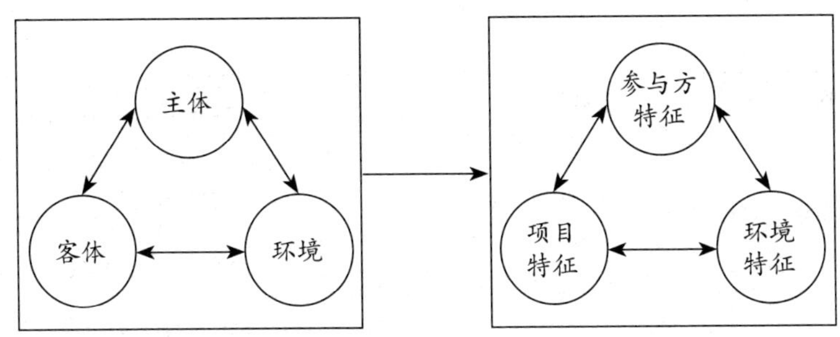

图7-1　城市更新项目关键成功因素分类框架

基于以上案例和文献的影响因素的识别对指标体系进行了分类和汇总，将意思相近描述不同的因素进行整合，初步得到关于城市更新项目的关键成功因素，如表7-2。

表7-2　城市更新关键成功因素初步指标体系

类别	编号	关键成功因素
行政管理环境	A1 A2 A3 A4 A5	政策法规的支持 政府方资金支持 政府的监督协调 政府保障机制健 全公众的安置保障齐全
公众参与	B1 B2 B3	公众参与方式的多样性 公众全过程参与 居民较高的参与度
开发商特征	C1 C2 C3	开发商相关经验 开发商融资能力强 开发商风险应对能力
项目特征	D1 D2 D3 D4 D5 D6 D7 D8 D9 D10	项目与城市发展互利相通 项目的创新理念 项目独特的位置资源 项目独特的更新理念 项目更新的独特定位 项目历史文化强 项目促进城市及周边发展 项目促进城市经济发展 项目改善生态环境 项目更新规划明确

续表

类别	编号	关键成功因素
项目管理	E1 E2 E3 E4	项目实施阶段合理决策 合理的资金结构 合理的实施方案 合理的运营模式
协同管理	F1 F2 F3	利益相关方的相互沟通帮助 利益相关方的多元性 公私合营的方式

对于初步建立的城市更新项目的关键成功因素指标体系，存在因素之间相关性高、因素之间互相包含相互重叠、所含因素不全面等问题，因此邀请了10位具有城市更新项目经验的专家进行访谈，对两种方法所收集到的因素提取建议，进行修正，删去不合理的部分，添加缺少因素。以下是访谈对象的基本信息和访谈记录。

24个关键成功因素，城市更新项目关键成功影响因素清单如表7–3所示。

表7–3 城市更新关键成功因素指标体系

类别	编号	关键成功因素	因素说明
行政管理环境	A1	保障措施	政府对各参与方提供保障措施，使得城市更新项目能够顺利完成
	A2	政策支持	政府规定相关法律政策，支持并保障项目的顺利完工
	A3	监督机制	政府方监督城市更新项目的各建设阶段的质量、进度等问题，积极沟通协调利益主体的诉求
	A4	信息公开程度	政府对城市更新项目的重要信息在各个渠道全面公开
公众参与	B1	公众参与方式的多样性	构建多种群众参与方式及沟通平台，使得居民能够参与到城市更新项目的建设过程中
	B2	公众全过程参与	居民参与城市更新项目建设的全周期，能够有效地在不同阶段提出自身诉求
	B3	公众参与意识及能力	居民对于更新有较强的意愿，通过各种渠道方式去了解城市更新的信息，主动提出建议

续表

类别	编号	关键成功因素	因素说明
开发商特征	C1	开发商相关经验	开发商在城市管理项目的规划设计具有相关的经验
	C2	开发商企业规模	开发商的技术水平、设备先进度、设计理念的独特性、市场信誉度等企业实力
	C3	开发商风险应对能力	开发商有较强的风险应对能力，面对工期较长的城市更新项目融资风险能有效应对
项目特征	D1	项目与城市发展相通	城市更新项目的规划建设能够带动城市及周边区域的发展
	D2	经济效益	城市更新项目的定位能够拉动市场消费，具有较强的经济效益
	D3	区位资源	城市更新项目有优越的地理位置或此项目具有历史文化资源
	D4	更新理念	城市更新项目的规划设计能够结合自身资源进行独特的创新
	D5	公众对环境需求的满足度	城市更新项目的设计能够满足群众对环境改善、绿植增多等需求
	D6	公众对公共利益需求的满足度	城市更新项目的规划方案满足公众对于公共利益的需求
项目管理	E1	决策过程	在项目决策过程中决策方案合理、决策主体多元化、决策内容有依据
	E2	资金结构	政府协同金融机构提供专业的融资支持，确保资金结构稳定
	E3	实施方案	对于城市更新项目的建设周期、人员安排、材料购进等具体实施方案有详细安排
	E4	治理模式	选择适合项目的治理合作模式，在城市更新项目建设中各参与方发挥自身优势
	E5	运营模式	对城市更新完工后的项目运营有个性化的模式

续表

类别	编号	关键成功因素	因素说明
协同管理	F1	利益相关方的沟通	政府方、公众居民、开发商等利益主体在项目施工期间增加交流，实现信息共享，合作共赢
	F2	利益相关方的多元性	城市更新项目的利益主体多元化，达到相互监督的稳定结构
	F3	专职机构直接管理	专职的城市更新机构对项目进行协调统筹

第二节　城市更新项目成功因素分析方法

城市更新项目成功因素数量较多，并且通过复杂的相互影响与作用构成一个相互影响的网络，它们通过网络来影响不同的因素并传播这种影响力，即这些因素不仅能直接影响城市更新项目的成功，而且能够产生一定的间接影响。因此，本节建立城市更新项目成功因素网络并对其进行分析，从中找出一些成功因素间的因果关系以及关键因素。

一、社会网络分析方法阐述及可行性分析

（一）社会网络分析方法阐述

社会网络分析（Social Network Analysis，SNA）是一种源于社会学的分析方法，是当代学术界对结构性和系统性关注的产物。社会网络分析常用于构建及测量行动者之间的相互影响及作用关系。具体而言，社会网络分析法是把复杂多样的联系表征为相应的网络模型，基于图论和数学计算模型，对行动者之间的相互关系、网络本身的结构以及行动者的角色进行分析，并最终来解释存在的现象或行为。

社会当中存在的许多复杂系统都可以被认为是“网络”并加以描述。多个节

点与连接各个节点的连线可以共同组成一个典型的社会网络。其中，节点用来代表真实系统中不同的行动者，任何个体、组织或国家都可以被认为是行动者。而连线则表示了行动者（节点）之间的某种关系。

（二）社会网络分析方法运用及可行性分析

近年来，社会网络分析作为一种研究视角与分析方法，得到了广泛的运用与快速的发展。SNA的研究也不仅仅局限在社会学领域，管理学、经济学、医学、情报学等多个领域也相继开始运用社会网络分析方法进行相关问题研究。

随着社会网络分析方法的发展，SNA在建设项目管理领域也开始得到广泛使用。大量学者将其用于建设项目的利益相关者相互关系以及项目组织管理方面的研究。运用SNA来分析不同问题时，SNA的节点不单单是行动者，也可以是其余概念性的东西，如问题、因素等。SNA的连线也就不再局限于个体之间的信息传递，也可以是其余研究对象之间的影响和作用程度方式的表达。因此，社会网络分析的研究对象逐渐多元化。王广斌等运用SNA对工程项目进度计划中各任务之间的逻辑关系进行研究，并分析各任务负责专业间的相互依赖关系。黄勇等则以基础设施为研究对象，将社会网络分析方法引入基础设施网络拓扑结构评价中，对基础设施网络拓扑结构的紧凑程度、完整程度以及网络整体的性能作出评价。

社会网络分析法可以对复杂系统中难以简单从表面直接看出的网络结构问题及角色问题进行研究，从而对真正的根源性问题进行深入分析。社会网络分析方法的运用范围不断拓展，在建设项目管理领域得到了广泛运用。其研究对象也越来越多元化，不仅仅局限于行动者以及行动者之间关系的研究，越来越多的学者使用社会网络分析法研究复杂问题中的因素以及因素间的相互关系，以把握其中的重点因素。

城市更新项目实施过程中，涉及众多利益相关者共同努力推进城市更新项目的成功，并且项目本身以及整体的经济及市场环境是城市更新项目实施的基础，因此城市更新项目成功因素较多，并且因素间存在一定的相互关联性。因此，运用社会网络分析方法对城市更新项目成功因素进行分析是可行并且合适的，可以对成功因素的网络进行整体分析认识，并深入分析各成功因素之间的影响力与传导力，依据此确定城市更新项目的关键成功因素。

二、城市更新项目成功因素社会网络分析模型构建

社会网络分析中的基本元素为节点和关系，基于节点与关系对网络进行分析。

社会网络分析的一般步骤如下：①确定网络节点；②评估节点间的关系；③构建可视化网络；④分析网络模型；⑤结果分析。

不同系统的网络结构会呈现不同特征，所采用的SNA分析指标也有所不同。本节主要是对城市更新项目成功因素网络进行分析，可从整体网以及个体网两个方面进行分析，整体网采用网络密度对因素之间相互影响关系的强弱进行定量分析。个体网络分析主要是对因素在网络中所担任的角色作用进行分析，主要包括影响作用与传导作用两个方面。影响作用是指因素对网络中其余因素的影响，传导作用是指因素将别的因素对自身的影响传递到另外一些因素上。因此，本研究选用“度数中心性”与“身份中心性”对因素的影响力与被影响力进行分析，选用“中间中心性”与“中间人”对因素的中间传导力进行分析。

第三节　促进城市更新项目成功的政策建议

一、优化城市更新项目实施环境

（一）完善城市更新政策法规

城市更新是一项综合性、全局性和战略性很强的复杂工程，涉及政府、开发企业、土地所有者、房屋所有者等多方利益博弈。其合理运作以及成功实施依赖于系统完善和导向明确的政策法规体系。目前，我国并未针对城市更新进行专项立法，虽然深圳、广州、上海等地已陆陆续续开始城市更新相关政策实践，但是大部分城市仅仅是针对“棚户区改造”“危旧房改造”等出台了零散的政策，政策指导力度不足。在这种缺乏政策法规约束与支持的情况下，一方面，各主体的利益难以协调，开发商作为私营部门，以经济利益为目标，通常会忽视居民的利

益，“强拆”现象则是其中的极端代表。在居民具有较强发言权的情况下，双方的“过度博弈”也会影响城市更新项目的推进。另一方面，缺乏清晰的更新流程指引以及有效的支持，也会引起更新过程漫长、效率低下等问题。因此，完善的城市更新政策法规对城市更新项目后续的实施以及目标的实现具有重要影响。

城市更新政策法规应该是多方面且易操作的，因此应当从两个维度进行考虑，一是政策法规的层次，既要有具有较高效力的法规层次，也要有配套的对于实施具有较强指导作用的政策层次、技术标准层次以及操作指引层次，从而保障政策法规本身应有的效力同时也具有较强的操作性；二是政策法规的完整性，城市更新包括了项目决策、规划编制、土地使用权获取、开发建设等步骤，同时还涵盖公共利益、历史文化保护等多方面的利益矛盾。因此，应当从更新方式选择、更新范围划定、公共利益保障、相关激励政策、征收补偿方式、历史文化保护等方面制定完善的城市更新政策。

（二）制定多元激励措施

从参与方角度来看，城市更新是多方主体利益博弈的过程，政府与市场主体间的利益博弈是决定城市更新实施与否的首要环节，在政府与市场主体利益博弈中，对城市更新项目的激励措施是政府让利的一种方式，通过这样一种让利，一方面能够吸引众多市场主体的加入，另一方面能够促进公共利益的实现。对于城市更新项目，政府能够采用的激励措施主要有两类，经济激励措施与空间激励措施。经济激励措施是通过增加更新主体的获利程度，实现其激励作用。具体的措施主要有资金扶持、税费减免、地价减免、信贷支持等。空间激励措施则更多的是将公共利益与市场主体的利益相关联，引导市场主体参与公共设施项目的建设，有助于城市更新项目中公共利益的实现，空间激励措施主要包括容积率奖励与容积率转换。

1. 资金扶持

针对“城中村”“棚户区”以及其他城市更新中推进难度较大的项目设立“专项资金”，或者对于其中的基础设施建设、公共服务平台建设等方面基于资金补助。

2. 税费减免

对于城市更新项目的行政事业性收费进行减免，或者对于其中涉及基础设施建设等公共利益的部分进行相应的税费减免。

3. 地价减免

地价作为开发商城市更新项目成本中的一大组成部分，在一定程度上界定了政府与开发商的利益边界，因此，对于一些实施困难的项目，可进行地价的减免。另外，对于城市更新中建设基础服务设施、保障性住房、安居型商品房以及创新性产业用房等部分也可进行地价减免。

4. 信贷支持

城市更新项目资金需求大，并且实施过程中充满不确定性，开发商的资金压力较大。政府可鼓励和引导金融机构加大对城市更新项目的信贷支持力度，提供融资支持和相关金融服务。探索通过信托、债券等金融工具，拓宽城市更新项目融资渠道。

5. 容积率奖励

容积率奖励在一定程度上平衡了市场主体的利益，能够激发参与方的参与积极性，对于公共利益建设部分的落实具有重要激励作用。因此，政府可对城市更新中某些因公共利益需要而发生的情形实施容积率奖励，针对不同的情况，制定不同的奖励标准。为了实现这一措施的有效落实，政府应当制定具体的容积率奖励办法。

6. 容积率转移

容积率转移主要是指对于同一开发商具有两个及以上的开发项目，对于一个更新项目内的用于公共服务设施、历史文化保护部分的建筑面积转移到其余项目内使用，增加另外一个项目的容积率，有效地实现“存量”发展地区的空间优化配置。

（三）编制城市更新专项规划

城市更新项目对象复杂多元，各类关系矛盾交织，然而城市更新必须符合城市发展整体策略，融合到城市产业、经济发展和形象塑造中去。因此，城市更新的战略性思考是至关重要的。然而，单纯依靠开发商或者居民难以对问题进行综合把控。

政府作为公共部门，一方面是公共利益的代表，另一方面也有提升区域竞争力等自身的利益诉求，应当对城市更新项目进行综合把控，从宏观层面对城市更新进行必要的调控和引导，提出城市更新的总体目标和策略。政府相关部门应当在对城市更新项目片区进行现状评估之后，结合现有更新需求、资源基础以及片区的发展方向，制定相应的城市更新专项规划，划定实施城市更新的片区范围，判断城市更新的规模，提出分区更新规划指引。

（四）建立城市更新专职机构

城市更新项目涉及的部门较多，包括规划、国土、建设、发改、财政、环保等，在城市更新项目多维目标的情况下，多部门之间的协调沟通显得尤为重要。在现有各职能分散于各个部门的情况下，容易出现部门职能交叉、审批程序繁杂、审核时间过长等问题，造成城市更新实施效率低下。因而应当设立专职的城市更新管理机构，协调各部门的资源，提升更新效率与质量。此外，成立专门的城市更新统筹管理机构有利于形成规范的决策行为，保障决策的科学性与合理性。因此，应该建立城市更新专职机构，形成有效的管理主体。

从其余国家或地区的经验来看，城市更新专职机构可分为政府职能部门与非政府职能部门两种类型，基于我国的行政体系情况，应在现有政府职能部门的基础上设立相应的专职部门。专职部门应根据地方区划不同分别设市、区级。市级的核心职责包含拟订有关政策、标准及规范，统筹全市片区更新改造的落实与推进，编制城市更新总体规划与具体实施计划，引导、协调、审核、监督、评估各区的城市更新工作，组织城市更新相关土地储备工作。

因此，市级部门的内设机构应包括政策法规、计划规划、更新监督、土地管理、资金管理等。区级部门同样需组织开展区内相关规范性文件的研究和起草工作，并基于市级更新发展战略及规划，制订辖区内城市更新专项计划与规划。另外，区级部门还应针对具体的项目进行城市更新工作的指导、各主体间的协调管理、服务和宣传工作，负责城市更新项目实施过程中的其余审批、监督与管理工作。因此，区级的城市更新局内设机构的设置与市级类似。此外，对于具体实施城市更新项目管理与监督的部门，可针对具体的项目配备相应的负责人员，具体负责项目整体管理。

二、改善城市更新主体参与

（一）加强核心主体参与能力

在上一章的分析中可以看出，政府的策略性思维以及开发商的经验对于其余因素具有极大影响。因此，加强政府从业人员以及开发商的城市更新参与能力是至关重要的。此外，居民作为城市更新治理结构中的核心主体，其参与能力对于形成合理的治理结构也是至关重要的。

1. 加强对政府人员的教育

城市更新是一项复杂的系统工程，涉及经济效益、公共利益、城市发展等多维属性，政府在平衡利益、统筹管理方面发挥着至关重要的作用。因此，应该加强政府官员对于城市更新本质的理解，尤其是区一级的人员，避免因为政绩的驱动而忽略整体的目标。具体而言，一是要从政府人员的素质抓起，通过科普、专题讲座、专项培训等方式提高政府人员在城市更新领域的素质和水平；二是改变对政府人员的绩效考核制度，并不能以简单的经济等指标进行衡量，而是要建立更加全面科学的政绩考核标准，从而促使政府人员兼顾城市更新的多重效益，成功实施城市更新项目；三是提高腐败成本，通过加强监督和惩罚力度，从制度上采取措施，缩小腐败空间，减少城市更新项目寻租的可能性。

2. 提升开发商的城市更新经验

开发商作为城市更新的实施者，是城市更新项目的直接作用主体。城市更新有别于普通开发项目，涉及复杂的利益关系，需要权衡项目本身资源与开发的关系。因此，开发商的城市更新经验有助于开发商加强对城市更新的理解，了解利益矛盾的处理方式，使得城市更新项目推行更为顺畅。一方面，对于参与到城市更新中的开发商，政府相关部门应给予一定的引导，可以通过专家协助的方式加强其对城市更新项目的熟悉程度。另外，政府应当组织相关部门或者相关行业协会，基于政策法规、相关案例经验编撰城市更新项目操作指引，并开展城市更新专题培训。其次，建立优秀项目评选与经验分享机制也是提高开发商城市更新能力的一种有效方式。另一方面，针对较为复杂困难的城市更新项目，应加强对开发商的评估与选择，并非完全采取传统的招拍挂的形式确定项目开发企业。因此，可以建立针对开发商的综合能力评价指标体系，对开发能力、经营情况、过往城市更新经验、履行社会责任情况等多方面进行考核，选取实力雄厚、城市更新经验丰富、履约能力强的企业。同时在开发商的选择上也应注重民主原则，让公众对开发商有一个充足的了解。

3. 提升公民素质

提高公众在城市更新活动中的能力主要可从理论指导和亲身实践两个层面着手，其中实践活动在参与主动性、协同、权责、法治等多方面意识和能力的培育中可以起到显著的作用，配合必要的理论指导，可以有效实现对公众素质的综合提升，从而提高公众参与更新活动的积极性与能力。具体而言，可以采取小区讲坛、报刊宣传、公共宣传栏、媒体网络等方式对公众素质进行培育。鼓励公众成立多元化的组织，以组织的形式进行自我教育和实现对公众利益的维护。同时社区组织或者第三方组织、行业协会等机构也可举办意见征集、规划设计大赛、实地参观、听证会、协商会等多种形式的活动，广泛收集公众意愿的同时，促使公众更加积极有效地参与更新活动，提高了公众的参与程度。

（二）丰富城市更新参与主体

协调多方利益是城市更新的核心目标，在原有政府与开发商二元合作的城市更新模式下，居民利益往往难以得到有效保证。加强居民的参与虽然能在一定程度上改善政府与开发商的“垄断性”效益，但由于政府与开发企业掌控了大部分资源与权利，处于更新活动中的优势地位，而居民在博弈中则处于弱势，参与程度较低。规划组织虽然能在一定程度上协调三方利益，但却难以代表居民利益。因此，引导社区组织以及第三方专业组织的加入能够改善城市更新中各方的合作与沟通，进而推进城市更新项目的成功。

1. 鼓励社区组织的加入

社区组织，包括社区居民组织形成的居民团体，和居民以及公众具有直接紧密的联系，对其更新需求与利益诉求有着充分的了解和认识，能有效提高居民的话语权并保障其合法权益；同时社区组织可以作为居民与政府之间的纽带，由其传达政府的意志，可以更好地与居民进行沟通与协作。

2. 鼓励具有专业素养的第三方组织参与

第三方组织作为与更新活动没有直接利害关系的第三方，和各参与方没有利益纠葛。因此，第三方组织可以作为协调各方关系的纽带，从公正客观的角度分析问题，用其专业的素养来平衡各主体间的利益，维护公众利益，追求整体效益最优化，推动城市更新项目的成功实施。

三、构建城市更新项目合作机制

利益相关者的有效合作及参与对于城市更新项目的成功具有重要的促进作用，只有建立良好的合作机制，才能使得各利益相关者之间有效合作，提升合作效率。城市更新项目合作机制的构建可以从协商机制以及监督机制两个方面来进行。

（一）优化协商机制

城市更新项目具有多元的更新目标与复杂的利益关系，各方利益诉求不尽相同，构建适当的协商机制是相互合作的基础。在相互信任的基础上，重视尊重各方的建议，为不同主体和不同层级群体提供对话和参与途径，并且有效创造和分享成果，分担责任，确保各方利益的平衡。其重点与难点在于居民、社区等社会群体的利益表达。

1. 畅通诉求表达机制

应当充分尊重居民及社会等公众的利益表达。建立多元的利益表达机制，我国法定现行的公众参与形式有公众调查、公示、研讨会、听证会、征询、公民会议等，在城市更新项目的不同阶段具有不同的表达诉求。在保证居民知情权的同时，保证其决策权。

2. 构建有效沟通平台

基于社区组织构建有效的沟通平台。社区组织和居民和公众具有直接紧密的联系，能够充分了解其意愿与需求，是利益相关方之间进行沟通的有效媒介。通过社区组织的统筹，形成居民利益诉求与决策意见的统一口径，与政府、市场主体形成平等对话的态势，促进各利益相关者之间的有效沟通与协商。

除此之外，可利用信息技术的发展构建城市更新项目的集成管理平台。其中管理平台的参与主体包括政府、开发商、产权人、专家及普通公众代表。在此管理平台上集成了城市更新项目的所有信息，包括项目的自身属性、项目各个阶段的评估与决策资料，实现了城市更新过程中信息的公开透明。各个参与主体可在此平台上进行资料的阅读、进行相关决策的实施，不同主体间也可基于此平台进行交流，同时也可提出自身的意见及诉求表达，其余主体可以及时了解到其需求。

（二）完善监督机制

要想实现城市更新中各利益相关者合作的顺利运行，除了相互信任、协商之外，还需要相互之间进行合理监督，使得各主体严格按照规则行事。

1. 政府的有效监督

作为城市更新中的核心主体，政府的监督是保障城市更新成功的重要因素，作为“有形的手”，政府的监督相比其他形式具有更强的威慑力和权威性。因此，在城市更新活动中，需利用好政府的监督对开发商及其他主体形成有效的威慑并及时纠偏，保证公共利益，以实现项目效益的最优化。

2. 居民的有效监督

作为城市更新中的弱势群体，居民的利益往往最容易受到侵害。因此，在城市更新活动中，作为相关利益的直接关系者，居民应行使好自己的监督权，有效地保障自身的利益，从而推动城市更新项目的成功实施。除了居民自身的积极性外，政府应当激励居民进行有效监督，并设立举报、投诉途径，并公开相应的解决办法与处罚结果，证明居民监督的有效性。

3. 第三方机构的有效监督

城市更新项目的第三方，与项目并无直接或间接的利益关系，能够对各主体的行为进行公平公正而有效的监督。除了城市更新专职部门外，政府可以自己聘请或要求开发商聘请城市更新专业组织实施进行全过程的咨询服务与监督，对各参与主体的相关行为进行评价（包括政府、开发商、规划机构等核心主体），尤其是对于重点项目与实施难度较大的项目更是如此。此外，对于重点项目还可以成立监督委员会，其人员组成应当包括规划设计、城市经济、法律、管理等相关领域，确保其专业性和权威性，监督委员会不直接参加城市更新项目管理，而是在决策、规划设计、实施等阶段进行全过程监督与指导。

第八章　绿色建筑的规划

第一节　绿色建筑的规划设计

一、绿色建筑的设计理念

绿色建筑需要人类以可持续发展的思想反思传统的建筑理念，走以低能耗、高科技为手段的精细化设计之路，注重建筑环境效益、社会效益和经济效益的有机结合。绿色建筑的设计应遵循以下理念。

（一）和谐理念

绿色建筑追求建筑“四节”（即节能、节地、节水、节材）和环境生态共存；绿色建筑与外界交叉相连，外部与内部可以自动调节，有利于人体健康；绿色建筑的建造对地理条件有明确的要求，土壤中不存在有毒、有害物质，地温适宜，地下水纯净，地磁适中；绿色建筑外部要强调与周边环境相融合，和谐一致、动静互补，做到既保护自然生态环境又与环境和谐共生。

（二）环保理念

绿色建筑强调尊重本土文化、重视自然因素及气候特征；力求减少温室气体排放和废水、垃圾处理，实现环境零污染；绿色建筑不使用对人体有害的建筑材料和装修材料以提高室内环境质量，保证室内空气清新，温、湿度适当，使居住者感觉良好，身心健康。

（三）节能理念

绿色建筑要求将能耗的使用在一般建筑的基础上降低70%～75%；尽量采用适应当地气候条件的平面形式及总体布局；考虑资源的合理使用和处置；采用节能的建筑围护结构，减少采暖和空调的使用；根据自然通风的原理设置风冷系统，有效地利用夏季的主导风向；减少对水资源的消耗与浪费。

（四）可持续发展理念

绿色建筑应根据地理及资源条件，设置太阳能采暖、热水、发电及风力发电装置，以充分利用环境提供的天然可再生能源。

二、绿色建筑遵循的基本原则

绿色建筑应坚持“可持续发展”的建筑理念，理性的设计思维方式和科学程序的把握，是提高绿色建筑环境效益、社会效益和经济效益的基本保证。绿色建筑除满足传统建筑的一般要求外，尚应遵循以下基本原则。

（一）关注建筑的全寿命周期

建筑从最初的规划设计到随后的施工建设、运营管理及最终的拆除，形成了一个全寿命周期。这也就意味着不仅在规划设计阶段充分考虑并利用环境因素，而且确保施工过程中对环境的影响最低，运营管理阶段能为人们提供健康、舒适、低耗、无害空间，拆除后又对环境危害降到最低，并使拆除材料尽可能再循环利用。

（二）适应自然条件，保护自然环境

（1）充分利用建筑场地周边的自然条件，尽量保留和合理利用现有适宜的地形、地貌、植被和自然水系。

（2）在建筑的选址、朝向、布局、形态等方面，充分考虑当地气候特征和生态环境。

（3）建筑风格与规模和周围环境保持协调，保持历史文化与景观的连续性。

（4）尽可能减少对自然环境的负面影响，如减少有害气体和废弃物的排放，减少对生态环境的破坏。

（三）创建适用与健康的环境

（1）绿色建筑应优先考虑使用者的适度需求，努力创造优美和谐的环境。

（2）保障使用的安全，降低环境污染，改善室内环境质量。

（3）满足人们生理和心理的需求，同时为人们提高工作效率创造条件。

（四）加强资源节约与综合利用，减轻环境负荷

（1）通过优良的设计和管理，优化生产工艺，采用适用的技术、材料和产品。

（2）合理利用和优化资源配置，改变消费方式，减少对资源的占有和消耗。

（3）因地制宜，最大限度地利用本地材料与资源。

（4）最大限度地提高资源的利用效率，积极促进资源的综合循环利用。

（5）增强耐久性及适应性，延长建筑物的整体使用寿命。

（6）尽可能使用可再生的、清洁的资源和能源。

此外，绿色建筑的建设必须符合国家的法律法规与相关的标准规范，实现经济效益、社会效益和环境效益的统一。

三、绿色建筑的设计原则

绿色建筑的设计原则，可概括为自然性、系统协同性、高效性、健康性、经济性、地域性、进化性这7个原则。

（一）自然性原则

在建筑外部环境设计、建设与使用过程中，应加强对原生生态系统的保护，避免和减少对生态系统的干扰和破坏；应充分利用场地周边的自然条件和保持历史文化与景观的连续性，保持原有生态基质、廊道、斑块的连续性；对于在建设过程中造成生态系统破坏的情况，采取生态补偿措施。

（二）系统协同性原则

绿色建筑是其与外界环境共同构成的系统，具有系统的功能和特征，构成系统的各相关要素需要关联耦合、协同作用以实现其高效、可持续、最优化地实施和运营。绿色建筑是在建筑运行的全生命周期过程中、多学科领域交叉、跨越多层级尺度范畴、涉及众多相关主体、硬科学与软科学共同支撑的系统工程。

（三）高效性原则

绿色建筑设计应着力提高在建筑全生命周期中对资源和能源的利用效率。例如采用创新的结构体系、可再利用或可循环再生的材料系统、高效率的建筑设备与部品等。

（四）健康性原则

绿色建筑设计通过对建筑室外环境营造和室内环境调控，提高建筑室内舒适度，构建有益于人的生理舒适健康的建筑热、声、光和空气质量环境，同时为人们提高工作效率创造条件。

（五）经济性原则

绿色建筑应优化设计和管理，选择适用的技术、材料和产品，合理利用并优化资源配置，延长建筑物整体使用寿命，增强其性能及适应性。基于对建筑全生命周期运行费用的估算以及评估设计方案的投入和产出，绿色建筑设计应提出有利于成本控制的具有可操作性的优化方案；在优先采用被动式技术的前提下，实现主动式技术与被动式技术的相互补偿和协同运行。

加强资源节约与综合利用，遵循“3R原则”，即reduce（减量）、reuse（再利用）和recycle（循环再生）。

1.“减量”（reduce）

即绿色建筑设计除了满足传统建筑的一般设计原则外，应遵循可持续发展理念，在满足当代人需求的同时，应减少进入建筑物建设和使用过程的资源（土地、材料、水）消耗量和能源消耗量，从而达到节约资源和减少排放的目的。

2. “再利用”（reuse）

即保证选用的资源在整个建筑过程中得到最大限度的利用，尽可能多次及以多种方式使用建筑材料或建筑构件。

3. “循环再生”（recycle）

即尽可能利用可再生资源；所消耗的能量、原料及废料能循环利用或自行消化分解。在规划设计中能使其各系统在能量利用、物质消耗、信息传递及分解污染物方面形成一个封闭闭合的循环网络。

（六）地域性原则

绿色建筑设计应密切结合所在地域的自然地理气候条件、资源条件、经济状况和人文特质，分析、总结和吸纳地与传统建筑应对资源和环境的设计、建设和运行策略，因地制宜地制定与地域特征紧密相关的绿色建筑评价标准、设计标准和技术导则，选择匹配的对策、方法和技术。

（七）进化性原则（也称弹性原则、动态适应性原则）

在绿色建筑设计中充分考虑各相关方法与技术更新、持续进化的可能性，并采用弹性的、对未来发展变化具有动态适应性的策略，在设计中为后续技术系统的升级换代和新型设施的添加应用留有操作接口和载体，并能保障新系统与原有设施的协同运行。

四、绿色建筑的目标

绿色建筑的目标分为观念目标、评价目标和设计目标。

（一）绿色建筑的观念目标

对于绿色建筑，目前得到普遍认同的认知观念是，绿色建筑不是基于理论发展和形态演变的建筑艺术风格或流派，不是方法体系，而是试图解决自然和人类社会可持续发展问题的建筑表达，是相关主体（包括建筑师、政府机构、投资商、开发商、建造商、非营利机构、业主等）在社会、政治、经济、文化等多种因素影响下，基于社会责任或制度约束而共同形成的对待建筑设计的严肃而理性的态度和思想观念。

（二）绿色建筑的评价目标

评价目标是指采用设计手段使建筑相关指标符合某种绿色建筑评价标准体系的要求，并获取评价标识。目前国内外绿色建筑评价标准体系可以划分为两大类。

（1）第一类，是依靠专家的主观判断与决策，“通过权重实现对绿色建筑不同生态特征的整合，进而形成统一的比较与评价尺度”。其评价方法优点在于简单、便于操作；不足之处为缺乏对建筑环境影响与区域生态承载力之间的整体性进行表达和评价。

（2）第二类，是基于生态承载力考量的绿色建筑评价，源于“自然清单考察”评估方法，通过引入生态足迹、能值、碳排放量等与自然生态承载力相关的生态指标，对照区域自然生态承载力水平，评价人类建筑活动对环境的干扰是否影响环境的可持续性，并据此确立绿色建筑设计目标。其优点在于易于理解，更具客观性；不足之处是具体操作较为繁复。

（三）绿色建筑的设计目标

绿色建筑的设计目标包括节地、节能、节水、节材及注重室内环境质量几个方面。

1. 节地与室外环境

（1）建筑场地选择

其一，优先选用已开发且具城市改造潜力的用地。其二，场地环境应安全可靠，远离污染源，并对自然灾害有充分的抵御能力。其三，保护并充分利用原有场地上的自然生态条件，注重建筑与自然生态环境的协调。其四，避免建筑行为造成水土流失或其他灾害。

（2）节地措施

其一，建筑用地适度密集，适当提高公共建筑的建筑密度，住宅建筑立足创造宜居环境，确定建筑密度和容积率。其二，强调土地的集约化利用，充分利用周边的配套公共建筑设施。其三，高效利用土地，如开发利用地下空间，采用新型结构体系与高强轻质结构材料，提高建筑空间的使用率。

（3）降低环境负荷

其一，建筑活动对环境的负面影响应控制在国家相关标准规定的允许范围内。其二，减少建筑产生的废水、废气、废物的排放。其三，利用园林绿化和建筑外部设计以减少热岛效应。其四，减少建筑外立面和室外照明引起的光污染。其五，采用雨水回渗措施，维持土壤水生态系统的平衡。

（4）绿化设计

其一，优先种植乡土植物，采用耐候性强的植物，减少日常维护的费用。其二，采用生态绿地、墙体绿化、屋顶绿化等多样化的绿化方式，应对乔木、灌木和攀缘植物进行合理配置，构成多层次的复合生态结构，达到人工配置的植物群落自然和谐，并起到遮阳、降低能耗的作用。其三，绿地配置合理，达到局部环境内保持水土、调节气候、降低污染和隔绝噪声的目的。

（5）交通设计

其一，充分利用公共交通网络。其二，合理组织交通，减少人车干扰。其三，地面停车场采用透水地面，并结合绿化为车辆遮阴。

2. 节能与可再生能源利用

（1）降低能耗

其一，利用场地自然条件，合理考虑建筑朝向和楼距，充分利用自然通风和天然采光，减少使用空调和人工照明。其二，提高建筑围护结构的保温隔热性能，采用由高效保温材料制成的复合墙体和屋面及密封保温隔热性能好的门窗，采用有效的遮阳措施。其三，采用用能调控和计量系统。

（2）提高用能效率

其一，采用高效建筑供能、用能系统和设备。如合理选择用能设备，使设备在高效区工作；根据建筑物用能负荷动态变化，采用合理的调控措施。其二，优化用能系统，采用能源回收技术。如考虑部分空间、部分负荷下运营时的节能措施；有条件时宜采用热、电、冷联供形式，提高能源利用效率；采用能量回收系统，如采用热回收技术。其三，针对不同能源结构，实现能源梯级利用。

（3）使用可再生能源

可再生能源，是指从自然界获取的、可以再生的非化石能源，包括风能、太阳能、水能、生物质能、地热能、海洋能、潮汐能等，以及通过热泵等先进技术取自自然环境（如大气、地表水、污水、浅层地下水、土壤等）的能量。可再生能源的使用不应造成对环境和原生态系统的破坏以及对自然资源的污染。

（4）确定节能指标

其一，各分项节能指标。其二，综合节能指标。

3. 节水与水资源利用

（1）节水规划

根据当地水资源状况，因地制宜地制订节水规划方案，如中水、雨水回用等，保证方案的经济性和可实施性。

（2）提高用水效率

其一，按高质高用、低质低用的原则，生活用水、景观用水和绿化用水等按用水水质要求分别提供、梯级处理回用。

其二，采用节水系统、节水器具和设备，如采取有效措施，避免管网漏损；空调冷却水和游泳池用水采用循环水处理系统；卫生间采用低水量冲洗便器、感应出水龙头或缓闭冲洗阀等，提倡使用免冲厕技术等。

其三，采用节水的景观和绿化浇灌设计，如景观用水不使用市政自来水，尽量利用河湖水、收集的雨水或再生水，绿化浇灌采用微灌、滴灌等节水措施。

（3）雨污水综合利用

其一，采用雨水、污水分流系统，有利于污水处理和雨水的回收再利用。其二，在水资源短缺地区，通过技术经济比较，合理采用雨水和中水回用系统。其三，合理规划地表与屋顶雨水径流途径，最大限度地降低地表径流，采用多种渗透措施增加雨水的渗透量。

（4）确定节水指标

其一，各分项节水指标。其二，综合节水指标。

4. 节材与材料资源

（1）节材

其一，采用高性能、低材耗、耐久性好的新型建筑体系。其二，选用可循环、可回用和可再生的建材。其三，采用工业化生产的成品，减少现场作业。其四，遵循模数协调原则，减少施工废料。其五，减少不可再生资源的使用。

（2）使用绿色建材

其一，选用蕴能低、高性能、高耐久性和本地建材，减少建材在全寿命周期中的能源消耗。其二，选用可降解、对环境污染少的建材。其三，使用原料消耗量少和采用废弃物生产的建材。其四，使用可节能的功能性建材。

5.注重室内环境质量

（1）光环境

其一，设计采光性能最佳的建筑朝向，发挥天井、庭院、中庭的采光作用。其二，采用自然光调控设施，如采用反光板、反光镜、集光装置等，改善室内的自然光分布。其三，办公和居住空间，开窗能有良好的视野。其四，室内照明尽量利用自然光，如不具备时，可利用光导纤维引导照明，以充分利用阳光，减少白天对人工照明的依赖。其五，照明系统采用分区控制、场景设置等技术措施，有效避免过度使用和浪费。其六，分级设计一般照明和局部照明，满足低标准的一般照明与符合工作面照度要求的局部照明相结合；局部照明可调节，以有利于使用者的健康和照明节能。其七，采用高效、节能的光源、灯具和电器附件。

（2）热环境

其一，优化建筑外围护结构的热工性能，防止因外围护结构内表面温度过高过低、透过玻璃进入室内的太阳辐射热等引起的不舒适感。其二，设置室内温度和湿度调控系统，使室内热舒适度能得到有效的调控。其三，根据使用要求合理设计温度可调区域的大小，满足不同个体对热舒适性的要求。

（3）声环境

其一，采取动静分区的原则进行建筑的平面布置和空间划分，如办公、居住空间不与空调机房、电梯间等设备用房相邻，减少对有安静要求房间的噪声干扰。其二，合理选用建筑围护结构构件，采取有效的隔声、减噪措施，保证室内噪声级和隔声性能符合《民用建筑隔声设计规范》（GB50118）的要求。其三，综合控制机电系统和设备的运行噪声，如选用低噪声设备，在系统、设备、管道（风道）和机房采用有效的减振、减噪、消声措施，控制噪声的产生和传播。

（4）室内空气品质

其一，人员经常停留的工作和居住空间应能自然通风，可结合建筑设计提高自然通风效率，如采用可开启窗扇、利用穿堂风、竖向拔风作用通风等。其二，合理设置风口位置，有效组织气流；采取有效的措施防止串气、泛味，采用全部和局部换气相结合，避免厨房、卫生间、吸烟室等处的受污染空气循环使用。其三，室内装饰、装修材料对空气质量的影响应符合《民用建筑工程室内环境污染控制规范》（GB50325）的要求。其四，使用可改善室内空气质量的新型装饰装修材料。其五，设集中空调的建筑，宜设置室内空气质量监测系统，维护用户的健康和舒适。其六，采取有效措施防止结露和滋生霉菌。

五、以功能主义为导向的城市规划

（一）“功能主义”及“功能主义建筑”

1.“功能主义”

起源于20世纪20年代的德国、奥地利、荷兰和法国的一小群理想主义者的梦想。“二战”后，这个运动的影响力与日俱增，主导了欧洲和美国多数城市的发展。“功能主义”就是要在设计中注重产品的功能性与实用性，即任何设计都必须保障产品功能及其用途的充分体现，其次才是产品的审美感觉。简而言之，功能主义就是“功能至上”。

2.“功能主义建筑”

功能主义在现代建筑设计中作为一种创作思潮，是将实用作为美学的主要内容，将功能作为建筑追求的目标。“功能主义建筑”认为建筑的形式应该服从它的功能。19世纪80—90年代，作为芝加哥学派的中坚人物，路易斯·沙利文提出了“形式追随功能”的口号，强调“哪里的功能不变，形式就不变”。早期功能主义建筑的重点是解决人的生理需要，其设计方法为“由内向外”逐步完成。在功能主义建筑发展的晚期，人的心理需要被引进建筑设计中，建筑形式成为功能的组成部分。著名的功能主义建筑，包括芬兰首都赫尔辛基的奥林匹克体育馆和著名的巴黎蓬皮杜艺术中心。当时杰出的代表人物有勒·柯布西耶和密斯·凡·德·罗等。

3. 功能主义学派

功能主义的三个著名学派为“德国的包豪斯学派”“荷兰的风格派”，以及法国勒·柯布西耶领导的“法国城市设计运动”。

（1）德国的包豪斯学派

包豪斯设计学院，1919年成立于德国魏玛，这是一个闻名德国乃至欧洲的文化名城。包豪斯是世界上第一所完全为发展设计教育而建立的学院，在当时堪称乌托邦思想和精神的中心。

它创建了现代设计的教育理念，即以包豪斯为基地形成与发展的包豪斯建筑学派，它取得了在艺术教育理论和实践中无可辩驳的卓越成就。

格罗皮乌斯是包豪斯学派的核心人物，他与包豪斯其他成员共同创造了一套新的、以功能、技术和经济为主的建筑观、创作方法和教学观，也称为现代主义建筑，即主张适应现代大工业生产和生活需要，以讲求建筑功能、技术和经济效益为特征。包豪斯的目标是在纯美学的指导下将艺术与技术相结合，即去除所有形式上的装饰与过渡，强调功能之美。他们重视空间设计；强调功能与结构的效能；把建筑美学同建筑的目的性、材料性能和建造方式联系起来，提倡以新的技术来经济地解决新的功能问题。包豪斯的标准元素包括白灰墙、清水混凝土、转角玻璃幕墙和平屋顶，在当时变成了适合任何地方的一种建筑风格，而不考虑当地的传统、气候和自然环境。

（2）荷兰的风格派

荷兰风格派是19世纪末20世纪初在荷兰兴起的一种建筑艺术流派，最初由一些画家、设计家、建筑师组织的一个集体，取名于《风格》杂志。一战期间，荷兰作为中立国而与卷入战争的其他国家在政治上和文化上相互隔离，在极少外来影响的情况下，一些接受了野兽主义、立体主义、未来主义等现代观念启迪的艺术家们开始在荷兰本土努力探索前卫艺术的发展之路，且取得了卓尔不凡的独特成就，形成著名的风格派。其核心人物有画家蒙德里安、凡·杜斯柏格及家具设计师兼建筑师哥瑞特·维尔德、建筑师欧德、里特维尔德等人。比起立体主义、超现实主义运动，风格派运动当时并没有完整的结构和宣言，维系这个集体的中心是《风格》杂志（杂志编辑是杜斯柏格）。

风格派追求艺术的“抽象和简化”，平面、直线、矩形成为艺术中的支柱，色彩亦减至“红黄蓝三原色”及“黑白灰三非色”。其艺术风格以足够的明确、秩序和简洁建立起精确严格且自足完善的几何风格。对于风格派的这种艺术目标，蒙德里安用“新造型主义”一词来表达。风格派把传统的建筑、家具、产品设计、绘画、雕塑的特征完全剥除，变成最基本的集合结构单体，或者称为元素；把这些几何结构单体进行简单的结构组合，但在新的结构组合当中，单体依然保持相对独立性和鲜明的可视性。由里氏同施罗德夫人共同构思的施罗德住宅是荷兰风格派的代表作，采用了红、黄、蓝三原色，有构成主义的雕塑效果，室内用活动隔断、固定家具等，做法独特。

（3）法国勒·柯布西耶的城市规划思想

法国建筑大师勒·柯布西耶对20世纪的建筑空间发展产生了巨大影响，主要在这三个方面：板式与点式建筑作为大尺度城市空间的构成元素；交通的垂直分离系统——勒·柯布西耶迷恋公路及未来城市的结果；开放的城市空间使景观、阳光、空气得以自由移动。勒·柯布西耶的城市规划观点主要有：传统的城市由于规模的增长和市中心拥挤加剧，需要通过技术的改造以完成它的集聚功能，关于拥挤的问题可以用提高密度来解决；主张调整城市内部的密度分布，降低市中心的建筑密度与就业密度，以减弱市中心的压力和使人流合理分布于整个城市。

（二）功能主义建筑思潮走向极端

随着现代主义建筑运动的发展，功能主义思潮在20世纪20—30年代风行一时。但是，也有人把它当作绝对信条，被称为“功能主义者”。他们认为不仅建筑形式必须反映功能、表现功能，建筑平面布局和空间组合也必须以功能为依据，而且所有不同功能的构件也应该分别表现出来。功能主义者颂扬“机器美学”，他们认为机器是“有机体”，同其他的几何形体不同，它包含内在功能，反映了时代的美。因此，有人把建筑和汽车、飞机相比较，认为合乎功能的建筑就是美的建筑。

20世纪20—30年代出现了另一种功能主义者，主要是一些营造商和工程师。他们认为“经济实惠的建筑”就是合乎功能的建筑，就会自动产生美的形式。这些极端的思想排斥了建筑自身的艺术规律，给功能主义本身造成了混乱。20世纪50年代以后，功能主义逐渐销声匿迹。但毋庸置疑，功能主义产生之初对推进现代建筑的发展起过重要作用。

（三）功能主义的城市规划

二战后，欧美城市进入新一轮快速更新与扩展时期，城市规划理论受“机器逻辑”的影响，城市被看作用于居住和工作的集合机器。柯布西埃的“光辉城市”理念表明了那个时代发展的野心，该理念倡导提高城市密度，城市群落布局采用强烈的几何形式，鼓励城市竖向高层化发展，以寻求更多的建筑空间与更大的城市绿地。

1928年成立的国际现代建筑协会（CIAM），是一个宣扬柯布西埃理念的团体，其哲学基础是将城市视为“居住、工作、交通、游憩”四个功能构成的机器。它提倡一种新的城市规划发展模式，即以大规模的主干街道方格网为基础，以明确的功能分区为城市组织单元，城市发展被理解成城市空间的增长。这种“建筑学现代主义”影响下的城市规划，遵循功能机械主义原理，城市复杂的功能关系被简化为几个主要功能模块及功能间的简单关联。

1. 典型的功能主义城市规划实例——巴西利亚

1956年，巴西政府决定在戈亚斯州海拔1100米的高原上建设新都，定名为巴西利亚。同年，通过竞赛选取了现代建筑运动先锋人物，巴西建筑师卢西奥·科斯塔设计的新都规划方案，规划人口50万，规划用地152平方公里。这是一个过分追求形式的设计，对文化和历史传统考虑不足，未能妥善解决低收入阶层的就业和居住等问题。在没有任何社会经济、人口、土地利用发展预测与分析的情况下，一个空间形态“宏伟”的形式主义方案被地方政府所接受。巴西利亚规划展现一个类似飞机的对称图形平面形式、强烈而壮观的纪念性轴线、两翼对称分布的居民区、中央林荫道两侧高耸林立的大楼，完全体现出现代主义运动所追求的城市功能空间的发展形态。

2. 功能主义规划的弊端

随着城市住区失控的扩张，向郊区化蔓延，并不断吞食城市周边的土地、消耗水源与能源、邻里间的陌生、环境景观被破坏、远程通勤的不便、生活单调、城市生态系统危机，功能主义导向下的城市规划设计显现出种种弊端，这种图景被美国学者称为“灰色城市”，称其发展方式是一种城市生态灾难。现今的中国城市中，单一功能的开发区及新城居住区的盲目扩张，正在演绎西方的灰色发展模式。

（四）以生态观念为目标的绿色城市规划

生态文明是人类社会经历工业文明后的必然选择，是当今国际倡导的发展方式。因而现代城市的合理发展方式，正在转变为生态城市（Eco-city）型的发展方式。2010年上海世博会“国际城市实践区”倡导未来城市的发展方式是“智能家居”“健康社区”“低碳城市”以及“和谐环境”，都是寻求一种以发展与环境和谐为宗旨的人居生态系统，又称“绿色城市”。

传统城市规划的工作重点是研究“城市空间的功能合理性”，绿色城市规划则更多关注“城市空间中人的活动行为的合理性”，而其规划发展的终极目标的合理性如何，也越来越倾向于用指标化来衡量。对城市的自然资源、居住条件、交通状况、工作环境、休憩空间等诸多问题进行科学合理的解决与实现，使城市在它的使用周期内最大限度地节约资源、优化环境和减少污染，为人们提供健康、宜居和高效的城市空间，创造与自然和谐共生的环境，这些都已成为绿色规划需要探索的课题。

1. 城市规划中的绿色内涵

宏观、微观层面：宏观层面强调人与自然和谐关系，是一种科学的实践观，谋求人类与自然的协调；微观层面具有生态性、可持续发展性和人文性的重要内涵。

自然、人文角度：强调彰显以人为本的时代特征，从人与自然关系方面强调人与自然和谐相处、平衡共生、协调发展的思维模式。人的存在具有二重性，即自然性与社会性。绿色城市规划蕴含着对人类终极关怀的理性思考，体现了人类和平、安全、健康以及生活质量等方面的人文关怀。

经济角度：强调可持续发展的思维方式，只有经济、社会和自然全面发展与和谐，人类才能持久、持续地享受经济增长带来的成果。

规划角度：就是将绿色思维理念引入城市规划中，通过全社会的共同努力一起创造绿色可持续发展的城市。

2. “灰色城市”与“绿色城市”的规划内容

以功能导向的“灰色城市规划”产生了各种城市弊端和发展困境，“绿色城市规划”关注的首位要素从满足人类发展需求的规模增长，转化为发展中的人与环境的和谐；“灰色城市规划”更多是以追求发展的结果为目标，“绿色城市规划”而是以建立和谐的发展关系为目标。这反映出人类社会发展阶段需求与模式的变化，即城市发展的策略与方式，见表8-1。

表8-1 “灰色城市”与“绿色城市”的规划内容

规划内容	灰色城市	绿色城市
能源生产	集中生产石化与核能源	多种形态的可再生能源
用水供给	下埋式市政管网	雨水、地表水循环利用
空间环境	建筑机械能风，无城市整体系统	风规划、绿廊、交错的建筑公布
垃圾处理	集中处理，填埋、焚化、污水处理	堆肥、再利用、生态化、社区处理
生物多样	被建设碎化、减少	生态区、廊道、网络、斑块
侵蚀控制	物质屏障、拒绝变化	避开发展、生态减缓、接受变化
交通系统	构建交通系统、适应交通增长	提高交通效率、增加选择性
土地利用	功能区化、规模化发展	功能混合、紧凑发展
绿化环境	系统发展公园、广场	发展自然绿色系统、增加可达性
公共设施	按地区需求无序配置发展	发展与地区需求相协调
城市景观	构建地区物质性标志景观	保护与构建城市与自然和谐的环境景观

六、绿色城市规划的概念

城市规划，研究的重点包括土地利用、自然生态保护、城市格局、人居环境、交通方式、产业布局等。绿色城市规划，是以城市生态系统和谐和可持续发展为目标，以协调人与自然环境之间关系为核心的规划设计方法。绿色规划、生态规划与环境规划等概念有着相似的目标和特点，即注重人与自然的和谐。

绿色城市规划的概念源于绿色设计理念，是基于对能源危机、资源危机、环境危机的反思而产生的。与绿色设计一样，绿色规划具有“3R”核心，绿色规划的理念还拓展到人文、经济、社会等诸多方面。其关键词除了洁净、节能、低污染、回收和循环利用外，还有公平、安全、健康、高效等。

七、绿色城市规划的设计原则及目标

（一）绿色城市规划的设计原则

绿色城市规划设计应坚持“可持续发展”的设计理念；应提高绿色建筑的环

境效益、社会效益和经济效益；关注对全球、地区生态环境的影响以及对建筑室内外环境的影响；应考虑建筑全寿命周期的各个阶段对生态环境的影响。

（二）绿色城市规划的目标

传统的规划设计往往以美学、人的行为、经济合理性、工程施工等为出发点进行考虑，而生态和可持续发展的内容则作为专项规划或者规划评价来体现。现代绿色规划设计的目标是以可持续发展为核心目标、生态优先的规划方法。以城市生态系统论的观点，绿色建筑规划应从城市设计领域着手，实施环境控制和节能战略，促成城市生态系统内各要素的协调平衡，主要应注意以下几方面。

（1）完善城市功能，合理利用土地，形成科学、高效和健康的城市格局；提倡功能和用地的混合性、多样性，提高城市活力。

（2）保护生态环境的多样性和连续性。

（3）改善人居环境，形成生态宜居的社区；采用循环利用和无害化技术，形成完善的城市基础设施系统；保护开放空间和创造舒适的环境。

（4）推行绿色出行方式，形成高效环保的公交优先的交通系统和步行交通为主的开发模式。

（5）改善人文生态，保护历史文化遗产，改善人居环境；强调社会生态，保障社会公平等，提倡公众参与，保障社会公平等。

随着认识的不断深入和城市的进一步发展，绿色规划的目标也逐步向更为全面的方向发展。从对新能源的开发到对节能减排和可再生资源的综合利用；从对自然环境的保护到对城市社会生态的关心；从单一领域的出发点到城市综合的绿色规划策略。城市本身是一个各种要素相互关联的复杂生态系统。绿色规划的目的就是要达到城市“社会—经济—自然”生态系统的和谐，其核心和共同特征是可持续发展。由此可见，绿色规划的目标具有多样性、关联性的特点，同时又具有统一的核心内涵。

八、绿色城市规划的设计要求及设计要点

（一）应谋求社会环境的广泛支持

绿色建筑建设的直接成本较高、建设周期较长，需要社会环境的支持。政府

职能部门应出台政策、法规，营造良好的社会环境，鼓励、引导绿色建筑的规划和建设。建设单位也要分析和测算建设投资与长期效益的关系，达到利益平衡。

（二）应处理好各专业的系统设计

绿色规划设计涉及的面宽、涉及的单位多、涉及的渠道交错纵横。因而，应在建筑规划设计中将各子系统的任务分解，在各专业的系统设计中加以有效解决。

1. 绿色城市规划前期，应充分掌握城市基础资料

包括以下内容：一是城市气候特征、季节分布和特点、太阳辐射、地热资源、城市风流改变及当地人的生活习惯、习俗等；二是城市地形与地表特征：如地形、地貌、植被、地表特征等，设计时尽量挖掘、利用自然资源条件；三是城市空间现状，城市所处的位置及城市环境指标，这些因素关系到建筑的能耗；四是小气候保护因素：由于城市建筑排列、道路走向而形成的小气候改变、城市热岛现象，城市用地环境控制评价等级。

2. 绿色规划的建筑布局及设计阶段应注意的设计要点

包括以下内容：

（1）处理好节地、节能问题，创造优美舒适的绿化环境以及环境的和谐共存；合理配置建筑选址、朝向、间距、绿化，优化建筑热环境。

（2）尽量利用自然采光、自然通风，获得最佳的通风换气效果；处理好建筑遮阳等功能设计及细部构造处理；着重改善室内空气质量、声、光、热环境，保证洁净的空气和进行噪声控制，营造健康、舒适、高效的室内外环境。

（3）选择合理的体形系数，降低建筑能耗。体形系数，即建筑物与室外大气接触的外表面积与其所包围的体积的比值。一般体形系数每增加0.01，能耗指标增加2.5%。

（4）做好节水规划，提高用水效率，选用节水洁具；雨污水综合利用，将污水资源化；垃圾做减量与无害化处理。

（5）处理好室内热环境、空气品质、光环境，选用高效节能灯具，运用智能化系统管理建筑的运营过程。

九、绿色城市规划设计的策略与措施

绿色规划并非生态专项规划，其策略和措施的提出仍然要针对城市规划的研究对象，如能源利用、土地利用、空间布局、交通运输等。在绿色规划设计过程中，生态优先和可持续发展的理念是区别于一般规划设计的重要特点。由于基础条件、发展阶段及政策导向的不同，在推行相关规划策略时的侧重点也不相同。

（一）绿色规划的能源利用措施

1. 可再生能源利用

可再生能源，尤其是太阳能技术，在绿色城市规划设计中的应用已进入实践阶段。德国的弗赖堡就是太阳能利用的代表，其太阳能主动和被动式利用在城市范围内得到普及。我国的许多城市也制定了新能源使用的策略，对城市供电、供热方式进行合理化和生态化建设。如广州2009年发布的《广州市新能源和可再生能源发展规划（2008—2020）》，将太阳能、水电与风电、生物质能等作为新能源发展的重点领域，与此同时对城市基础设施进行统筹规划和优化调整。

2. 能源的综合利用和节能技术

节能技术不仅应用在建筑领域，也应用在城市规划领域，其中包括：城市照明的节能技术；热能综合利用；热泵技术，通过系统优化达成的系统节能技术等。

3. 水资源循环利用

水资源循环利用主要包括：中水回用系统和雨水收集系统。中水回用系统开辟了第二水源，促进水资源迅速进入再循环。中水可用于厕所冲洗、灌溉、道路保洁、洗车、景观用水、工厂冷却水等，达到节约水资源的目的。雨水收集系统在绿色规划中也得到了广泛应用，如德国柏林波茨坦广场的戴姆勒·克莱斯勒大楼周边就采用了雨水收集系统，通过屋顶绿化吸收之后，剩余的水分收集在蓄水池中，每年雨水收集量可达7700立方米。

4. 垃圾回收和再利用

垃圾的分类收集、垃圾焚化发电、可再生垃圾的利用等措施，促进城市废物的再次循环。对城市基础设施来说，一是提供充足的分类收集设施；二是建设能够处理垃圾的再生纸、发电等再利用设施。

5. 环境控制

包括：防止噪声污染；垃圾无害化处理；光照控制；风环境控制；温度湿度控制；空气质量控制等。随着虚拟模拟技术的引入，对噪声、光照、风速、风压等可以进行计算机模拟，依据结果对规划方案进行修正。

（二）混合功能社区——以“土地的混合利用”为特色

功能的多元化源自人类自身的复杂性与矛盾性，聚居空间作为生活活动的物质载体，体现着最朴素的混合发展观。近年来，城镇化处于快速膨胀期，产业集聚与人居增长在地理空间上高度复合。区别于传统的经济社会导向型的土地利用规划模式，从生态角度出发的土地利用模式有着一些新的途径，即提倡以“土地的混合利用”为特色的混合功能社区，既节省土地资源，有利于提高土地经济性和功能的多样化，又通过合理布局，调整就业空间分布，鼓励区内就业等方式，缩短了出行距离。目前，土地的混合利用已经为许多城市所接受，在城市中心区和居住社区建设中得到实践应用。

“土地的混合利用”实例有美国阿华达市“GEOS能源零净耗社区”。GEOS社区，于2009年夏开始动工建设，当时成为美国最大的能源净耗为零的城市混合社区。根据气候特点，在科罗拉多州建设一个高密度、能源零净耗社区的关键是使所有建筑和住所对太阳能的被动利用达到最大化。策略是首先规划街道、小巷、街区和建筑周边小地块的布局，然后是建筑和乔木的布局。该项目总占地面积25.2英亩（1英亩=0.405公顷），居民户数282户，净密度为23.2住宅单元/英亩，商用建筑面积12 000平方英尺（1114.8平方米），公园与开放空间8.5英亩，占总用地面积的34%。该项目能源来自1.3兆瓦太阳能发电系统及500万英制地热系统。该社区2009—2010年进行一期广场施工，2010—2012年进行二期和三期施工。GEOS能源零净耗社区，荣获2009年美国“景观设计师协会分析与规划类荣誉奖”。

GEOS社区的整体规划目标是促进自然过程、社区生态和环境监管之间发展形成生态文明关系，在各种尺度的场地规划和建筑设计中融入共生关系，具体措施包括以下几方面。

（1）总体布局：建筑呈东西走向，可从街巷和绿化等呈南北走向的城市路网中最大限度地获取阳光；为确保光照，建筑拉开一定距离并错列排布，呈棋盘式布局。

（2）太阳能的利用使城市密度得到最优化，在开放空间和公用设施中设置地热循环。地热网络和各房顶的太阳能电池，成为社区的主要能源供给。

（3）植物选择落叶树种，并精心安排树高和种植位置，以确保太阳能发电系统的采光和小气候的营造。

（4）采用气密性围护结构和热能回收系统，建造高性能的太阳能建筑，并尽可能地减少北向门窗洞口，控制和遮挡东西向的门窗洞口。

（5）城市雨洪规划。社区与自然系统交织在一起，暴雨冲刷的大地景观与市民公共场所结合；将透水铺装应用于所有的步行道和广场；行道树雨水花园接收、滞留、过滤来自大街小巷及周边环境的地表径流，也为街道绿地提供浇灌用水。

（6）建筑采用高性能覆面材料和超高效率机械系统。

第二节　绿色建筑与景观绿化

回归自然已成为人们的普遍愿望，绿化不仅可以调节室内外温湿度，有效降低绿色建筑的能耗，同时还能提高室内外空气质量，降低CO_2浓度，从而提高使用者的健康舒适度，满足其亲近自然的心理。人类与绿色植物的生态适应和协同进化是人类生存的前提。

建筑设计必须注重生态环境与绿化设计，充分利用地形地貌种植绿色植被，让人们生活在没有污染的绿色生态环境中，这是我们肩负的社会责任和环境责任。因此，绿化是绿色建筑节能、健康舒适、与自然融合的主要措施之一。

一、建筑绿化的配置

构建适宜的绿化体系是绿色建筑的重要组成部分，我们在了解植物种的生物生态习性和其他各项功能的测定比较的基础上，应选择适宜的植物品种和群落类型，提出适宜绿色建筑的室内外绿化、屋顶绿化和垂直绿化体系的构建思路。

（一）环境绿化、建筑绿化的目标

1. 改善人居环境质量

人的一生中90%以上的活动都与建筑有关，改善建筑环境质量无疑是改善人居环境质量的重要组成部分。绿化应与建筑有机结合以实现全方位立体的绿化，提高生活环境的舒适度，形成对人类更为有利的生活环境。

2. 提高城市绿地率

城市钢筋水泥的沙漠里，绿地犹如沙漠中的绿洲，发挥着重要的作用。高昂的地价成为城市绿地的瓶颈，对占城市绿地面积50%以上的建筑进行屋顶绿化、墙面绿化及其他形式绿化，是改善建筑生态环境的一条必经之路。日本有明文规定，新建筑占地面积只要超过1000平方米，屋顶的1/5必须为绿色植物所覆盖。

（二）建筑绿化的定义和分类

建筑绿化，是指利用城市地面以上各种立地条件，如建筑物屋顶和外围护结构表皮，构筑物及其他空间结构的表面，覆盖绿色植被并利用植物向空间发展的立体绿化方式。

建筑绿化主要分为有屋顶绿化、垂直绿化（墙面绿化）和室内绿化三类。建筑绿化系统包括屋面和立面的基底、防水系统、蓄排水系统以及植被覆盖系统等，适用于工业与民用建筑屋面及中庭、裙房敞层的绿化；与水平面垂直或接近垂直的各种建筑物外表面上的墙体绿化；窗阳台、桥体、围栏棚架等多种空间的绿化。

（三）建筑绿化的功能

1. 植物的生态功能

植物具有固定CO_2、释放O_2、减弱噪声、滞尘杀菌、增湿调温、吸收有毒物质等生态功能，其功能的特殊性使建筑绿化不会产生污染，更不会消耗能源，改善建筑环境质量。

2. 建筑外环境绿化的功能

建筑外环境绿化是改善建筑环境小气候的重要手段。据测定，1 m^2的叶面积可日吸收CO_2量15.4 g，释放O_2量10.97 g，释放水1634 g，吸热959.3 kJ，可为环境降温1℃～2.59℃。另外，植物又是良好的减噪滞尘的屏障，如园林绿化常用的树种广玉兰，日滞尘量7.10 g/m^2；高1.5 m、宽2.5 m的绿篱可减少粉尘量50.8%，减弱噪声1～2 dB（A）。此外，良好的绿化结构还可以加强建筑小环境通风；利用落叶乔木为建筑调节光照也是国内外绿化常用的手段。

3.建筑物绿化的功能

建筑物绿化包括墙面绿化和屋顶绿化，使绿化与建筑有机结合，一方面可以直接改善建筑的环境质量；另一方面还可以提高整个城市的绿化覆盖率与辐射面。此外，建筑物绿化还可为建筑有效隔热，改善室内环境。据测定，墙面绿化与屋顶绿化在夏季可以为室内降温1℃～2℃，在冬季可以为室内减少30%的热量损失。植物的根系可以吸收和存储50%～90%的雨水，大大减少了水分的流失。一个城市，如果其建筑物的屋顶都能绿化，则城市的CO_2较之没有绿化前要减少85%。

4. 室内绿化的功能

城市环境的恶化使人们越来越多地依赖于室内加热通风及以空调为主体的生活工作环境，由供热通风与空气调节（HVAC）组成的楼宇控制系统是一个封闭的系统，自然通风换气十分困难。据上海市环保产业协会室内环境质量检测中心调查，写字楼内的空气污染程度是室外的2～5倍，有的甚至超过100倍，空气中的细菌含量高于室外的60%以上，CO浓度最高时则达到室外3倍以上。人们久居其中，极易造成建筑综合征（SBS）的发生。一定规模的室内绿化可以吸收CO_2释放O_2，吸收室内有毒气体，减少室内病菌含量。实验表明：云杉有明显的杀死葡萄球菌的效果；菊花可以一日内除去室内61%的甲醛、54%的苯、43%的三氯乙烯。室内绿化还可以引导室内空气对流，增强室内通风。

（四）园林建筑与园林植物配置

我国历史、文化悠久灿烂，古典园林众多，风格各异。由于园林性质、功能和地理位置的差异，园林建筑对植物配置的要求也有所不同。

1. 园林植物配置的特点和要求

北京的古典皇家园林，推崇帝王至高无上、尊严无比的思想，加之宫殿建筑体量庞大、色彩浓重、布局严整，多选择侧柏、桧柏、油松、白皮松等树体高大、四季常青、苍劲延年的树种作为基调，来显示帝王的兴旺不衰、万古长青。

苏州园林，很多是代表文人墨客情趣和官僚士绅的私家园林，在思想上体现士大夫的清高、风雅的情趣，建筑色彩淡雅，如黑灰的瓦顶与白粉墙、栗色的梁柱与栏杆。一般在建筑分隔的空间中布置园林，因此园林面积不大，在地形及植物配置上用"以小见大"的手法，通过"咫尺山林"再现大自然景色，植物配置充满诗情画意的意境。

2. 园林建筑的门、窗、墙、角隅的植物配置

门是游客游览必经之处，门和墙连在一起，起到分割空间的作用。充分利用门的造型，以门为框，通过植物配置，与路、石等进行精细的艺术构图，不但可以入画，而且可以扩大视野、延伸视线。窗也可充分利用来作为框景的材料，安坐室内，透过窗框外的植物配置，俨然一幅生动的画面。此外，在园林中利用墙的南面良好的小气候特点，引种栽培一些美丽的抗寒的植物，可发展成美化墙面的墙园。

3. 不同地区屋顶花园的植物配置

江南地区气候温暖、空气湿度较大，所以浅根性、树姿轻盈秀美、花叶美丽的植物种类都很适宜配置于屋顶花园中，尤其在屋顶铺以草皮，其上再植以花卉和花灌木效果更佳。北方地区营造屋顶花园的困难较多，冬天严寒，屋顶薄薄的土层很易冻透，而早春的风在冻土层解冻前易将植物吹干，故宜选用抗旱、耐寒的草种、宿根、球根花卉以及乡土花灌木，也可采用盆栽、桶栽，冬天便于移至室内过冬。

二、室内外绿化体系的构建

（一）室内绿化体系的构建

室内的出发点是尽可能地满足人的生理、心理乃至潜在的需要。在进行室内植物配置前，应先对场所的环境进行分析，收集其空间特征、建筑参数、装修状况及光照、温度、湿度等与植物生长密切相关的环境因子等诸多方面的资料。综合分析这些资料，才能合理地选用植物，以改善室内环境，提高健康舒适度。

1. 室内绿化植物的选择原则

（1）适应性强

由于光照的限制，室内植物以耐阴植物或半阴生植物为主。应根据窗户的位

置、结构及白天从窗户进入室内光线的角度、强弱及照射面积来决定花卉品种和摆放位置，同时还要适应室内温湿度等环境因子。

（2）对人体无害

玉丁香久闻会引起烦闷气喘、记忆力衰退；夜来香夜间排出的气体可加重高血压、心脏病的症状；含羞草经常与人接触会引起毛发脱落，应避免选择此类对人体可能产生危害的植物。

（3）生态功能强

选择能调节温湿度、滞尘、减噪、吸收有害气体、杀菌和固碳释氧能力强的植物，可改善室内微环境，提高工作效率和增强健康状况。如杜鹃具有较强的滞尘能力，还能吸收有害气体如甲醛，净化空气；月季、蔷薇能较多地吸收HS、HF、苯酚、乙醚等有害气体；吊兰、芦荟可消除甲醛的污染等。

（4）观赏性高

花卉的种类繁多，有的花色艳丽，有的姿态奇特，有的色、香、姿、韵俱佳，如超凡脱俗的兰、吉祥如意的水仙、高贵典雅的君子兰、色彩艳丽的变叶木等。应根据室内绿化装饰的目的、空间变化以及人们的生活习俗，确定所需的植物种类、大小、形状、色彩以及四季变化的规律。

2. 适合华东地区绿色建筑室内绿化的植物

（1）木本植物

常见的有：桫椤、散尾葵、玳玳、柠檬、朱蕉、孔雀木、龙血树、富贵竹、酒瓶椰子、茉莉花、白兰花、九里香、国王椰子、棕竹、美洲苏铁、草莓番石榴、胡椒木等。

（2）草本植物

常见的有：铁线蕨、菠萝、花烛、佛肚竹、银星秋海棠、铁叶十字秋海棠、花叶水塔花、花叶万年青、紫鹅绒、幌伞枫、龟背竹、香蕉、中国兰、凤梨类、佛甲草、金叶景天等。

（3）藤本植物

常见的有：栎叶粉藤、常春藤、花叶蔓长春花、花叶蔓生椒草、绿萝等。

（4）莳养花卉

常见的有：仙客来、一品红、西洋报春、蒲包花、大花蕙兰、蝴蝶兰、文心兰、瓜叶菊、比利时杜鹃、菊花、君子兰等。

（二）室外绿化体系的构建

室外绿化一般占城市总用地面积的35%左右，是建筑用地中分布最广、面积最大的空间。

1. 室外绿化植物的选择原则

室外植物的选择首要考虑城市土壤性质及地下水位高低、土壤偏盐碱的特点；其次考虑生态功能；最后需要考虑建筑使用者的安全。综合起来有以下几个方面。

（1）耐干旱、耐瘠薄、耐水湿和耐盐碱的适宜生物种。

（2）耐粗放管理的乡土树种。

（3）生态功能好。

（4）无飞絮、少花粉、无毒、无刺激性气味。

（5）观赏性好。

2. 室外绿化群落配置原则

（1）功能性原则：以保证植物生长良好，有利于功能的发挥。

（2）稳守性原则：在满足功能和目的要求的前提下，考虑取得较长期稳定的效果。

（3）生态经济性原则：以最经济的手段获得最大的效果。

（4）多样性原则：植物多样化，以便发挥植物的多种功能。

（5）其他需考虑的特殊要求等。

3. 适合华东地区绿色建筑做室外绿化的植物

（1）乔木

常见的有：合欢、栾树、梧桐、三角枫、白玉兰、银杏、水杉、垂丝海棠、广玉香，香樟、棕榈、枇杷、八角枫、紫椴、女贞、大叶榉、紫微、臭椿、刺槐、丁香、旱柳、枣树、橙、红楠、天竺桂、桑、泡桐、樱花、龙柏、罗汉松等。

（2）灌木

常见的有：八角金盘、夹竹桃、栀子花、含笑、石榴、无花果、木槿、八仙花、云南黄馨、浓香茉莉、洒金桃叶珊瑚、大叶黄杨、月季、火棘、蜡梅、龟甲冬青、豪猪刺、南天竹、枸子属、红花檵木、山茶、贴梗海棠、石楠等。

（3）地被

常见的有：美人蕉、紫苏、石蒜、一叶兰、玉簪类、黄金菊、蓍草、荷兰菊、蛇鞭菊、鸢尾类、岩白菜、常夏石竹、钓钟柳、芍药、筋骨草、葱兰、麦冬、花叶薄荷等。

4. 功能性植物群落

根据植物资源信息库的资料，一些生态功能较好的功能性植物群落配置有以下一些。

（1）降温增湿效果较好的植物群落

①香榧+柳杉群落：具体的群落组成：香榧+柳杉—八角金盘+云锦杜鹃+山茶—络石+虎耳草+铁筷子+麦冬+结缕草+凤尾兰+薰衣草。

②广玉兰+罗汉松群落：具体的群落组成：广玉兰+罗汉松—东瀛珊瑚+雀舌黄杨+金叶女贞—燕麦草+金钱蒲+荷包牡丹+玉簪+凤尾花。

③香樟+悬铃木群落：具体的群落组成：香樟+悬铃木—亮叶蜡梅+八角金盘+红花檵木—大吴风草+贯众+紫金牛+姜花+岩白菜。

（2）能较好改善空气质量的植物群落

①杨梅+杜英群落：具体的群落组成：杨梅+杜英—山茶+珊瑚树+八角金盘—麦冬+大吴风草+冠众—叶兰。

②竹群落：具体的群落组成：刚竹+毛金竹+淡竹—麦冬+贯众+结缕草+玉簪。

③柳杉+日本柳杉群落：具体的群落组成：柳杉+日本柳杉—珊瑚树+红花橼小+紫荆—细叶苔草+麦冬+紫金牛+虎耳草。

（3）固碳释氧能力较强的群落

①广玉兰+夹竹桃群落：具体的群落组成：广玉兰+夹竹桃—云锦卡+鹃+紫荆+云南黄馨—紫藤+阔叶十大功劳+八角金盘+洒金东瀛珊瑚+玉簪+花叶蔓长春花。

②香樟+山玉兰群落：具体的群落组成：香樟+山玉兰—云南黄馨+迎春+大叶黄杨—美国凌霄+鸢尾+早熟禾+八角金盘+洒金东瀛珊瑚+玉簪。

③含笑+蚊母群落：具体的群落组成：含笑+蚊母—卫矛+雀舌黄杨+金叶女贞—洋常春藤+地锦+瓶兰+野牛草+花叶盟长春花+虎耳草。

三、屋顶绿化和垂直绿化体系的构建

（一）屋顶绿化体系的构建

1. 屋顶植物的选择原则

（1）所选树种植物要适应种植地的气候条件并与周围环境相协调。

（2）耐热、耐寒、抗旱、耐强光、不易患病虫害等，适应性强。

（3）根据屋顶的荷载条件和种植基质厚度，选择与之相适应的植物。

（4）生态功能好。

（5）具有较好的景观效果。

2. 适合华东地区屋顶绿化的植物

（1）小乔类：常见的有：棕榈、鸡爪槭、针葵等。

（2）地被类：常见的有：佛甲草、金叶景天、葱兰、萱草、麦冬、鸢尾、石竹、美人蕉、黄金菊、美女樱、太阳花、紫苏、薄荷、鼠尾草、薰衣草、常春藤类、美国爬山虎、忍冬属等。

（3）小灌木：常见的有：小叶女贞、女贞、迷迭香、金钟花、南天竹、双荚决明、伞房决明、山茶、夹竹桃、石榴、木槿、紫薇、金丝桃、大叶黄杨、月季、栀子花、贴梗海棠、石楠、茶梅、蜡梅、桂花、铺地柏、金线柏、罗汉松、凤尾竹等。

3 屋顶绿化的类型

屋顶绿化是建筑绿化的主要形式，按照覆土深度和绿化水平，一般分为轻型屋顶绿化和密集型屋顶绿化。两类绿化方式的特点，见表8–2所列。

表8–2　轻型屋顶绿化与密集型屋顶绿化的比较

指标	轻型屋顶绿化	密集型屋顶绿化（空中花园）
一般性	覆土层浅（50～150 mm）；少量或无灌溉；低维护保养6～18元/（平方米·年）	覆土层深（200～500 mm）；有灌溉系统；维护保养费30～50元/（平方米·年）
优势	承重荷载小（60～200 kg/m^2）；低维护量；植被可自然生长；适用于新建和既有改造项目，也适用于较大屋面区域和0°～30° 屋面坡度；初期投资低（200～600元平方米）	多样化种植方式；较好的植物多样性和适应性；绝热性好；良好的景观观赏性

续表

指标	轻型屋顶绿化	密集型屋顶绿化（空中花园）
缺点	植物种类受限，不可游玩进入，观赏性一般，旱季影响更大	初期投资高（800～1200元/平方米）；一般不适用于建筑改造项目；承重负荷较大（200～300 kg/m²）；需要灌溉和排水系统

按照屋顶绿化的特点以及与人工景观的结合程度，又可细分为轻型屋顶绿化、半密集型屋顶绿化和密集型屋顶绿化。

（1）轻型屋顶绿化

又称敞开型屋顶绿化、粗放型屋顶绿化，是屋顶绿化中最简单的一种形式。这种绿化效果比较粗放和自然化，让人们有接近自然的感觉，所选用的植物往往也是一些景天科的植物，这类植物具有抗干旱、生命力强的特点，并且颜色丰富鲜艳，绿化效果显著。轻型屋顶绿化的基本特征：低养护；免灌溉；从苔藓、景天到草坪地被型绿化；整体高度6～20 cm；重量为60～200 kg/m²。

（2）半密集型屋顶绿化

是介于轻型屋顶绿化和密集型屋顶绿化之间的一种绿化形式，植物选择趋于复杂，效果也更加美观，居于自然野性和人工雕琢之间。由于系统重量的增加，设计师可以自由加入更多的设计理念，一些人工造景也可以得到很好展示。半密集型屋顶绿化的特点：定期养护；定期灌溉；从草坪绿化屋顶到灌木绿化屋顶；整体高度12～25 cm；重量为120～250 kg/m²。

（3）密集型屋顶绿化

是植被绿化与人工造景、亭台楼阁、溪流水榭的完美组合，是真正意义上的“屋顶花园”“空中花园”。高大的乔木、低矮的灌木、鲜艳的花朵，植物的选择随心所欲；还可设计休闲场所、运动场地、儿童游乐场、人行道、车行道、池塘喷泉等。密集型屋顶绿化的特点：经常养护；经常灌溉；从草坪、常绿植物到灌木、乔木；整体高度15～100 cm；荷载为150～1000 kg/m²。

（二）垂直绿化体系的构建

1. 垂直绿化植物选择的原则

（1）生态功能强。

（2）丰富多样，具有较佳的观赏效果。

（3）耐热、耐寒、抗旱，不易患病虫害等，适应性强。

（4）无须过多修剪、整形等栽培措施，耐粗放管理。

（5）具有一定的攀缘特性。

2. 垂直绿化的类型

垂直绿化一般包括阳台绿化、窗台绿化和墙面绿化三种绿化形式。

（1）阳台、窗台绿化。住宅的阳台有开放式和封闭式两种。开放式阳台光照好，又通风，但冬季防风保暖效果差；封闭式阳台通风较差，但冬季防风保暖好，宜选择半耐阴或耐阴种类，如吊兰、紫鸭跖草、文竹、君子兰等在阳台内。栏板扶手和窗台上可放置盆花、盆景。或种植悬垂植物如云南黄馨、迎春、天门冬等，既可丰富造型，又增加了建筑物的生气。

窗台、阳台的绿化有以下四种常见方式。

一是在阳台上、窗前设种植槽，种植悬垂的攀缘植物或花草。

二是让植物依附于外墙面花架，进行环窗或沿栏绿化以构成画屏。

三是在阳台栏面和窗台面上的绿化。

四是连接上下阳台的垂直绿化。

由攀缘植物所覆盖的阳台，按其鲜艳的色泽和特有的装饰风格，必须与城市房屋表面的色调相协调，正面朝向街道的建筑绿化要整齐美观。

（2）墙面绿化

①墙面绿化的概念：墙面绿化是利用垂直绿化植物的吸附、缠绕、卷须、钩刺等攀缘特性，依附在各类垂直墙面（包括各类建筑物、构筑物的垂直墙体、围墙等）上，进行快速的生长发育。这是常见的最为经济实用的墙面绿化方式。由于墙面植物的立地条件较为复杂，植物生律相对恶劣，故技术支撑是关键。对墙面绿化技术的研究将有利于提高垂直绿化整体质量，丰富城市绿化空间层次，改善城市生态环境，降低建设成本。让“城市混凝土森林”变成“绿色天然屏障”是人们在绿化概念上从二维向三维的一次飞跃，并将成为未来绿化的基本趋势。

②墙面绿化的作用：墙面绿化具有控温、坚固墙体、减噪滞尘、清洁空气、丰富绿量、有益身心、美化环境、保护和延长建筑物使用寿命的功能。检测发现，在环境温度为35℃～40℃时，墙面植物可使展览场馆室温降低2℃～5℃；寒冷的冬季则可使同一场馆室温升高2℃以上。通常，墙面绿化植物表面可吸收约1/4的噪声，与光滑的墙面相比，植物叶片表面能有效减少环境噪声的反射。根据不同的植物及其配置方式，其滞尘率为10%～60%。

另外，通过垂直界面的绿化点缀，能使建筑表面生硬的线条、粗糙的界面、晦暗的材料变得自然柔和，郁郁葱葱彰显生态与艺术之美。

③墙面绿化的发展情况：在西方，古埃及的庭院、古希腊和古罗马的园林中，葡萄、蔷薇和常春藤等已经被布置成绿篱和绿廊。2004年，法国生态学家、植物艺术家帕特里克·勃朗为凯布朗利博物馆设计的800 m^2植物墙，成为墙体绿化的标志性工程。在2005年日本爱知世博会上，举办方展示的长150 m、高12 m以上的“生命之墙”将最先进的墙面绿化技术进行了集中展示，给世人展现了一幅美妙的画卷。我国墙体绿化的历史悠久，早在春秋时期吴王夫差建造苏州城墙时，就利用藤本植物进行了墙面绿化。而2010年上海世博会城市主题馆总面积超过5000 m^2的墙面绿化带来了强烈的视觉冲击感。

④不同类型墙体的绿化植物选择

a. 不同表面类型的墙体：较粗糙的表面可选择枝叶较粗大的种类，如爬山虎、崖爬藤、薜荔、凌霄等；而表面光滑、细密的墙面，宜选用枝叶细小、吸附能力强的种类，如络石、小叶扶芳藤、常春藤、绿萝等。除此之外，可在墙面安装条状或网状支架供植物攀附，使许多卷攀型、棘刺型、缠绕型的植物都可借支架绿化墙面。

b. 不同高度、朝向的墙体：选择攀缘植物时，要使其能适应各种墙面的高度以及朝向的要求。对于高层建筑物应选择生长迅速、藤蔓较长的藤本，如爬山虎、凌霄等，使整个立面都能有效被覆盖。对不同朝向的墙面应根据攀缘植物的不同生态习性加以选择，如阳面可选喜光的凌霄等，阴面可选耐阴的常春藤、络石、爬山虎等。

c. 不同颜色的墙面：在墙面绿化时，还应根据墙面颜色的不同而选用不同的垂直绿化植物，以形成色彩的对比。如在白粉墙上以爬山虎为主，可充分显示出爬山虎的枝姿与叶色的变化，夏季枝叶茂密、叶色翠绿；秋季红叶染墙、风姿绰约；绿化时宜辅以人工固定措施，否则易引起白粉墙灰层的剥落。橙黄色的墙面应选择叶色常绿、花白繁密的络石等植物加以绿化。泥土墙或不粉饰的砖墙，可用适于攀登墙壁向上生长的气根植物，如爬山虎、络石，可不设支架；如果表面粉饰精致，则选用其他植物，装置一些简单的支架。在某些石块墙上可以在石缝中充塞泥土后种植攀缘植物。

3. 适合垂直绿化的植物

推荐选用的适合华东地区绿色建筑垂直绿化的植物有：铁箍散、金银花、西番莲、藤本月季、常春藤、比利时忍冬、川鄂爬山虎、紫叶爬山虎、中华常春藤、猕猴桃、葡萄、薜荔、紫藤等。

4. 墙面绿化的构造类型

根据墙面绿化构造做法的不同方式，分为六种类型。

（1）模块式

即利用模块化构件种植植物以实现墙面绿化。将方块形、菱形、圆形等几何单体构件，通过合理搭接或绑缚固定在不锈钢或木质等骨架上，形成各种景观效果。模块式墙面绿化，可以按模块中的植物和植物图案预先栽培养护数月后进行安装，其寿命较长，适用于大面积的高难度的墙面绿化，墙面景观的营造效果最好。

（2）铺贴式

即在墙面直接铺贴植物生长基质或模块，形成一个墙面种植平面系统，其特点如下：

一是可以将植物在墙体上自由设计或进行图案组合。

二是直接附加在墙面，无须另外做钢架，并通过自来水和雨水浇灌，降低建造成本。

三是系统总厚度薄，只有10 cm至15 cm，并且具有防水阻根功能，有利于保护建筑物，延长其寿命。

四是易施工、效果好等。

（3）攀爬或垂吊式

即在墙面种植攀爬或垂吊的藤本植物，如种植爬山虎、络石、常春藤、扶芳藤、绿萝等。这类绿化形式简便易行、造价较低、透光透气性好。

（4）摆花式

即在不锈钢、钢筋混凝土或其他材料等做成的垂面架中安装盆花以实现垂面绿化。这种方式与模块化相似，是一种“缩微”的模块，安装拆卸方便。选用的植物以时令花为主，适用于临时墙面绿化或竖立花坛造景。

（5）布袋式

即在铺贴式墙面绿化系统的基础上发展起来的一种工艺系统，是首先在做好防水处理的墙面上直接铺设软性植物生长载体，比如毛毡、椰丝纤维、无纺布等，其次在这些载体上缝制装填有植物生长及基材的布袋，最后在布袋内种植植物以实现墙面绿化。

（6）板槽式

即在墙面上按一定的距离安装V形板槽，在板槽内填装轻质的种植基质，再在基质上种植各种植物。

近年来，建筑绿化作为城市增绿的重要举措在城市园林绿化业中逐渐受到重视，但目前在建筑行业，建筑绿化设计只作为景观辅助设计，建筑绿化对建筑本体的功用和影响需要引起重视。

第九章　城市生态设计与生态修复

第一节　城市生态与生态设计

一、生态系统与环境生态学

（一）生态系统概述

生态系统是当代生态学最重要的概念之一，它是生态学的研究重心。生态系统就是在一定空间中共同栖居着的所有生物（生物群落）与其环境之间由于不断地进行物质循环和能量流动的过程而形成的统一整体。

简言之，生态系统=生物群体环境+生物群体。

1.生态系统的分类

（1）按照生态系统非生物成分和特征划分

按照生态系统非生物成分和特征，可分为陆地生态系统和水域生态系统。

陆地生态系统又分为：荒漠生态系统、草原生态系统、稀树干草原生态系统、农业生态系统、城市生态系统和森林生态系统。

水域生态系统又分为：淡水生态系统（流动水生态系统、静水生态系统）、海洋生态系统。

（2）按照生态系统的生物成分划分

按照生态系统的生物成分，可分为植物生态系统、动物生态系统、微生物生态系统、人类生态系统。

（3）按照生态系统结构和外界物质与能量交换状况划分

按照生态系统结构和外界物质与能量交换状况，可分为开放生态系统、封闭生态统、隔离生态系统。

（4）按照人类活动及其影响程度划分

按照人类活动及其影响程度，可分为自然生态系统、半自然生态系统、人工复合生态系统。

2. 生态系统的组成

生态系统的基本组成成分包括两大部分，分别是生物组成成分和非生物环境组成成分。其中，生物组成成分由生产者、消费者和分解者组成。

（1）生产者

生产者是指生态系统中的自养生物，主要是指能用简单的无机物制造有机物的绿色植物，也包括一些光合细菌类微生物，它们进行初级生产。

（2）消费者（大型消费者）

消费者（大型消费者）是指以初级生产产物为食物的大型异养生物，主要是动物。根据它们食性不同，可以分为草食动物、肉食动物、寄生动物、腐食动物和杂食动物。草食动物又称一级消费者，以草食动物为食的动物为二级消费者，以二级肉食动物为食的为三级消费者。

（3）分解者（小型消费者）

分解者（小型消费者）是指利用植物和动物残体及其他有机物为食的小型异养生物，主要是指细菌、真菌和放线菌等微生物。它们的主要作用是将复杂的有机物分解成简单的无机物并将其归还于环境。另外，大型消费者和小型消费者的生产都依赖于初级生产产物。因此，分解者和消费者的物质生产被称为次级生产，分解者本身可称为次级生产者。

（4）非生物环境

非生物环境主要有以下几方面：①太阳辐射；②无机物质；③有机化合物，如蛋白质、糖类等；④气候。

在以上生态系统的组成成分之中，植被是自然生态系统的重要识别标志和划分自然生态系统的主要依据。

3. 生态系统的结构

生态系统的结构是指生态系统中组成成分相互联系的方式，包括物种的数量、种类、营养关系和空间关系等。生态系统中无论生物或非生物成分多么复杂，或其位置和作用多么不同，彼此还是紧密相连，构成一个统一的整体。生态系统的结构包括物种结构、营养结构和时空结构。

（1）生态系统的物种结构（物种多样性）

生态系统的物种结构是生态系统中物种多样性的基础，生态系统是由许多生物种类组成的。它是描述生态系统结构和群落结构的方法之一。物种多样性与生境的特点和生态系统的稳定性是相联系的。衡量生态系统中生物多样性的指数较多，如辛普森指数、香农–维纳指数、均匀度、优势度、多度、频度等。

（2）生态系统的营养结构

生态系统的营养结构以营养为纽带，把生物、非生物有机结合起来，使生产者、消费者和环境之间构成一定的密切关系。生态系统的营养结构可分为以物质循环为基础的营养结构和以能量为基础的营养结构。

（3）生态系统的时空结构

生态系统的外貌和结构随时间的不同而变化，这反映出生态系统在时间上的动态，一般可分成三个时间尺度，即长时间尺度、中等时间尺度、短时间尺度。任何一个生态系统都有空间结构，即生态系统的分层现象。各种生态系统在空间结构布局上有一定的一致性。在系统的上层，集中分布着绿色植物（森林生态系统）或藻类（海洋生态系统），这种分布有利于光合作用，又称为绿带（或光合层）。在绿带以下为异养层或分解层，生态系统的分层有利于充分利用阳光、水分和空间。

4. 生态系统的基本功能

生态系统的基本功能可以概要地分为生物生产、能量流动、物质循环、信息控制、发展进化等几个方面。地球上一切生命活动的存在完全依赖于生态系统的能量流动和物质循环，能量流动和物质循环成为生态系统的动力核心。

（1）生态系统的物质生产

生产者生产、消费者消费是生态系统内的基本过程。一般来说，生态系统的生产是指把太阳能转变为化学能，再经过动物的生命活动转化为物能的过程。

生态系统中与物流和能流同时存在的还有信息流，信息流是指在有机体之间进行信息传递，随时对系统进行控制和调节，把各个组成部分联合成一个整体。

（2）生态系统的信息传递

生态系统信息传递不像物质流那样是循环的，也不像能量那样是单向的，而往往是双向的，有输入到输出的信息传递，也有从输出到输入的信息反馈。生态系统中包含多种多样的信息，大致可分为营养信息、物理信息、化学信息和行为信息等。

（二）环境生态学概述

1. 环境生态学的定义

环境生态学是一门综合性很强的学科，是伴随着全球性环境问题的产生而出现并发展起来的。它是生态学与环境科学这两个正在迅速发展的庞大学科体系的交叉学科，但又不同于生态学和环境科学。

环境生态学的理论基础是生态学，在环境生态学发展的初期，其研究的重点是环境污染问题，主要研究“污染物在以人类为中心的各个生态系统中的扩散、分配和富集过程的消长规律”，以便对环境质量做出科学评价，涉及环境的生态学原理与规律、环境污染的综合治理、自然资源的保护与利用、废弃物的能源化和资源化技术等。然而进一步发展表明，人为干扰下出现的环境问题不但是污染问题，还是由一个干扰源诱发的“生态环境问题效应链”，生态系统是这个效应链上各种问题进行转化和放大的载体。不断恶化的生态环境，既有生态破坏问题，又有环境污染问题。因此，环境生态学是以生态学的基本原理为理论基础，结合系统科学、物理学、化学、环境科学等学科的研究成果，研究人为干扰下生态系统内在的变化机制和规律及其对人类的负反馈效应，寻求受损生态系统恢复、重建和保护对策的一门科学。它兼具基础科学与应用科学的双重属性，要阐明的是人及其他生物与受人干扰的环境之间相互作用的关系与规律和解决环境问题的生态途径，旨在寻求资源永续利用，走经济、环境和人类社会和谐发展的可持续发展道路。

2. 环境生态学的研究内容、研究方法及学科任务与发展趋势

（1）环境生态学的研究内容

环境生态学的内容和学科体系目前尚在不断发展中，但多数人认为，其研究内容除了涉及经典的生态学的基本理论，还包括以下几个主要方面。

①人为干扰下生态系统内在变化的机制和规律。研究自然生态系统在受到人

为干扰后产生的一系列反应和变化，包括干扰生态系统内不同组成成分间的相互作用规律，干扰产生的生态效应及对人类及其他生物的影响。例如，各种污染物在各类生态系统中的变化规律及产生危害的症状、规律、机理和近期与远期的生物效应等。

②生态系统受损程度的判断。通过运用物理、化学、生态学和系统理论的方法，研究受损后的生态系统在结构和功能上的特征、变化机理与规律，做出受损生态系统损伤程度的判断，有助于人们准确进行环境质量的量化评价，预测环境变化的趋势，为治理环境和进行环境保护提供必要的依据。生态学判断是基于大量的生态监测信息，因此还要研究生态监测的理论、方法和手段，以及适宜各种环境条件的监测与评价的现代手段或方法。

③生态系统的功能和保护。各类生态系统被破坏后产生的生态效应是不同的。环境生态学就是要研究各类生态系统受损后的生态效应和方式，以及这些效应对区域生态环境和社会发展的影响、受损生态系统的恢复、重建的措施和环境污染综合防治的基本理论等。

④解决环境问题的生态学对策。研究资源合理利用的生态学规律，协调人类与自然环境的关系，使自然资源达到永续利用；研究采取适当的生态学对策并辅之以其他方法或工程技术来改善环境质量的途径，如各种废物的处理和资源化的生态工程技术等；还要研究恢复和重建受损的生态系统的方法及对生态系统实施科学的管理途径等。

（2）环境生态学的研究方法

环境生态学发展到现阶段，已形成了一套系统的研究方法，主要包括以下三种。

①现场调查和现场实验。对人为干预环境引起的各种生物效应进行现场直接调查和现场实验，通过对指示生物、群落变化和各种生物指数的调查分析，从宏观上研究环境中各种人为干扰因素对环境和其他生物或生态系统产生影响的基本规律。

②室内实验。通过各种实验手段，如植物人工熏气、静水式生物测试、水生生物急性毒性试验和回避反应试验等，从微观上研究污染物质和人为干扰下的环境对生物产生的毒害作用及其机理。

③生态模拟。利用数学模型、小宇宙模拟生态系统的行为和特点，预测人类

活动对生态系统可能产生的影响或危害。

3. 环境生态学的学科任务与发展趋势

进入21世纪后，世界环境问题既有对历史的延续，又有新的变化和发展。因此，环境生态的研究内容和学科任务也在不断丰富。今后，环境生态学应在以下几方面努力，进而取得突破性的成果：①人为干扰的方式及强度；②退化生态系统的特征判定；③人为干扰下的生态演替规律；④受损生态系统恢复和重建技术；⑤生态系统服务的功能评价；⑥生态系统管理；⑦生态规划的生态效应预测。

二、城市生态学与城市生态系统

（一）城市生态学概述

城市既是人类技术进步、经济发展和社会问题的汇合处，也是人类生态学和环境问题的重点。从某种意义上说，当今人类面临的各种环境问题都与城市的发展有关。20世纪以来，尤其是近几十年，世界城市化加剧，人口增长迅速，同时随着科学技术日新月异的进步，全球工业化进程加快，城市生态环境问题日益严重，出现了全球性的城市膨胀、交通拥挤、水资源短缺、大气污染和城市噪声污染以及垃圾危害严重、居住条件恶劣等“城市生态危机”，使城市面临着生态系统失去平衡的种种挑战，危及居民的健康和城市的可持续发展。因此，研究城市生态环境问题，寻求解决城市生态危机的对策，探讨城市环境污染的有效治理措施，协调经济发展与城市环境之间的矛盾，实现城市环境的可持续发展，已成为城市生态中备受关注和亟待解决的一项重要课题。

1. 城市生态学思想的萌芽

虽然城市生态学在生态学领域的各个分支中比较年轻，但是城市生态学的思想自城市问题一出现就有了。比如，古希腊柏拉图的《理想国》、16世纪美国托马斯·莫尔（Thomas More）的《乌托邦》、19世纪末英国人欧文（Owen）的《过分拥挤的祸患》及1898年英国学者埃比尼泽·霍华德（Ebenezer Howard，以下简称“霍华德”）的《明日的花园城市》等著作中，都反映了当时人们对保护城市自然生态环境的渴望和研究，都蕴含着一定的城市生态学哲理。

真正地运用生态学的原理和方法对城市环境问题进行深入研究还是20世纪以

来的事情。20世纪初，国外一批科学家将自然生态学中的某些基本原理运用于城市问题的研究中。

苏格兰生物学家帕特里克·盖迪斯（Patrick Geddes）从一般生态学进入人类生态学的研究，即研究人与城市环境的关系，他在《城市开发》和《进化中的城市》中，把生态学的原理和方法应用于城市研究，将卫生、环境、住宅、市政工程、城镇规划等结合起来研究，开创了城市与人类生态学的新纪元。

2. 城市生态学的分化

1945年，芝加哥人类生态学派以城市为研究对象，研究城市的集聚、分散、入侵、分隔及演替过程与城市的竞争、共生、空间分布、社会结构和调控机理，将城市视为一个有机体，视为一个复杂的人类社会关系，认为它是人与自然、人与人相互作用的产物，倡导创建了城市生态学。从此，人们把城市作为一个生态系统，甚至作为更大范围的生态系统中的一个子系统来研究城市的整个环境，即维持人类生命的系统。由于时代的局限性，芝加哥学派城市生态学的许多理论还有不完善之处。加之当时生态系统、复合生态系统等概念还没有建立起来，而且研究的又是一个复杂的城市生态系统，因而在发展过程中分化出三支，分别是将自然生态学基本原理应用于人类社区的研究，侧重于社会、经济、人口特征的“自然区”分布研究，侧重于社会、心理现象空间分布特征及其生态关系的研究。

3. 城市生态学的研究动态

国内外城市生态学与生态环境研究表现出明显的多元化倾向，概括起来，对城市生态学的研究主要有以下五个方面：

①以城市人口为研究中心，侧重于城市社会系统的研究，并以社会生活质量为标志，以人口为基本变量，探讨人口生物特征、行为特征和社会特征在城市化过程中的地位和作用；

②以城市能流、物流为主线，侧重于城市经济系统的研究；

③以城市生物及非生物环境的演变过程为主线，侧重于城市自然生态系统的研究；

④将城市视为社会-经济-自然复合生态系统，以复合生态系统的概念为主线，研究城市生态学系统中对物质、能量的利用，社会和自然的协调，以及系统动态的自身调节；

⑤以可持续发展城市和生态城市为目标，进行城市评价指标体系、发展模式等的研究。

（二）城市生态系统的结构、功能、特征与调控

1. 城市生态系统的结构

（1）城市生态系统的概念

城市环境是人类在自然环境基础上建立的独特人工环境，由城市人口与城市环境（生物要素和非生物要素）相互作用形成复杂的网络系统。因此，在城市的特定空间里，城市体系的综合形态、城市人类活动与其周围环境相互作用形成的网络结构和功能关系，从生态学角度又可称为城市生态系统。

城市生态系统是以人为中心的城市环境系统，或称城市生态环境系统。

城市生态系统与城市生态环境研究的侧重点有所不同。城市生态系统研究侧重网络结构关系和调控机理的研究；城市生态环境研究则侧重环境特征、要素结构功能的变化以及污染物的环境行为和效应的研究。

城市生态环境是城市生态系统的基础和条件，是城市形成和持续发展的支持系统，同时也是城市生态系统的主要组成部分，是城市生态学、城市地理学研究的主要内容之一。城市生态系统是城市生态环境更高一级的综合。

（2）城市生态系统的构成

城市生态系统是在城市特定的空间里以人为中心的系统，是由城市人类活动与其周围环境相互作用形成的网络结构和功能关系。它是一个兼有社会和自然双重属性的自然、经济和社会复合的人工生态系统。其中，自然生态亚系统是基础，经济生态亚系统是命脉，社会生态亚系统是主导，三个亚系统相辅相成，相生相克，并且彼此互为环境，形成了城市这个复合生态系统复杂的矛盾运动。

2. 城市生态系统的功能

城市生态系统的功能在于其能满足城乡居民生产、消费和生活的需求，可概括为三个方面：一是生产功能，表现为系统能提供丰富的物质和信息产品；二是生活功能，表现为系统能提供方便舒适的活动空间和满足物质与精神需求的生产生活条件；三是还原功能，即能保证城乡自然资源的永续利用和社会、经济、环境的协调与平衡发展，通过发挥系统本身的自然净化作用和人工调控措施使城市生态系统保持稳定。

城市生态系统的功能需要靠系统的能量流动、物质循环、人口流动和信息传递等来维持。

3. 城市生态系统的特征

（1）城市生态系统区别于自然生态系统的基本特征

①系统的组成成分。自然生态系统是由生物群体与无生命的自然环境构成的，生产者是绿色植物，消费者是动物，还原者是微生物，流经它的能量呈金字塔形。

城市生态系统则是由人类与城市自然环境和人工环境构成的，其中生产者是从事生产的人类，消费者以人类为主体进行消费活动。城市生态系统的还原功能则主要由城市所依靠的区域自然生态系统中的还原者及人工建造的各类设施来完成，流经城市生态系统的能量呈倒金字塔形。

②系统的生态关系链网。自然生态系统的生态关系链网是自然生态系统长期进化演变的结果，包括生物种群内、种群外的各种竞争、捕食、共生关系及群落与生态环境之间的适应关系。

城市生态系统的生态关系链网大多都具有社会属性，更多表现为经济关系网络、社会关系网络，虽然系统包含自然生态关系链网，但是基本上都打上了人工的烙印。

③生态位。生态位可以理解为各种网络的交结点。自然生态系统所能提供的生态位是其经过发展逐步形成的自然生态位；而城市生态系统所能提供的生态位除了自然生态位，主要是各种社会生态位和经济生态位。

④系统的功能。生态系统的功能由系统中各种生态流在生态关系网络中的运行得以体现。城市生态系统的各种生态流要依靠区域自然生态系统的支持，才能在生态关系网络上正常运转。然而因为城市生态系统的关系网络不完善，加上城市生态系统的各种生态流的强度远远大于自然生态系统的，所以伴随着物质和能量高强度的生态流运转会产生极大的浪费，整个系统的生态效率很低。

⑤系统平衡的调控机制。自然生态系统的中心是生物群体，它与外部环境的关系是消极地适应环境，只能在一定程度上改造环境。因此，自然生态系统的动态、演替中，无论是生物种群的数量、密度的变化，还是生物对外部环境的相互作用、相互适应，均表现出“通过自然选择的负反馈进行自我调节”的特征。

城市生态系统是以人类为中心，人类与其外部环境的关系是人积极主动地适应并改造环境，其系统行为在很大程度上取决于人类做出的决策，因而其调控机制主要是“通过人工选择的正反馈”。

（2）城市生态系统的基本特性

①城市生态系统的人工化特性。

a.人口的个体存量在城市生态系统中占绝对优势。

b.城市生态系统是人工生态系统。

c.城市生态系统的变化规律由自然规律和人类影响叠加形成。

d.社会因素对城市生态系统的演变具有重要影响。

e.城市生态系统中的人类活动影响着人类自身。

②城市生态系统的不完整性。

a.生产者（绿色植物）数量少且功能发生改变。

b.城市生态系统缺乏分解者。

③城市生态系统的高度开放性。

a.物质和能量高度依赖外部系统。

b.对外部系统具有辐射性。

c.城市生态系统的开放具有层次性。

④城市生态系统的高质量性。

城市生态系统的高质量性指的是其构成要素的空间高度集中性与其表现形式的高层次性。

a.物质、能量、人口等的高度集聚性。

b.城市生态系统的高层次性。

⑤城市生态系统的复杂性。

a.城市生态系统是一个迅速发展和变化的复合人工系统。

b.城市生态系统是一个功能高度综合的系统。

⑥城市生态系统的脆弱性。

a.城市生态系统的稳定要靠外力才能维持。

在自然生态系统中，能量与物质能够满足系统内生物生存的需要，成为一个“自给自足”的系统。系统的功能可以自动建造、自我修补和自我调节，以维持其本身的生态平衡。

而在城市生态系统中，能量与物质要依靠其他生态系统（农业和海洋生态系

统等）人工输入，同时城市生产生活所排放的大量废弃物远超过城市范围内的自然净化能力，也要依靠人工输送到其他生态系统。

城市生态系统需要有一个人工管理完善的物质输送系统，以维持其正常机能。如果这个系统中的任何一个环节发生故障，就会立即影响城市的正常功能和居民的生活，从这个意义上说，城市生态系统是个十分脆弱的系统。

b.城市生态系统在一定程度上破坏了自然调节机能。

受到城市生态系统的高度集中性、高强度性及人为因素的影响，产生了城市污染，同时城市物理环境也发生了明显变化，如城市热岛与逆温层的产生，地形的变迁，人工地面改变了自然土壤的结构和性能，增加了不透水的地面及地面下沉等问题，从而破坏了自然调节机能，加剧了城市生态系统的脆弱性。

c.城市生态食物链简化，系统自我调节能力小。

在城市生态系统中，以人为主体的食物链常常只有二级或三级，即植物—人，植物—食草动物—人。而且作为生产者的植物，绝大多数都是来自周围其他系统，系统内初级生产者（绿色植物）的地位和作用已完全不同于自然生态。与自然生态系统相比，城市生态系统由于物种多样性的减少，能量流动和物质循环的方式、途径都发生改变，使系统本身自我调节能力减小，而其稳定性主要取决于社会经济系统的调控能力和水平，以及人类的认识和道德责任。

d.城市生态系统营养关系出现倒置，形成极为不稳定的系统。

城市生态系统与自然生态系统的营养关系形成的金字塔截然不同，前者出现倒置的情况，远不如后者稳定。在绝对数量和相对比例上，城市生态系统的生产者（绿色植物）远远少于消费者（城市人类）。

4. 城市生态系统的调控

城市生态系统调控应依据自然生态系统的优化原理进行。自然生态系统的优化原理归纳起来不外乎两条：一是高效，即物质能量的高效利用，系统生态效益最高；二是和谐，即各组分之间关系的平衡融洽，系统演替的机会最大而风险最小。因此，城市生态系统调控就是要根据自然生态系统高效、和谐的原理去调控城市生态系统的物质、能量流动，使之趋于平衡、协调。城市生态系统调控应遵循高效生态工艺原理和和谐生态协调原理。

三、城市生态设计基础

（一）城市生态设计的原理

1. 生态设计的概念

西蒙·范·迪·瑞恩（Sim Van Der Ryn）和斯图亚特·考恩（Stuart Cown）认为，任何与生态过程相协调的、尽量使其对环境的破坏达到最小的设计形式都可称为“生态设计”。这种协调意味着设计应尊重物种多样性，减少对资源的剥夺，保持营养和水循环，维持植物生存环境和动物栖息地的质量，有助于改善人居环境及维护生态系统的健康。

生态设计是一种与自然相互作用和协调的方式，其范围涉及较广，包括建筑师对其设计的考虑及对材料的选择，工业产品设计者对有害物的节制使用，工业流程设计者对节能和减少废弃物的考虑，当然也包括对公园的生态设计。生态设计提供了一个新的思路，帮助人们重新审视传统城市景观设计，重新认识人们的日常生活方式和行为。因此，生态设计是对自然过程的有效适应，是对城市生态的有利结合，它需要对设计途径给环境带来的冲击进行全面的衡量。

2. 城市生态设计的原理

生态设计原理框架最早是由西蒙·范·迪·瑞恩和斯图亚特·考恩于1996年提出的。在此基础上，本书参考约翰·莱尔（John Lyle）等人提出的人类生态系统设计和再生设计原理，罗伯特·萨尔（Rubort Thayer）等人提出的可持续景观和视觉生态原理，以及生态城市的原理，结合目前城市景观规划及低碳城市研究动态，对生态设计的原理加以阐述。

3. 生态设计原理与城市生态设计的关系

生态设计原理是城市生态设计的指导思想及理念。在实践中，可运用该指导思想和理念进行城市规划设计，使传统的城市公园向生态公园转变，满足其在功能性、经济性、社会性和空间性等方面的要求，凸显城市景观的多样性、和谐性、循环性及高效性等方面的特征。

（二）城市生态设计的基础要素

要素指事物的构成，又可称为成分，弗雷德里克·吉伯德（Frederick Gibberd）认为城市中一切看得到的东西都是要素。有学者从形体环境角度将城市划分为人工环境和自然环境，并指出了人工要素与自然要素的组成。吉迪恩·格兰尼（Gideon Golany，以下简称“格兰尼”）则把城市设计分为自然力和人造力两部分，并指出应重视自然环境和人工环境的构成要素及其特性。目的是深入了解自然要素的生态价值，以及城市开发建设中人为因素对自然过程产生的不良影响，这样的讨论有助于促使规划和城市设计工作者更加关注自然环境的保育工作。根据研究和实践需要，我们将生态城市设计的对象要素，即城市空间环境生态系统的构成要素，分为自然要素、人工要素和主体要素。对主体要素的生理和心理特性、客体要素的物理特性及相互影响进行总结，可以为空间环境生态问题的解决提供理论依据，从根本上保证生态城市设计决策的客观性和科学性。

1. 自然要素及其物理特性

城市设计和自然环境之间是强相关的，从古至今它们始终休戚相关。这与地点的特征和环境分析有关，与资源的开发和管理有关，也与在特定地点上人类活动的全部复杂性有关。可见，人类必须通过对自然要素特性的认识来把握自身活动的合理范围，使自然价值的保护成为人类行动的基础。

（1）自然要素分类及其生态价值

自然环境是直接或间接影响人类的一切自然形成的物质及其能量的总体，是人类生存、生活和生产所必需的自然条件与自然资源的总称。其构成要素，即城市自然要素，包括有形要素和无形要素两类。有形要素是指空气、山体、水体、地形地貌、土壤、植被、动物等，无形要素是指气温、风向、降雨、湿度、日照等气候因素。城市生命系统的循环、生态活力的持续正是依赖于自然要素提供的物质、能量和信息承载力。自然要素通常是一些宝贵的资源，是城市特色和景观形象的重要构成条件。在城市空间环境生态系统中，自然要素发挥着重要的生态调节作用，对城市人居环境和市民生活具有特定的生态价值与功能。

（2）自然要素对城市物理环境的影响和作用

有形和无形的自然要素都具有各自的物理属性，它们在城市空间的合理分布及相互作用，可以改善城市的光、风、热、声、空气环境性能，形成特定的物理过程和效应。

（3）自然要素同城市能量转换、传递的关系

自然要素是能量的来源，各个要素之间以不同的方式传递太阳能、风能、水能和生物能，进而传递给人体和人工环境。具体来看，太阳是地球上能量和动力

的主要来源，太阳辐射将光、热、电磁能通过大气传到地面，作用于城市环境和市民。风能、水能、生物能也来自太阳能，它们在自然系统中孕育并通过城市自然要素实现能量传递过程。

2. 人工要素及其物理特性

人工要素是城市景观和空间环境的重要基础，是生态城市设计研究对象的重要组成，主要包括城市结构和布局、街道和广场、公共环境小品、广告招牌、人工绿化、历史遗迹等。

（1）人工要素对城市物理环境的影响

城市格局、交通和建筑等人工要素的组织不仅影响城市自然生态过程，还会影响城市物理环境的质量。例如，依据风障效应，以人工设施作为覆盖物可以改变气流速度和动力条件，塑造良好的风环境，实现人工改造微气候的目的。具体来讲，人为活动和建筑物人工设施对自然条件和生物气候的作用会改变环境的动力和热力因素，从而对城市风环境、热环境、空气环境产生消极或积极影响，并最终影响市民生活。实际上，人工要素对噪声、光照、热岛、雨岛、温室等特殊物理现象都有影响。

（2）人工要素组合形式与能量传递

对于特定的城市地块来说，人工要素组合形式和建筑环境形态的改变不仅会影响地区物理环境和微气候条件，以及地形、植被、水文等自然特性，在作用过程中还伴随着能量的变化。例如，人工要素组合形式的改变可影响城市温室效应的形成，进而改变辐射输送和湍流交换状况，影响辐射、热量的平衡及能量的传递，从而影响环境热舒适性，体现了“人工设施—气流—动力—能量传递—热力—物理环境改变—人”相互作用的链条关系。

从20世纪70年代开始，对城市人工要素和环境形式及特性的研究逐步涉及能量变化问题。例如，拉尔夫·诺尔斯（Ralph Knowles）于1974年发表的《能量与形式：城市生长的生态学途径》一书中指出，城市人工环境形态特征的改变过程始终伴随着能量的传递，体现了城市有机体发展的生态学现象和规律。格兰尼在研究中也发现，街道的宽度、比例、构形、取向、与附近水域的关系，以及城市轮廓、建筑物高度和材料、土地使用模式、露天空间设置、人工绿化布局等，对城市环境热效能和能量传递都有影响。

3. 主体要素及其心理和生理特性

（1）人的“生理”“心理”与“物理”的对应性

相对于人工要素和自然要素的物理特性而言，作为主体要素的人则具有生理和心理特性，这是生物机体功能及生命特征的基本表现，人体对环境刺激的感应就是在生理和心理特性作用下的一种主体感觉。其中，生理感觉包括听觉、视觉、嗅觉、触觉等，心理感受则包括安全感、愉悦感、轻松感、私密感等。根据环境行为学、环境心理学和环境物理学的认知，“生理”“心理”与“物理”是紧密对应的概念，生理、心理特性与环境物理学参数之间有着频繁的生态互动，这是生态城市设计研究的重要理论基础。具体来看，城市环境的光照、噪声、温湿度、风力等物理因素共同决定了物理环境条件，使人的生理和心理产生特定反应，形成对光舒适、声舒适、热舒适性的客观感受，其综合的舒适度评价则成为城市人居环境质量高低的重要指标。

（2）生理和心理要素是城市设计师的重要线索

生物圈和城市内部的自然、人工、人文环境同人的生理、心理之间有密切联系，生态城市设计实践试图寻找和强化这种联系，努力实现人与环境系统的和谐统一。可见，市民的生理和心理特性、需求和反应的改变是城市空间环境生态化设计的依据，是城市设计师设计的重要线索。有学者曾指出，城市设计是一种以满足城市人的生理、心理要求为根本出发点，以提高城市生活的环境质量为最高目的的整体性创造活动。城市设计实践必须考虑人的心理需求，还应满足听觉、嗅觉、视觉等生理要求，与城市声、光环境建立起联系。

实际上，城市设计在关注人的环境行为、心理感知和生理体验方面有着良好的理论传统。例如，空间私密性原理、空间审美和尺度概念、视觉联系理论、图底理论、可防卫空间理论、场所意义理论等，都是建立在人们基本的使用、生理和心理特征基础上的。许多城市设计行为、思想和理论都是通过适应人的认知过程、生理和心理体验、文化和精神需求而得以提升的。更进一步，凯文·林奇（Kevin Lynch）依据城市意象感知理论总结的城市五元素，将城市设计与市民大众的心理和生理数据联系起来，超越了影像处理和简单的认知，成为城市空间调查、分析的有效方法。

4. 自然、人工和主体的对话

生态学重视生物与其生存环境之间复杂多变的关系，生态城市设计研究则关注城市空间环境生态系统内部的自然、人工、主体要素之间的对话，这些对话是作用与反作用、对立与统一、依存与制约、改造与服务、生态与共生关系的具体表现。

（1）人工要素和自然要素的对话

自然要素与人工要素同处于一个共生演化的进程之中，前者是后者的基础。地形地貌、地质、气候等自然要素为人们规划、设计和建设城市提供了最基本的前提条件，对人工要素的组织有很大影响和制约；人工要素对山、水、植被、地形、空气等自然要素的改变和影响也是特别显著的，同时也受到自然要素的反作用。有学者将人工和自然要件归纳为六方面，分别是街道和建筑的朝向、公共空间对阳光的利用、地貌条件、风向和风力、植被状况及分布、水文地质条件。这在一定程度上反映出人工和自然要素之间的作用关系，也证明城市空间环境具有人工和自然双重属性。实际上，整座城市就是人工与自然作用的结果，被称为“第二自然”。此外，相对于原生态和次生态概念来讲，自然生态和人工生态系统之间的作用关系则可以理解成一个“复合生态过程”，也被称为“第三生态”。

（2）主体与客体环境之间的对话

主体与客体环境之间相互作用、紧密互动，共同构成了城市空间环境生态系统。一方面，人们的生产、生活会向城市环境释放能量，不停地改变城市及周围环境；另一方面，各类环境效应、能量又以物理刺激的形式施加于人体，影响市民的生产和生活、生理和心理。

①人的行为使城市空间环境生态系统及过程发生改变。人是城市空间环境生态系统的主体，人类活动对城市空间环境生态系统和生态过程具有重要作用。马克思和恩格斯曾指出，地球表面、气候、植物界、动物界及人类本身都在不断变化，这一切都是人类活动的结果；德国某植物学家在1847年出版的《各个时代的气候和植物界》一书中论述了人类活动对植物界和气候变化的影响；美国学者乔治·马什（George Marsh）则在《人和自然》一书中从全球观点出发阐述了人类活动对森林、水、野生动植物等自然要素的影响。不仅如此，人类行为对城市人工环境及要素也有深远影响，这些都使得城市生态安全格局的建设成为一个长期、缓慢的动态过程。在此过程中，不同的行动方向会给城市空间环境生态系统的发展带来积极或消极影响，生态城市设计实践的宗旨就是要促进生态友好型的

设计决策，避免非理性的行为发生。

②环境的物理刺激对人的生理和心理产生影响。土地、水文、植物、地形、土壤、气候等自然地理元素作用于人造环境，最终都会影响人们的生理和心理。实际上，在城市空间环境生态系统中，自然环境及要素可以为人们提供生态服务，人工环境及要素也同样具有满足人类需求的特定功能。具体来看，自然要素与人工要素所构成的城市物质空间环境被人的生理和心理机能所感知，既满足人们的生理要求，提供阳光、空气、绿地等生存条件，又满足着深层的心理需求，如认同感、安全感、归属感等。

从物理刺激角度来看，自然和人工系统中的各种环境效应会对人的视觉、听觉、热觉、行为、心理、健康产生积极或消极影响。例如，绿色自然景观通过视觉刺激可以促进人体的生理和心理健康，而声、光、热等在环境中的量过高或过低将引起物理性污染，产生不良的物理刺激，危害市民的生理和心理健康。麦克哈格也曾针对环境对人的行为和健康影响进行过专门研究。

第二节　城市生态园林设计

一、园林生态系统、园林植物与生态环境及其生态效应

（一）园林生态系统概述

园林生态系统由园林生态环境和园林生物群落两部分组成。园林生态环境是园林生物群落存在的基础，为园林生物的生存、生长发育提供物质基础；园林生物群落是园林生态系统的核心，是与园林生态环境紧密相连的部分。园林生态环境与园林生物群落互为联系、相互作用，共同构成了园林生态系统。

1.园林生态系统组成

（1）园林生态环境

园林生态环境通常包括园林自然环境、园林半自然环境和园林人工环境三

部分。

①园林自然环境。园林自然环境包含自然气候和自然物质两类。

a.自然气候即光照、温度、湿度、降水、气压、雷电等为园林植物提供生存基础。

b.自然物质是指维持植物生长发育等方面需求的物质，如自然土壤、水分、氧气、二氧化碳、各种无机盐类及非生命的有机物质等。

②园林半自然环境。园林半自然环境是经过人们的适度管理，受人类干扰较小的园林环境。也可以说是经过适度土壤改良、适度人工灌溉和适度遮风等人为干扰或管理，仍以自然属性为主的环境。通过各种人工管理措施，园林植物受各种外来干扰的影响适度减小，在自然状态下保持正常的生长发育。各种大型的公园绿地环境、生产绿地环境、附属绿地环境等属于园林半自然环境。

③园林人工环境。园林人工环境是人工创建的，并受人类强烈干扰的园林环境，该类环境下的植物必须通过强烈的人工干扰才能保持正常的生长发育，如温室、大棚及各种室内园林环境等都属于园林人工环境。在该环境中，协调室内环境与植物生长之间的矛盾时，要采用各种人工化的土壤、人工化的光照条件、人工化的温湿度条件等人工干扰方式。

（2）园林生物群落

园林生物群落是园林生态系统的核心，是园林生态系统发挥各种效益的主体。园林生物群落包括园林植物、园林动物和园林微生物。

①园林植物。凡适合各种风景名胜区、休闲疗养胜地和城乡各类型园林绿地应用的植物统称为园林植物。园林植物包括各种园林树木、草本、花卉等陆生和水生植物。园林植物是园林生态系统的初级生产者，利用光能（自然光能和人工光能）合成有机物质，为园林生态系统的良性运转提供物质和能量基础。

园林植物从不同角度，有不同的分类方法，常用的分类方法如下。

a.按植物学特性，园林植物划分为以下六类。

乔木类。树高5 m以上，有明显发达的主干，分枝点高。小乔木高5～8 m，如梅花、红叶李、碧桃等；中乔木高8～20 m，如圆柏、樱花、木瓜、枇杷等；大乔木高20 m以上，如银杏、悬铃木、毛白杨等。

灌木类。树体矮小，无明显主干。小灌木高不足1 m，如金丝桃、紫叶小檗等；中灌木高1.5 m，如南天竹、小叶女贞、麻叶绣球、贴梗海棠、郁李等；大灌木高2 m以上，如蚊母树、珊瑚树、紫玉兰、榆叶梅等。

藤本类。茎细弱不能直立，须借助吸盘、吸附根、卷须、蔓条及干茎本身的缠绕性部分而攀附他物向上生长的蔓性树，如紫藤、木香、凌霄、五叶地锦、爬山虎、金银花等。

竹类。属禾本科竹亚科，根据地下茎和地上生长情况又可分为三类。单轴散生型，如毛竹、紫竹、斑竹等；合轴丛生型，如凤尾竹、佛肚竹等；复轴混生型，如茶秆竹、苦竹、箬竹等。

草本植物。包括一二年生草本植物和多年生草本植物等，既包括各种草本花卉，又包括各种草本地被植物（包含草坪草）。草本花卉类，如百日草、凤仙花、金鱼草、菊花、芍药、小苍兰、仙客来、唐菖蒲、马蹄莲、大岩桐、美人蕉、吊兰、君子兰、荷花、睡莲等；草本地被类，如野牛草、狗牙根草、地毯草、钝叶草、假俭草、黑麦草、早熟禾、剪股颖等。

仙人掌及多浆植物。主要是仙人掌类，还有景天科、番杏科等。

b.按使用用途，园林植物划分为以下五类。

观赏植物按照观赏特性又可分为以下几种类型。观形类，如龙爪槐、雪松、龙柏、黄山松等；观枝干类，如白皮橙、红瑞木、梧桐、竹子等；观叶类，如五角枫、鹅掌楸、银杏、枫香、黄栌、红叶李、紫叶小檗等；观花类，如桃、梅、玫瑰、石榴、牡丹、桂花、紫藤等；观果类，如木瓜、紫珠、栾树、南天竹等。

药用植物，如连翘、杜仲、山茱萸、辛夷、枸杞等。

香料植物，如玫瑰、茉莉、桂花、栀子等。

食用植物，如石榴、核桃、樱桃、板栗、香椿等。

材用植物，如松、杉、榆、棕榈、桑等。

c.按园林使用环境，园林植物划分为以下两类。

露地植物，包括露地生长的乔木、灌木、藤本、草本以及切花、切叶等栽培植物。

温室植物，包括温室内的热带植物、亚热带植物、盆栽花卉等。

②园林动物。园林动物是指在园林生态环境中生存的所有动物。园林动物是园林生态系统中的重要组成部分，对维护园林生态平衡、改善园林生态环境，特别是指示园林环境，有着重要的意义。

园林动物的种类和数量随不同的园林环境有较大的变化。在园林植物群落层次较多、物种丰富的环境中，特别是一些园林区，园林动物的种类和数量较多；而在人群密集、园林植物种类和数量贫乏的区域，园林动物较少。

常见的园林动物主要有各种鸟类、兽类、两栖类、爬行类、鱼类及昆虫类等。

由于人类活动的影响，园林环境中大中型兽类早已绝迹，小型兽类偶有出现，常见的有蝙蝠、黄鼬、刺猬、蛇、蜥蜴、野兔、松鼠、花鼠等。在绿地面积小、层次简单的区域，兽类的种类和数量较少，而在面积较大、层次丰富的区域园林动物则较多。

园林环境中昆虫的种类相对较多，在城市绿地环境中以鳞翅目的蝶类、蛾类的种类和数量最多，它们多是人工植物群落中乔灌木的害虫。此外，鞘翅目、同翅目、半翅目的昆虫也较为常见。

③园林微生物。园林微生物即在园林环境中生存的各种细菌、真菌、放线菌、藻类等。园林微生物通常包括园林环境空气微生物、水体微生物和土壤微生物等。城区内各种植物的枯枝落叶被及时清扫干净，也大大限制了园林环境中微生物的数量。因此，城市必须投入较多的人力和物力行使分解者的功能，以维持正常的园林生物之间、生物与环境之间的能量传递和物质交换。

2. 园林生态系统的结构

园林生态系统的结构主要是指构成园林生态系统的各种组成成分及量比关系，各组成成分在时间、空间上的分布，以及各组成成分同能量、物质、信息的流动途径和传递关系。园林生态系统的结构主要包括物种结构、空间结构、时间结构和营养结构四方面。

（1）物种结构

园林生态系统的物种结构是指构成系统的各种生物种类及它们之间的数量组合关系。

园林生态系统的物种结构多种多样，不同的系统类型其生物的种类和数量差别较大。草坪类系统物种结构简单，仅由一个或几个生物种类构成；小型绿地系统，如小游园等，由几个到十几个生物种类构成；大型绿地系统，如公园、植物园、树木园、城市森林等，是由众多的园林植物、园林动物和园林微生物所构成的物种结构多样、功能健全的生态单元。

（2）空间结构

园林生态系统的空间结构是指系统中各种生物的空间配置状况。通常包括垂直结构和水平结构。

①垂直结构。园林生态系统的垂直结构即成层现象，是指园林生物群落，特别是园林植物群落的同化器官和吸收器官在地上不同高度和地下不同深度的空间垂直配置状况。目前，园林生态系统垂直结构的研究主要集中在地上部分的垂直配置上。

②水平结构。园林生态系统水平结构是指园林生物群落，特别是园林植物群落在一定范围内植物类群在水平空间上的组合与分布。它取决于物种的生态学特性、种间关系及环境条件的综合作用，在构成群落的静态、动态结构和发挥群落的功能方面有重要作用。

园林生态系统的水平结构主要表现为自然式结构、规则式结构和混合式结构三种类型。

（3）时间结构

园林生态系统的时间结构是指由时间的变化而产生的园林生态系统的结构变化。

（4）营养结构

园林生态系统的营养结构是指园林生态系统中的各种生物通过食物为纽带所形成的特殊营养关系。其主要表现为由各种食物链所形成的食物网。

园林生态系统的营养结构由于人为干扰严重而趋向简单，特别在城市环境中表现尤为明显。园林生态系统的营养结构简单的标志是园林动物、微生物稀少，缺少分解者。这主要是由于园林植物群落简单，土壤表面的各种动植物残体，特别是各种枯枝落叶被及时清理。园林生态系统营养结构的简单化，迫使既为园林生态系统的消费者，又为控制者和协调者的人类不得不消耗更多的能量以维持系统的正常运行。

按生态学原理，增加园林植物群落的复杂性，为各种园林动物和园林微生物提供生存空间，既可以减少管理投入成本，维持系统的良性运转，又可营造自然氛围，为当今缺乏自然的人们，特别是城市居民提供享受自然的空间，为人类保持身心的生态平衡奠定基础。

地球表面生态环境的多样性和植物种类的丰富性，是植物群落具有不同结构特点的根本原因。在一个植物群落中，各种植物个体的配置状况，主要取决于各种植物的生态生物学特性和该地段具体的生态环境特点。

3. 园林生态规划

（1）园林生态规划的含义

园林生态规划即生态园林和生态绿地的系统规划，其含义包括广义和狭义两方面。从广义上讲，园林生态规划应从区域的整体性出发，在大范围内进行园林绿化。通过园林生态系统的整体建设，区域生态系统的环境得到进一步改善，特别是人居环境的改善，促使整个区域生态系统向着总体生态平衡的方向转化，进而实现城乡一体化、大地园林化。从狭义上讲，园林生态规划主要是在以城市（镇）为中心的范围内，特别是在城市（镇）用地范围内，对各种不同功能用途的园林绿地进行合理的布置，使园林生态系统改善城市小气候，改善人们的生产、生活环境条件，改善城市环境质量，营建卫生、清洁、美丽、舒适的城市。

（2）园林生态规划的步骤

制订一个城市或地区的园林生态规划，首先要对该城市或地区的园林绿化现状有一个充分的了解，并对园林生态系统的结构、布局和绿地指标做出定性和定量的评价。在此基础上，根据以下步骤进行园林生态规划：

①确定园林生态规划原则；

②选择和合理布局各项园林绿地，确定其位置、性质、范围和面积；

③根据该地区生产、生活水平及发展规模，研究园林绿地建设的发展速度与水平，拟定园林绿地各项定量指标；

④对过去的园林生态规划进行调整、充实、改造和提高，提出园林绿地分期建设及重要修建项目的实施计划，以及划出需要控制和保留的园林绿化用地；

⑤编制园林生态规划的图纸及文件；

⑥提出重点园林绿地规划的示意图和规划方案，根据实际工作需要，还要提出重点园林绿地的设计任务书，内容包括园林绿地的性质、位置、周围环境、服务对象、估计游人量、布局形式、艺术风格、主要设施的项目与规模、建设年限等，作为园林绿地详细规划的依据。

（二）园林植物与生态系统

1. 植物的生态适应及其方式与调整

（1）植物的生态适应

生物有机体在与环境的长期相互作用中，形成了一些具有生存意义的特征，依靠这些特征，生物能免受各种环境因素的不利影响和伤害，同时还能有效地从其生存环境获取所需的物质能量以确保个体生长发育的正常进行，这种现象称为生态适应。

生物与环境之间的生态适应通常可分为趋同适应与趋异适应两种类型。

（2）植物生态适应的方式及调整

①植物生态适应的方式。植物的生态适应方式取决于植物所处的环境条件及与其他生物之间的关系。在一般逆境时，生物对环境的适应通常并不限于单一的机制，往往要涉及一组（或一整套）彼此相互关联的适应方式，甚至存在协同和增效作用。这一整套协同的适应方式就称为适应组合。例如，沙漠植物为适应该环境，不但形成了表皮增厚、气孔减少、叶片卷曲（这样气孔的开口就可以通向由叶卷缩所形成的一个气室，从而在气室中保持很高的湿度）的特性，而且有的植物还形成了储水组织等特性，同时具有减少蒸腾（只有在温度较低的夜晚才打开气孔）的生理机制，运用适应组合来维持（如有的植物在夜晚气孔开放期间吸收环境中的二氧化碳并将其合成有机酸储存在组织中，在白天该有机酸经过脱酸作用将二氧化碳释放出来，以维护低水平的光合作用）低水分条件下的生存，甚至达到了干旱期不吸水也能维持生存的程度。

在极端环境条件下，植物通常采用一个共同的适应方式——休眠。因为休眠可以使植物的适应性更强。如果环境条件超出了植物生存的适宜范围而没有超过其致死点，植物往往就会通过休眠方式来适应这种极端逆境，休眠是植物抵御暂时不利环境条件的一种非常有效的生理机制。有规律的季节性休眠是植物对某一环境长期适应的结果，如热带、亚热带树木在干旱季节脱落叶片进入短暂的休眠期，温带阔叶树则在冬季来临前落叶以避免干旱与低温的威胁，等等。植物种子通过休眠适应不利的环境条件并可延长其生命力，如埃及睡莲历经1000年仍保持80%以上的萌芽率。

②植物生态适应的调整。植物对某一环境条件的适应是随着环境变化而不断

变化的，这种变化表现为范围的扩大、缩小和移动，植物这种适应改变的过程就是驯化的过程。

植物的驯化分为自然驯化和人工驯化两种。自然驯化往往是由植物所处的环境条件发生明显的变化而引起的，被保留下来的植物往往能更好地适应新的环境条件，所以说驯化过程也是进化的一部分。人工驯化是在人类的作用下使植物的适应方式改变或适应范围改变的过程。人工驯化是植物引种和改良的重要方式，如将不耐寒的南方植物经人工驯化引种到北方，将不耐旱的植物经人工驯化引种到干旱、半干旱地区，将不耐盐碱的植物经人工驯化引种到耐盐碱地区，等等。

2. 生态因子对园林植物的生态作用

（1）环境因子和生态因子的概念

组成环境的因素称为环境因子。在环境因子中对生物个体或群体的生活或分布起着影响作用的因子统称为生态因子，如岩石、温变、光、风等。在生态因子中生物的生存所不可缺少的环境条件称为生存条件（或生活条件）。虽然各种生态因子在其性质、特性和强度方面各不相同，但是各因子之间相互组合、相互制约，构成了丰富多彩的生态环境。

（2）环境中生态因子的生态及作用分析

虽然环境是由各种生态因子的相互作用和相互联系所形成的一个整体，但是各个生态因子本身又具有各自的特点。因此，认识环境要注意环境中生态因子的生态分析。

（三）园林植物的生态效应

城市绿化植物是构成园林风景的主要材料，也是发挥园林功能绿化效益的主要植物群落体。园林树木是指城市植物中的木本植物，包括乔木、灌木和木质藤本。有人比喻说，乔木是园林风景中的“骨架”，灌木是园林风景中的“肌肉”，藤木是园林风景中的“筋络”。从宏观来讲，城市园林绿化工作的主体是城市植物，其中又以园林树木所占比重最大；从园林建设的趋势来讲，必定是以植物造园（景）为主体。因此，城市植物（园林树木）在城市环境建设和园林绿化建设中占有非常重要的地位。充分地认识、科学地选择和合理地应用城市植物，对提高城市园林绿化水平，绿化、美化、净化及改善城市自然环境，保持自然生态平衡，充分发挥园林的综合功能和效益，都具有重要意义。

1. 园林植物的净化作用

（1）吸收有毒气体，降低大气中有害气体的浓度

由于环境污染，空气中各种有害气体增多，主要有二氧化硫、氯气、氟化氢、氨、汞、铅蒸汽等。尤其是二氧化硫，是大气污染的“元凶”，在空气中数量最多，分布最广，危害最大。在污染环境条件下生长的植物，都能不同程度地拦截、吸收污染物质。园林植物是最大的“空气净化器”，植物通过叶片能够吸收二氧化硫、氟化氢、氯气等多种有害气体或富集于体内而减少大气中的有毒物质含量。有毒物质被植物吸收后，并不是完全被积累在体内，植物能使某些有毒物质在体内分解并转化为无毒物质，或减弱毒性，从而避免有毒气体积累到有害程度，达到净化大气的目的。

（2）净化水体

城市和郊区的水体常受到工业废水及居民生活污水的污染而影响环境卫生和人们的身体健康，而植物有一定的净化污水的能力。研究证明，树木可以吸收水中的溶解质，减少水中的细菌数量。例如，在通过30 ~ 40 m宽的林带后，1 L水中所含的细菌数量比不经过林带的要减少1/2。

许多植物能吸收水中的有毒物质并在体内富集起来，富集的程度可比水中有毒物质的浓度高几十至几千倍，因此使水中有毒物质的浓度降低，得到净化。而在低浓度条件下，植物在吸收有毒物质后，有些植物可在体内将有毒物质分解，并转化成无毒物质。

不同的植物及同一植物的不同部位，它们的富集能力是很不相同的。例如，对硒的富集能力，大多数禾本科植物的吸收和积聚量均很低，约为 30 mg/kg，但是紫云英能吸收并富集硒的含量最高为 1000 mg/kg。一些在植物体内转移很慢的有毒物质，如汞氰、砷、铬等，在根部的积累量最高，在茎、叶中较低，在果实种子中最低。因此，存在上述物质的污染区应禁止栽培根菜类作物以免人们食用受害。至于镉、硒等物质，在植物体内很易流动，根吸入后很少储存于根内而是迅速运往上部储存在叶片内，亦有一部分存于果实、种子之中。因为镉是骨痛病的元凶，所以在硒、镉污染区应禁止栽种菜叶种类和禾谷类作物，如稻、麦等以免人们长期食用造成危害。水中的浮萍和柳树均可富集镉，可以利用具有强度富集作用的植物来净化水质。但在具体实施时，应考虑到食物链问题，避免人类受害。

最理想的是植物吸收有毒物质后转化和分解为无毒物质，如水葱、灯芯草

等植物可吸收水或土中的单元酚、苯酚、氰类物质，使之转化为酚糖苷、二氧化碳、天冬氨酸等并失去毒性。

许多水生植物和沼生植物对净化城市的污水有明显的作用。每平方米土地上生长的芦苇一年内可积聚6 kg的污染物，还可以消除水中的大肠杆菌。在种有芦苇的水池中，水中的悬浮物要减少30%，氧化物减少90%，有机氮减少60%，磷酸盐减少20%，氨减少600%，总硬度减少33%。水葱可吸收污水池中的有机化合物；水葫芦能从污水里吸取银、金、铅等金属物质。

（3）净化土壤

植物的地下根系因能吸收大量有害物质而具有净化土壤的能力。有的植物根系分泌物能使进入土壤的大肠杆菌死亡；有植物根系分布的土壤，好氧性细菌比没有植物根系分布的土壤多几百至几千倍，故能促使土壤中有机物迅速无机化，既净化了土壤，又增加了肥力。研究证明，含有好氧性细菌的土壤，有吸收空气中一氧化碳的能力。

（4）减轻放射性污染

绿化植物具有吸收和抵抗光化学烟雾污染物的能力，能过滤、吸收和阻隔放射性物质，降低光辐射的传播和冲击波的杀伤力，并对军事设施等起到隐藏作用。

美国近年发现酸木树具有很强的吸收放射性污染的能力，如种于污染源的周围，可以减少放射性污染的危害。此外，用栎属树木种植成一定结构的林带，也有一定的阻隔放射性物质辐射的作用，它们可起到一定程度的过滤和吸收作用。一般来说，落叶阔叶树林所具有的净化放射性污染的能力要比常绿针叶林大得多。在亚热带多风雪地区可以用树林形成防雪林带以保护公路、铁路和居民区。

2. 园林植物的滞尘、降尘作用

城市空气中含有大量的尘埃、油烟、碳粒等。大气除有毒气体污染外，灰尘、粉尘等也是主要的污染物质。这些微尘颗粒虽小，但其在大气中的总重量却十分惊人。尘埃中除含有土壤微粒外，还含有细菌和其他金属性粉尘、矿物粉尘、植物性粉尘等，它们会影响人体健康。

城市园林植物可以起到滞尘和减尘作用，是天然的“除尘器”。树木之所以能够减尘，一方面是因为枝叶茂密，具有降低风速的作用。随着风速的降低，空气中携带的大颗粒灰尘便下降到地面。另一方面是因为叶子表面是不平滑的，有

的多褶皱，有的多绒毛，有的还能分泌黏性的油脂和汁浆，当被污染的大气吹过植物时，它能对大气中的粉尘、飘尘、煤烟，以及铅、汞等金属微粒有明显的阻拦、过滤和吸附作用。蒙尘的植物经过雨水淋洗，又能恢复吸尘的能力。植物能够吸附和过滤灰尘，使空气中灰尘减少，从而也减少了空气中的细菌含量。

3. 园林植物的降温增湿作用

园林植物是城市的“空调器”。园林植物通过对太阳辐射的吸收、反射和透射作用及对水分的蒸腾来调节小气候，降低温度，增加湿度。此外，还能减轻“城市热岛效应”，降低风速，在无风时还可以引起对流产生微风。冬季因为降低风速的关系，又能提高地面温度。在市区内，由于楼房、庭院、沥青路面等比重大，形成一个特殊的人工下垫面，对热量辐射、气温、空气湿度都有很大影响。盛夏在市区内形成热岛，因而对市区增加湿度、降低温度尤为重要。植物通过蒸腾作用向环境中散失水分，同时大量地从周围环境中吸热，降低了环境空气的温度，增加了空气湿度。这种降温增湿作用，特别是在炎热的夏季，起着改善城市小气候状况、提高城市居民生活环境舒适度的作用。

4. 园林植物的减噪作用

城市园林植物是天然的“消声器”。城市植物的树冠和茎叶对声波有散射、吸收的作用。树木茎叶表面粗糙不平，其大量微小气孔和密密麻麻的绒毛，就像凹凸不平的多孔纤维吸音板，能把噪声吸收，减弱声波传递，因此具有隔音、消声的功能。

不同绿化树种及不同类型的街道绿带、不同类型的绿化布置形式、不同的树种绿化结构，以及不同树高、不同冠幅、不同郁闭度的成片成带的绿地对噪声的消减效果都不同。有研究指出，森林能更迅速、更优先地吸收对人体危害最大的高频噪声和低频噪声。

二、园林设计指导思想、原则与设计模式

（一）园林设计的思想与原则

1. 园林设计的指导思想

（1）可持续发展观

可持续发展是一种立足环境和自然资源角度提出的关于人类长期发展的战

略和模式，它特别强调环境承载力和资源的永续利用对发展进程的重要性和必要性。可持续发展的标志是资源的永续利用和良好生态环境的形成。

对于园林的设计建造来说，设计师应在了解生态学的一些基本概念如（生态系统的结构和功能、物质循环、能量流动等）的基础上，借鉴可持续发展与生态学的理论和方法，从中寻找影响设计决策和设计过程的内容。园林设计师需要采用整体综合研究的生态思维和观点来看待园林设计。

可持续的发展观要求我们在进行园林建设时，也要使园林建设环境中的材料等有效资源应用处于一种循环的状态。这不仅能减少对自然生态系统的影响，同时也有利于后代持续地获取资源。

（2）生态系统服务功能

生态系统服务功能是指生态系统和生态所形成、所维持的人类赖以生存的自然环境条件与效用。它不仅为人类提供了食品、医药及其他生产生活资料，还创造与维持了地球生命支持系统，形成了人类生存所必需的环境条件。在城市生命支持系统中，净化空气、调节城市小气候、减低噪声污染、调节降雨与径流的调节、处理废水（处理废物）和文化娱乐价值等生态系统服务功能是至关重要的。

生态系统的服务功能原理强调人与自然过程的共生和合作关系，尽可能减少园林设计对自然生态系统的影响。

生态设计要充分利用自然系统的能动作用。自然是具有能动性的，大自然的自我愈合能力和自净能力，维持了大地的山清水秀。例如，湿地对污水的净化能力目前已被广泛应用于污水处理系统之中。

2. 园林设计的原则

园林设计的目的是要在一定的区域内运用工程技术和艺术手段，通过改造地形、营造建筑小品及种植树木花草等途径创造出景色如画、环境优美、健康文明的游憩环境。一方面它要求具有园林的美学价值，另一方面它又和科学技术密不可分，同时它也要求具有能适应社会大众需求的社会属性。

（1）园林设计的美学原则

美是人类共同的追求，虽然对美的认识在世界各民族、社会发展的不同时期及人的不同年龄阶段有所差异。但是，无论何种形式的美都是人们对客观事物的心理认识。在《美和美的创造》一书中对“美”的解释认为，美是一种客观存在的社会现象，它是人类通过创造性的劳动实践，把具有真和善的品质的本质力

量，在对象中实现出来，从而使对象成为一种能够引起爱慕和喜悦的感情的观赏形象，这一形象就是美。衡量一座园林建筑的设计，美是重要标准之一。

（2）园林设计的功能性原则

园林是完善城市四项基本功能中游憩职能的场所。其基本作用就是要满足广大人民群众的精神文明需求，功能性和适用性是园林的基本原则。

如果把园林作为一种艺术的话，那么无论有多少自然主义和浪漫主义的性质和渊源，它都必然要遵循理性主义的原则。这是因为现代园林通常是一种实用场所，会涉及环境安全的内容。

现代园林是功能体系的一种特殊形式，或是现代园林本身带有某种功能性质，这就要求把相关的功能因素放在优先位置考虑，不能因为追求某种预定的纯艺术形式而与功能相抵触。园林要提倡有机性，与功能之间也应该是有机的关系。除了附属的功能，园林本身还有功能义务，即除了悦目，园林的场所必须让人感到舒适，至少要提供最起码的树荫、座椅、散步等功能因素，还要根据自身的性质，进一步提供如慢跑径、水池及游泳池、运动场地和设施等内容。

除了实现某种实用意义，功能的原则还能为艺术形式本身提供重要的价值观保障。在传统的园林中有很强的享乐意味，对于现代园林来说可以有，但是不能过分，对这种意味过分追求只能使艺术走向庸俗。在功能范畴内追求豪华和华丽是无可厚非的，但如果为此附加许多与功能无关的内容，它的艺术性就会遭到破坏。因为园林本身和园林的各种元素都已经具有很强的装饰意味，功能性必须格外强调才能引起关注，没有必要再刻意添加非功能因素。

功能原则可以为园林设计提供一些装饰。然而，由园林的一些特殊性质决定，对空间进行装饰本身就是园林的一种功能责任，当然这不是摆摆鲜花之类的纯装饰行为。更重要的一点在于，与建筑这种功能实体同时也是一种艺术类型或一件艺术品一样，园林本身也是一种独立的艺术形式，每处园林也都应该成为艺术品。这就要求园林要尽情表现其艺术魅力，在园林设计中准确把握自身的形式和风格。

作为一种空间场所的园林，第一，要在物质意义上完善空间的构造，要建立有效的边界体系，与外界其他空间建立适宜的关系。第二，对自身的空间要进行完善，就要用内部边界和内部实体来细化、美化，充实这一空间，使它成为一件名副其实的艺术品。这是一个设计过程，在其中完全可以利用绘画、雕塑等其他艺术类型的形式进行设计，最终得到自己的形式。因为艺术形式已经空前丰富，园林可用材料也空前丰富，所以园林设计也是多种多样的。

现代设计已使许多功能设施超越了功能本身而成为概念、意义和内容的载体，而且设计意念的发展越来越丰富、越来越明确。可以说，现代设计把作品部分的要素与材料都直接转换成表达现代设计观念，表达现代美学观点的语言符号。功能设施在某种程度上成了表现我们美学思想的载体。

设施、要素、意义、功能等属性之间的可转换性，使设计构思有了极大的自由度和可能性。而利用它们之间的转换特性也成了现代设计的重要手段。通过设计艺术，可以使功能性设施艺术化，也可以使艺术化作品功能化。通过造型设计，使软质物体在视觉上硬化，把硬质物体在视觉上软化。一个真正的设计大师，即使在最简单的构图上也可以展开其丰富的想象力。一块石头、一个花池、一张座椅、一处台阶、一段小径在他们的大脑中产生美的形式都千变万化，都有出乎常人意料的新奇形象，这就是人类的文化精神。

艺术最重要的永恒原则之一就是科学性。在有意识的科学诞生之前，科学隐藏在以自然规律的启示为基础内容的哲学、知识等形式中，艺术也是如此。无论是从巧夺天工的意义来讲，还是从试图表现根源上的自然规律来讲，都只是不同的自然情况使得不同的人对自然规律有不同的理解，以至于产生了不同的艺术类型，而与科学不同的是艺术能自成一种形式。无论是城市、乡村、土地，还是任何一个领域，只要我们不是把园林简单化到物质的层面，就表明我们在追求园林艺术，那么我们就不能追求自然风景本身，不能只搬来自然元素，也不能只搬来其他地方的艺术。我们只能将面对所有的一切，运用自然规律，才有可能得到新的、真正的园林艺术。

（3）园林设计的经济学原则

园林是社会生产力发展到一定水平的产物，也可以说是由经济基础决定的上层建筑。因此，进行园林设计时必须有经济学理念。在正确选址的前提下，因地制宜，用较少的投入取得最大的效果，做到事半功倍。同样是一处园林，甚至是同一设计方案，采用不同的建筑材料，不同规格的苗木，不同的施工标准，其工程造价是完全不同的。所以园林设计师在考虑园林美学、功能性的前提下，设计出最佳的方案，采用最佳的施工方案及材料，以获得最佳的效果，是最明智的选择。一切贪大求洋均是不可取的，尤其是当前的形势下更应注意这一问题。

总之，“经济、适用、美观”是园林设计必须遵循的原则。三者之间的关系是辩证的统一，相互依存，不可分割。

（二）园林设计模式

1. 园林构成要素

随着历史的演变，园林形式由基本的实用型布局发展到对文化艺术的欣赏型布局。在原始苑囿基础上发展起来的后世各种园林形式，无论在大千世界里如何变化，都脱离不了基本的构成要素组合。

所有的艺术形式都存在一定的基本特征和规律，以及固有的表现方法，即具有共同特性和关系的一组现象同时出现，园林艺术亦如此。其基本构成要素中自身的形态变化、种类变化、结构变化或质感变化等，或各要素之间不同的比例组合变化、空间组合变化、形式组合变化等，都能给设计师的园林设计创意、策划布局形式提供灵感和突破口。万变不离其宗，园林设计就是利用山水地形、广场道路、建筑、植物、园林小品等设计要素进行的一种设计活动。围绕主题思想定位，以设计创意为中心，以满足人的功能为基础，通过对这些要素的有机组合，获得独特的园林布局形式，形成具有思想内涵、文化深度、理想意境的高品质园林作品。

2. 园林的设计模式和特征

园林设计模式一般分为规则式园林、自然式园林、混合式园林三种形式，是根据世界的三大园林体系（西欧园林体系、东方园林体系、西亚园林体系）归纳而成的三种基本形式。园林设计形式的产生和形成，与世界各民族的地理环境、历史环境、文化环境甚至是政治环境等综合因素的作用是密切相关的。

（1）规则式园林

规则式园林又称整形式园林、建筑式园林、几何式园林、对称式园林，是一种具有几何美、秩序美和强烈人工美的园林形式。从公元前5世纪开始，古希腊就有了突出人工造园的趋势，直至18世纪末东方园林风靡欧洲和19世纪英国风景园林的盛行之前，欧洲园林的一切都突出表现人工意志，设计方正规端，整个园林及各景区景点皆表现出人为控制下的形式美。其中，最有代表性的就是文艺复兴时期的意大利台地园林和17世纪法国勒诺特式园林。意大利台地园林的代表作有埃斯特庄园、美第奇宫等；法国园林的代表作为维康府邸花园、凡尔赛宫花园；而北京的天坛则是中国规则式园林的代表。

这种园林设计形式具有以下特点：

①中轴线。全园在平面布置上有明显的中轴线，并大抵依中轴线的左右前后对称或拟对称布置，园地的划分大都为几何形体。

②地形地貌。在开阔较平坦的地段，由不同高程的水平面及缓倾斜的平面组成；在山地及丘陵地段，由大小不同的阶梯式水平台地倾斜平面及石级组成，其剖面均为直线所组成。

③水体。其外轮廓均为几何形，主要是圆形和长方形，水体的驳岸多整形、垂直，有时加以雕塑。水景的类型有整形水池、整形瀑布、喷泉、壁泉及水渠运河等。

④广场和道路。广场多为规则对称的几何形，主轴和副轴上的广场形成主次分明的系统，道路均为直线形、折线形或几何曲线形。封闭性的草坪、广场空间以对称建筑群或规则式林带、树墙包围。广场与道路构成方格形、环状放射形、中轴对称或不对称的几何设计。

⑤建筑。主体建筑群和单体建筑多采用中轴对称均衡设计，多以主体建筑群和次要建筑群形成与广场、道路相结合的主轴、副轴系统，形成控制全局的总格局。

⑥种植设计。配合中轴对称的总格局，全园树木配植以等距离行列式、对称式为主。树木修剪整形多模拟建筑形体、动物造型、绿篱、绿墙、绿柱、绿门、绿塔、绿亭等，此为规则式园林较突出的特点。园内常运用绿篱、绿墙来划分和组织空间，花卉布置常以图案为主要内容的植坛和花带，有时布置大规模的花坛群。

⑦园林小品。园林雕塑、瓶饰、园灯、栏杆等装饰点缀了园景。西方园林的雕塑以人物雕像为主，并布置于室外，雕塑雕像的基座为规则式，并且雕像多配置于轴线的起点、焦点或终点，常与喷泉、水池构成水体的主景。

（2）自然式园林

自然式园林又称为风景式园林、不规则式园林、山水派园林等，以中国的古典自然山水园林为代表。北京颐和园、承德避暑山庄、苏州拙政园等是典型作品。中国自周代开始一直秉承自然山水的审美取向，从唐代开始就深刻影响了日本的园林。18世纪后期世界园林风格开始相互融合，英国的风景园林率先出现了一定的自然式园林的设计特征。自然式园林随形而定，景以境出。利用起伏曲折的自然状貌，栽植植物如同天然播种，蓄养鸟兽虫鱼以增加天然野趣，掇山理水顺乎自然法则，是一种全景式仿真自然或浓缩自然的构园方式。

这种园林设计形式的特点如下：

①轴线。全园不以轴线控制，但局部仍有轴线的处理，并以主要导游线构成的连续构图控制全园。

②地形地貌。自然式园林的创作讲究“相地合宜，构园得体”，主要处理地形的手法是“高方欲就亭台，低凹可开池沼”的“得景随形”。自然式园林的主要特征是“自成天然之趣”，所以在园林中要求再现自然界的山峰、山巅、崖、冈、岭、峡、岬、谷、坞、坪、洞、穴等地貌景观。在平原地带，要求微观地形自然起伏、和缓。地形的断面为自然和缓的曲线。在山地和丘陵地，则利用自然地形地貌，除建筑和广场基地以外不做人工阶梯形的地形改造工作，原有破碎割切的地形地貌也加以人工整理，使其自然。

③水体。讲究“疏源之去由，察水之来历”。园林水景的主要类型有河、湖、池、潭、沼、汀、驳、溪、涧、洲、渚、港、湾、瀑布、跌水等。总之，水体要再现自然水景，水体轮廓为自然曲折，水岸为各种自然曲线的倾斜坡度，驳岸主要用自然山石驳岸、石矶等形式。在建筑附近或根据造景需要部分用条石砌成直线或折线驳岸。

④建筑。园林内单体建筑多为对称或不对称均衡的布局，其建筑群和大规模建筑组群多采取不对称均衡的布局。中国自然山水园的建筑类型有厅、堂、楼、阁、亭、廊、榭、舫、轩、馆、台、塔、桥、墙等。

⑤广场与道路。除建筑前广场为规则式外，园林中的空旷地和广场的外轮廓为自然式。以不对称的建筑群、土山、自然式的树丛和林带包围。道路的走向、布列多随地形，其平面和剖面多由自然起伏曲折的平曲线和竖曲线组成。

⑥种植设计。自然式园林种植不成行列式，以反映自然界植物群落自然之美。树木不修剪，配植以孤植、丛植、群植、密林为主要形式。花卉布置以花丛、花群为主，庭院内也有花台的应用。

⑦园林小品。园林小品包括假山、石品、盆景、石刻、砖雕、木刻等。园林小品是画龙点睛之笔，为自由、活泼的自然山水增添人文气息、艺术品位、生活情趣和情调。

（3）混合式园林

所谓混合式园林，主要是指规则式园林和自然式园林交错组合，全园没有或形不成控制全园的中轴线和副轴线，只有局部景区。建筑以中轴进行对称布局，或全园没有明显的自然山水骨架，形不成自然格局。一般情况下，多结合地形，在原地形平坦处根据总体设计需要，安排规则式的布局；在原地形条件较为复杂，具备起伏不平的丘陵、山谷、洼地时，结合地形设计成自然式。类似上述两种不同形式的设计组合，即为混合式园林。

混合式园林具有开朗、明快、变化丰富的特点。混合式手法是园林规划布局的主要手法之一，它的运用同空间环境地形及功能性质要求有密切关系。采用规则式布置的环境一般为面积不大、地势平坦、功能性较强的区域（如园入口、中心广场等），进行不规则式布置的环境一般为原有地形起伏不平，丘陵及水面较多，树木生长茂密，以游赏、休憩为主的区域，以求曲折变化，有利于形成幽静安谧的环境气氛。

3. 园林模式的确定因素

（1）根据园林的性质和用途，确定园林形式

园林的性质和用途不同，产生的园林布局形式必然有所不同。相应营造的园林气氛、园林风格、建筑样式、道路系统组织、选用的植物类型及使用材料等都会有所不同。有人民公园、动物园、植物园、儿童游乐园、运动性公园、体疗性园林、纪念性园林、历史性园林、风景名胜园林、住宅园林，以及雕塑公园、水公园、动漫乐园、影视公园等主题性园林。

不同的园林性质和用途，对应不同的园林布局形式。比如，动物园是饲养各种动物，进行科学研究和迁地保护，供公众观赏并进行科学普及和宣传保护教育的场所。这类园林要具备保护的科研性和教育性、观赏的趣味性和安全性，要给游人传达生物知识和美感。因此，在园林设计上要求功能设施齐全，环境设计要符合动物生活习性，方便游客游览观赏，保证动物、游人和饲养人员的安全及饲养人员管理操作方便等。要创造自然活泼、寓教于乐的环境。故不能采用严谨的中轴对称的规则式全园布局方式，应尽量保持动物生存的环境状态，形成自然流畅的路线规划，地形地貌、山水植物分布、展览方式、游览区等设计可采用自然式手法烘托自然生态气息和野趣。著名的动物园有哈尔滨北方森林动物园、四川碧峰峡野生动物园、印度尼西亚莎华丽野生动物园、南非克鲁格国家公园、南非

国家动物园、悉尼野生动物园等。历史性园林则是体现历史遗迹、历史事件等物质或非物质文化遗产的人文性园林（包括人文性景观、建筑、史迹及风物）。因此，作为历史性园林应呈现历史文化内涵、审美、历史再利用价值，并隐含或展现人类劳动成果。例如，都江堰离堆公园、纳尔逊·曼德拉纪念公园等。而儿童游乐园应具备色彩明快、造型丰富、智能趣味并兼备体验安全的园林环境，如日本东京儿童主题公园等。

（2）根据自然环境条件，确定园林形式

自然环境条件亦称地理环境条件，包括地质条件、地形条件、水文资源、气候环境、植被分布等因素，也是设计园林形式的依据。这些因素差异使得园林规划设计很难做到绝对的规则式和绝对的自然式。往往在建筑物密集成群的区域，城市绿地平坦而地带相对狭小。对人工环境集中的区域，可以采用规则式手法，如著名的迪拜哈利法塔公园、德国索林根市政厅广场绿地等；而远离城市建筑群，原有地形起伏不平，地貌相对丰富，水域和自然植被面积广大的区域，可以采用自然式手法布置，既经济又美观，如美国大峡谷国家公园、日本富士箱根伊豆国立公园等；大型居住区、工厂、体育馆、大型建筑物四周绿地、高级酒店花园等区域则以混合式为宜，如北京奥林匹克公园、美国加利福尼亚州九曲花街、万科第五园等。

（3）根据人的意识形态，确定园林形式

意识形态是一种观念的集合，包括了政治、法律、思想、道德、文学艺术、哲学和其他社会科学等相关的观念、观点及概念。中西方不同的意识形态决定了中西方不同的园林形式和艺术风格。西方人自古希腊就对人体的自然美和形式美极其欣赏，认为人体美是自然美的最高形态，故在欧洲园林设计中大量运用人体雕塑，并在重要景观节点上设置人体雕塑组合的大型喷泉。而中国人的价值观、思维方式、政治理念和社会秩序，深深影响着中国古典园林的布局形式和风格样式。以若隐若现为美的东方风韵与西方直率的表达方式大相径庭，故意大利郎世宁在设计圆明园的过程中，把重要景观“大水法”设计初稿给乾隆皇帝看时，中国的皇帝完全不能接受西方式的裸体雕塑喷泉在帝王家的花园中出现，因此改用中国本土的十二生肖青铜雕塑代替了人体雕塑。

（4）根据文化传统，确定园林形式

文化传统是贯穿民族和国家各个历史阶段以及各类文化的核心精神。文化传统的不同，也使园林布局形式、造园手法等发生变化。虽然日本深受中国文化的影响，中国水墨画深刻影响着日本文化，但是日本自己的文化精神使日本园林开始摒弃以往的池泉庭园，使用一些静止不变的元素，营造枯山水庭园。这种文化影响至今，具有枯山水特色的、朴素雅致的日本现代园林景观，在世界现代园林设计中占有重要位置。同样，伊斯兰文化影响下的伊斯兰庭园，采用规则式布置，将封闭建筑与特殊节水灌溉系统相结合，以十字形的林荫路构成中轴线，建筑富有精美细密的伊斯兰纹饰图案和五彩斑斓的琉璃马赛克装饰色彩，园林的氛围庄重而神圣。而我国传统文化的几千年沿袭，造就了自然山水园的自然式规划形式。

第三节　生态修复

一、基本概念

（一）环境污染与污染环境

环境污染和污染环境是使用比较频繁，同时也是比较容易产生混淆的两个不同概念。

污染环境是指被污染了的环境，其内在含义是经过量化指标或其他评估方法评价之后，确认环境已经受到了污染。

环境污染是比较定性的概念，并不是有害物质或因子进入环境就等于产生了污染，而必须当这些外来物质使环境系统结构和功能发生本质变化且产生不利影响时，才造成污染。其中，能够造成环境污染的物质或因子则被称为环境污染物，简称为污染物。

环境污染是指有害物质或有害因子进入大气、水和土壤等环境介质，并在这些环境介质中扩散、迁移和转化，使生态系统的结构与功能发生变化、对人类或其他生物的正常生存和发展产生不利影响的现象。

环境污染源可分为自然污染源和人为污染源，对人类生产和生活造成重大影响的通常为人为污染源，包括化学污染物和生物污染物（如炭疽杆菌和病毒等）。化学污染物主要分为有机污染物和无机污染物两大类。

有机污染物主要是指化学农药、酚类、多环芳烃、多氯联苯、石油等。

无机污染物主要是指重金属，如镉、汞、铅、铬、镍等；放射性核素，如铯、锶、铀等；营养物质，如氮、磷、硫等；还有其他物质，如氟等。

环境污染具有以下基本特征：

1. 人体健康效应

人体健康效应是指正在显著地对人体健康产生危害或引起这种危害的可能性很大，这里的显著危害主要是指死亡、疾病、严重伤害、基因突变、先天性致残或对人的生殖功能造成损害等不良健康效应，如致癌、肝脏功能紊乱等，也包括污染导致的精神紊乱或分裂症。

2. 动物或作物效应

动物或作物效应是指正在显著地对动植物生长发育和繁殖产生危害或引起这种危害的可能性很大，包括导致家畜、野生动物、作物或其他生命体的死亡、疾病或其他物理损害。

3. 水污染效应

水污染效应是指正在导致主要水体受到污染或可能受污染，也就是说，只要与该污染物接触的水体（包括地表水和地下水），都有受到污染的风险。

4. 生态系统效应

生态系统效应是指正在显著地影响或危害生态系统及其他重要组分，而且这种危害使生态系统功能产生不可逆转的不良变化，涉及对特有或珍稀生物物种的不良效应。

5. “财产损失”效应

“财产损失”效应主要是指对人类拥有的各种财产产生的损害，如对建筑物结构的损害、对房产占有权的干扰等。

（二）污染环境的治理与修复

污染环境的治理与修复也是两个非常容易混淆的概念，两者使用均相当频繁，许多时候甚至互相替代。其实，两者是有差别的。通俗地说，治理有些“治标”的意味，而修复则是“标本兼治”并“复原”的意思。

治理是指采用一些措施使受污染的环境不再对系统中的生物或其周围环境产生负面影响。

修复是在使污染环境得到治理后，虽然可能会在结构上发生某些变化，但是最终还能够恢复未污染之前的功能，使污染环境重新焕发出生机与活力而被重新使用。

随着可持续发展战略的深入人心，人们对治理也赋予了更高的要求，即在污染环境得到控制的同时，也要将环境中污染物去除或做无害化处理。从这个意义上来讲，治理与修复两个概念往往很容易混用。

（三）生物修复

一般来说，生物修复主要是指微生物修复，即利用天然存在的或人为培养的微生物对污染物的吸收、代谢和降解等功能，将环境中有毒污染物转化为无毒物质甚至彻底去除的环境污染修复技术。

生物修复之所以主要是指微生物修复，是因为人类最早利用生物来修复污染环境的生命形式主要是微生物，而且对于污水处理来说其应用技术比较成熟，影响也极其广泛。但生物包括微生物、植物、动物等生命形式，特别是近些年来，植物修复已成为环境科学的热点，同时也为公众所接受。因此，广义的生物修复既包括微生物修复、植物修复，也包括植物与微生物的联合修复，甚至还涉及土壤动物修复和细胞游离酶修复等有生命活动参与的修复方式。

（四）植物修复

植物修复是指利用植物及其根际圈微生物体系的吸收、挥发、转化和降解的作用机制来清除环境中污染物质的一项新兴的污染环境治理技术。

植物修复途径主要包括以下几种：

利用超积累植物，去除污染土壤或水体甚至大气中的重金属。

利用挥发植物，以气体挥发的形式修复污染土壤或水体。

利用固化植物，钝化土壤或水体中有机或无机污染物，使之减轻对生物体的毒害。

利用植物本身特有的转化或水解作用，使环境中污染物得以降解和脱毒。

利用植物根际圈共生或非共生特效降解微生物体系的降解作用，清洁有机污染物污染的土壤或水体。

利用绿化植物，净化污染空气。

广义的植物修复包括利用植物净化空气（如减少室内空气污染和城市烟雾控制等），利用植物及其根际圈微生物体系净化水体（如污水的湿地处理系统、水体富营养化的防治等）和治理污染土壤（包括重金属及有机污染物质的治理）。狭义的植物修复主要是指利用植物及其根际圈微生物体系清洁污染土壤或污染水体，而通常所说的植物修复主要是指利用超积累植物的提取作用去除污染土壤或水体中的重金属。

能够达到污染环境修复要求的特殊植物统称为修复植物，如对空气净化效果好的绿化树木和花卉等修复植物可以分为能直接吸收、转化有机污染物质的降解植物，利用根际圈生物降解有机污染物的根际圈降解植物，提取重金属的超积累植物、挥发植物和用于污染现场稳定的固化植物等。

要将植物修复与微生物修复截然分开是不可能的。因为对于绝大多数植物来说，植物的生命活动与其根际环境中微生物的生命活动是密不可分的，许多情况下还形成共生关系，如菌根（真菌与植物共生体）、根瘤（细菌与植物共生体）等。在修复植物对污染物质起作用的同时，其根际圈微生物体系也在起作用，只不过植物对污染物修复起绝对作用，因而还应称为植物修复。而对于以微生物降解为主要机制的根际圈生物降解修复来说，对污染物起到修复作用的主要是根际圈微生物体系，植物虽然对污染物也起到某些直接降解或转化作用，但是主要是微生物在起作用。植物只是为这些微生物更好地生存创造了有利条件，但这些条件是至关重要的。因此，根际圈生物降解修复也可以叫作植物—微生物联合修复。

（五）物理修复

物理修复是根据物理学原理，采用一定的工程技术，使环境中污染物部分或彻底去除，或转化为无害形式的一种污染环境治理方法。

相对其他修复方法来说，物理修复一般需要研制大中型修复设备，因此其价格也相对昂贵。

物理修复方法很多，如大气污染治理的除尘（重力除尘法、惯性力除尘法、离心力除尘法、过滤除尘法和静电除尘法等），污水处理的沉淀、过滤和气浮，污染土壤修复的置土（换土）法、物理分离、蒸汽浸提、固定化、玻璃化和低温冰冻，等等。

（六）化学修复

依赖于污染介质的特征和污染物的不同，化学修复手段可以是将液体、气体或活性胶体注入地表水、下表层介质、含水土层中，或在地下水流经路径上设置可渗透反应墙，滤出地下水中的污染物。注入的化学物质可以是氧化剂、还原剂、沉淀剂、解吸剂或增溶剂。无论是传统的井注射技术，还是现代的各种创新技术，如土壤深度混合和液压破裂技术，都是为了将化学物质渗透到土壤表层以下或者与水体充分混合。通常情况下，都是根据污染物类型和土壤特征，当生物修复法在速度和广度上不能满足污染土壤修复的需要时才选择化学修复方法。

化学修复是利用加入环境介质中的化学修复剂与污染物发生一定的化学反应，使污染物被降解和毒性被去除或降低的修复技术。

化学修复方法应用十分广泛，如气体污染物治理的湿式除尘法、燃烧法，含硫、氮废气的净化等，污水处理的氧化、还原、化学沉淀、萃取、絮凝，等等。相对其他污染土壤修复技术来讲，化学修复技术发展较早，也相对成熟。土壤化学修复技术目前主要涵盖以下几方面的技术：一是原位化学氧化修复技术；二是化学还原与还原脱氯修复技术；三是化学淋洗修复技术。

原位化学氧化修复技术是一种快捷积极，对污染物类型和浓度不是很敏感的修复方式；化学还原与还原脱氯修复技术则作用于分散在地表下较大、较深范围内的氯化物等对还原反应敏感的化学物质，将其还原、降解；而化学淋洗修复技术对去除低溶解度和吸附力较强的污染物更加有效。

选择何种修复手段，要依赖于土壤或地表水实地勘察和预备试验的结果。

二、生态修复

（一）生态修复的定义与特点

1. 生态修复的定义

生态修复是在生态学原理指导下，以生物修复为基础，结合各种物理修复、化学修复及工程技术措施，通过优化组合，使之达到最佳效果和最低耗费的一种综合的修复污染环境的方法。

生态修复是根据生态学原理，利用特异生物对污染物的代谢过程，并借助物理修复与化学修复及工程技术的某些措施加以强化或条件优化，使污染环境得以修复。

2. 生态修复的特点

（1）严格遵循生态学原理

①循环再生原理。生态系统通过生物成分：一方面利用非生物成分不断地合成新的物质；另一方面又把合成物质降解为原来的简单物质，并归还到非生物组成成分中。如此循环往复，进行着不停顿的新陈代谢作用。这样，生态系统中的物质和能量就进行着循环和再生的过程。

生态修复利用环境—植物—微生物复合系统的物理、化学、生物学和生物化学特征对污染物中的水、肥资源加以利用，对可降解污染物进行净化，其主要目标就是使生态系统中的非循环过程成为可循环的过程，使物质的循环和再生的速度能够得以加快，最终使污染环境得以修复。

②和谐共存原理。在生态修复系统中，由于循环和再生的需要，各种修复植物与微生物种群之间、各种修复植物与动物种群之间和生物与处理系统环境之间相互作用并和谐共存，修复植物给根系微生物提供生态位和适宜的营养条件，促进一些具有降解功能微生物的生长和繁殖，促使污染物中植物不能直接利用的那部分污染物转化或降解为植物可利用的成分，反过来又促进植物的生长和发育。

③整体优化原理。生态修复技术涉及点源控制、污染物阻隔、预处理工程、修复生物选择和修复后土壤及水的再利用等基本过程，它们环环相扣，都不可或缺。因此，必须把生态修复系统看成一个整体，对这些基本过程进行优化，从而达到充分发挥修复系统对污染物的净化功能和对水、肥资源的有效利用。

④区域分异原理。不同的地理区域，甚至同一地理区域的不同地段，由于气温、地质条件、土壤类型、水文过程及植物、动物和微生物种群差异很大，在污染物质迁移、转化和降解等生态行为上具有鲜明的区域分异。在设计生态修复系统时，必须有区别地进行工艺与修复生物选择及结构配置和运行管理。

（2）影响因素多而复杂

生态修复主要是通过微生物和植物等的生命活动来完成的，影响生物生活的各种因素也将成为影响生态修复的重要因素。因此，生态修复也具有影响因素多而复杂的特点。

（3）多学科交叉

生态修复的顺利施行，需要生态学、物理学、化学、植物学、微生物学、分子生物学、栽培学和环境工程等多学科的参与。因此，多学科交叉也是生态修复的特点。

（二）生态修复的机制与基本方式

无论污染物是何种形态，进入环境后都会与环境中有机态和无机态等组成成分持续发生各种作用，如迁移—扩散、溶解—沉淀、吸附—解吸、络合—离解、氧化还原作用等，从而产生空间位置的转移及存在形态的变化，其中气候、水文、生物等条件是重要影响因素。

根据生物对环境中污染物作用的难易程度，可将环境中污染物大致分为可作用态、交换态和难作用态三种状态。其中，可降解或转化的有机污染物及可被植物吸收的重金属等无机污染物为可作用态，反之为难作用态，而介于两者之间的便是交换态。可作用态、交换态和难作用态三者之间经常处于动态平衡状态，可作用态部分的污染物一旦被生物利用而减少，便主要从交换态部分来补充，而当可作用态部分污染物因外界输入而增多时，则促使交换态向难作用态部分转化。这三种形态在某一时刻可达到某种平衡状态，但随着环境条件（如生物利用、螯合作用及温度、水分变化等）的改变而不断地发生变化。实际上，污染物在环境中的变化情形相当复杂，完全掌握其动态变化过程是相当困难的，生态修复所采取的一切措施只能是尽可能地使污染物朝着有利于被降解、转化或吸收利用的方向发展。

1. 生态修复的机制

（1）污染物的生物吸收与富集机制

土壤或水体受重金属污染后，植物会不同程度地从根际圈内吸收重金属，吸收数量的多少受植物根系生理功能及根际圈内微生物群落组成、酸碱值、氧化还原电位、重金属种类和浓度及土壤的理化性质等因素影响，其吸收机理是主动吸收还是被动吸收尚不清楚，植物对重金属的吸收可能有以下三种情形。

一是完全的“避”。这可能是当根际圈内重金属浓度较低时，根依靠自身的调节功能就可以完成自我保护，也可能是无论根际圈内重金属浓度有多高，植物本身就具有这种“避”的机理，可以免受重金属毒害，但这种情形可能很少。

二是植物通过适应性调节后，对重金属产生耐性。吸收根际圈内重金属，植物本身虽然也能生长，但是根、茎和叶等器官及各种细胞器受到不同程度的伤害，使根际圈生物量下降。这种情形可能是植物根对重金属被动吸收的结果。

第三种情形是指某些植物因具有某种遗传机理，将一些重金属元素作为其营养需求，在根际圈内该元素浓度过高时也不受其伤害，超积累植物就属于这种情况。

（2）有机污染物的生物降解机制

生物降解是指通过生物的新陈代谢活动将污染物质分解成简单化合物的过程。这些生物虽然也包括动物和植物，但是由于微生物具有各种化学作用能力，如氧化还原作用、脱羧作用、脱氯作用、脱氢作用、水解作用等，同时本身繁殖速度快，遗传变异性强，所以它的酶系能以较快的速度适应变化了的环境条件，而且对能量利用的效率更高，具有将大多数污染物质降解为无机物质（如二氧化碳和水）的能力，在有机污染物质降解过程中起到了很重要的作用，因而生物降解通常是指微生物降解。

（3）有机污染物的转化机制

转化或降解有机污染物是微生物正常的生命活动或行为。这些物质被摄入体内后，微生物以其作为营养源加以代谢，一方面可被合成新的细胞物质，另一方面也可被分解生成二氧化碳和水等物质，并获得生长所必需的能量。

微生物通过催化产生能量的化学反应获取能量，这些反应一般使化学键被破坏，使污染物的电子向外迁移，这种化学反应称为氧化还原反应。其中，氧化作用是使电子从化合物向外迁移的过程，氧化还原过程通常供给微生物生长与繁衍的能量，氧化的结果是氧原子的增加和或氢原子的丢失；还原作用则是电子向化合物迁移的过程，当一种化合物被氧化时这种情况可发生。在反应过程中有机污染物被氧化，是电子的丢失者或称为电子给予体，获得电子的化学物被还原，是电子的接受体。通常的电子接受体为氧、硝酸盐、硫酸盐和铁，是细胞生长的最基本要素，通常被称为基本基质。这些化合物类似于供给人类生长和繁衍必需的食物和氧。

（4）生态修复的强化机制

对于污染程度较高且不适于生物生存的污染环境来说，生物修复就很难实施。这时就要采用物理或化学修复的方法，将污染水平降到能够降到的最低水平，若此时仍达不到修复要求，就要考虑采用生态修复的方法，而在生态修复实施之前，先要将环境条件控制在能够利于生物生长的状态。但一般来说，简单直接地利用修复生物进行生态修复，其修复效率还是很低的，这就需要采用一些强化措施，进而形成整套修复技术。

强化机制分为两个方面：一是提高生物本身的修复能力，二是提高环境中污染物的可生物利用性，如深层曝气、投入营养物质、投加添加剂等。由于在下面各章节中有详细叙述，这里就不重复了。

2. 生态修复的基本方式

根据生态修复的作用原理，生态修复可以有以下几种修复方式：①微生物物理修复；②微生物化学修复；③微生物物理化学修复；④植物物理修复；⑤植物化学修复；⑥植物物理化学修复；⑦植物微生物修复；⑧植物微生物化学修复；⑨植物微生物物理修复。

植物的根系在从土壤或水体中吸收水分、矿质营养的同时，也向根系周围分泌大量的有机物质，而且其本身也产生一些脱落物，这些物质刺激着某些微生物在根系周围大量繁殖和生长，这使得根际圈内微生物数量远远大于根际圈外的数量。而微生物的生命活动如氮代谢、发酵和呼吸作用活动等对植物根也产生重要作用，绝大多数情况下，它们之间形成了互生、共生、拮抗及寄生的关系，如菌根、根瘤等。

根际圈是指由植物根系与微生物之间相互作用所形成的独特圈带，它以植物根系为中心聚集了大量的细菌、真菌等微生物和蚯蚓、线虫等土壤动物或鱼虾等水生动物，形成了一个特殊的“生物群落”。由于植物根系及其分泌物，根际圈细菌、真菌等对污染物具有修复作用，因而根际圈构成了污染环境中极为独特的生态修复单元。通常情况下，利用微生物修复污染土壤和水体时，专性微生物接种后较难定植，但植物根际环境却可以极大地促进这些外来微生物的生长，显著提高微生物修复效率。因此，即使植物对污染物没有降解作用，在微生物修复现场种植一些植物也是相当有益的。

三、生态修复的意义及技术的发展

（一）解决环境污染的措施

理论和技术上可行的修复技术主要有植物修复、微生物修复、酶学修复、动物修复、化学修复、物理修复和各种联合方式修复等几大类，有些修复技术已经进入现场应用阶段并取得了较好的治理效果。然而，无论是化学修复、物理修复，还是植物修复、微生物修复，都存在这样或那样的缺点，都不能对环境污染进行根治。只有对污染环境实施生态修复，才能彻底阻断污染物进入食物链，才能最大限度地防止对人体健康产生损害，从而最为有效地促进环境的可持续发展。

（二）污染环境修复技术的发展

近年来，污染环境修复技术与工程发展很快。特别在欧美等发达国家，随着点源污染逐渐被控制，污染地表水、土壤及地下水的修复已提到议事日程上来，发达国家非常重视研制、发展地表水、土壤及地下水污染治理、修复的技术，尤其是进行污染地表水、土壤修复的技术创新与方法改进。

1. 物理修复及蒸汽浸提技术

污染环境的物理修复过程主要利用污染物与环境介质之间、污染环境介质与非污染环境介质之间各种物理特性的差异，达到从环境中去除污染物、分离的目的，主要的技术包括基本物理分离、电磁分离和蒸汽浸提等。

蒸汽浸提为典型的原位物理修复过程，是一类通过降低环境介质孔隙内的蒸汽压把环境中的污染物转化为气态形式而加以去除的方法。当清洁空气被通入环境介质时，环境介质中的污染物则随之被排出。该过程主要通过固态、水溶态和非水溶性液态之间的浓度差及通过真空浸提过程引入的清洁空气进行驱动。因此，也称“真空浸提技术”。一般来说，该技术最适用于汽油及有机溶剂（如四氯乙烯、三氯乙烯、二氯乙烯、三氯乙烷、苯、甲苯、乙基苯和二甲苯）等高挥发性化合物污染环境的修复。

2. 化学修复及可渗透反应格栅技术

（1）化学修复

化学修复从总体上可以分为原位化学修复和异位化学修复。

原位化学修复是指在污染现场加入化学修复剂与环境介质中的污染物发生各种化学反应，从而使污染物得以降解或通过化学转化机制去除污染物的毒性，以及对污染物进行化学固定使其活性或生物有效性下降的方法。

一般来说，原位化学修复不需要抽提含有污染物的土壤溶液或地下水到污水处理厂或其他特定的处理场所进行再处理，省去了这样一个价格昂贵的环节。

异位化学修复主要是把环境介质中的污染物通过一系列化学过程转化为液体形式（甚至通过富集途径），然后把这些含有污染物的液状物质输送到污水处理厂或专门的处理场所加以处理的方法。该方法因此通常依赖化学反应器甚至化工厂来达成并最终解决问题。有时，这些经过化学转化的含有污染物的液状物质会被堆置到安全的地方进行封存。

（2）可渗透反应格栅技术

可渗透反应格栅技术是原位化学修复的一种特殊技术类型，主要由注入井、浸提井和监测井三部分组成。这种类型的技术在构造上大致分为以下两种：

①垂直型注入井和垂直型浸提井（抽取污染的地下水）相结合的结构。

②单一的水平型结构。

垂直井或水平井的安装，即填入用来处理污染物的化学活性物质，目前主要采用挖填技术和工程螺旋钻进技术。不过，挖填技术只局限于在含水量较高、地下水埋深不超过20米的污染现场进行，并且污染斑块及其污染扩散流不能过大。无论采用哪种结构，水文地质学研究都是这一技术得以实施的关键。具体地说，就是要根据地下水流的走向，把具有较低渗透性的化学活性物质形成的活性栅处理装置安置在污染斑块的地下水走向的下游地带的含水层内。它要求污染斑块的地下水走向的下游地带的环境介质具有相对良好的水力学传导性，在该渗透能力较好的土体下埋有弱透水性的岩体。尤其重要的是，要根据水文地质学知识，捕捉污染斑块内污染物的走向，使其顺利通过阀门装置并进入污染物处理区。

对这些具有较低渗透性的化学活性物质，需要根据所要处理的污染物的种类进行选择。也就是说，不同的污染物所选的化学活性物质有所不同。当然，这些化学活性物质与其处理的污染物之间的反应也是可预知的，即不会产生毒性更强、危害更大的副产物。有资料表明，某些微生物、沸石、泥炭、活性炭、膨润土、石灰石和锯屑等或许是用于污染环境修复的化学活性物质。

3. 物理化学修复技术

（1）固定化修复技术

固定化修复技术属于物理化学修复的技术范畴。采用固定过程来消除有害物质或污染介质中的污染物是一类基于经验的方法，该方法是否能够成功，通常取决于是否选择了与污染物进行特定混合作用的束缚剂及环境介质类型。水泥作为束缚剂的使用，其基本原理是环境介质中的污染物与水泥中的硅酸钙或铝酸钙等发生固定反应而形成低溶解度的化合物，使污染物得以固定。这一过程可以经受多种化学作用如酸碱值变化及硝酸等强氧化剂的存在。但是，如果存在硼酸盐和硫酸盐等无机污染物及大量有机污染物，其对污染物的固定时间和强度就会产生不良影响。有效的束缚剂还包括石灰、飞灰（飘尘）和可溶性硅酸盐等。火山灰也是一种有效的束缚剂。这些物质含有活性硅或铝，在水作用下与石灰反应形成稳定的化合物，从而对环境介质中的污染物起到束缚作用。

（2）淋洗修复技术

更为确切地说，污染环境的淋洗修复属于物理化学修复。淋洗修复包括原位淋洗和溶剂浸提两种方式。原位淋洗是指在污染现场用物理化学过程去除非饱和区或近地表饱和区环境介质中污染物的方法。详细地说，就是在污染现场先把水或含有某些能促进环境介质中污染物溶解或迁移的化合物（冲洗助剂）的水溶液渗入或注入污染的介质中，然后再把这些含有污染物的水溶液从环境介质中抽提出来并送到传统的污水处理厂进行再处理的过程。溶剂浸提方法则是典型的异位物理化学修复过程，其原理是把污染物从环境介质中转换到有机溶剂或超临界流体中然后进行进一步处理。它具体涉及把污染环境介质从污染现场挖出来、去掉石块，运送到专门的处理场所，（分批）投入大型浸提器或特定容器中使污染环境介质与溶剂完全混合、充分接触，通过一定方法使加入的有机溶剂与环境介质分离，将分离后的有机溶剂进行再循环处理的过程。

原位淋洗因污染介质所处的深度不同而在技术环节上有所不同。对处于地表较浅的污染土壤或沉积物，一般通过向土壤或沉积物表面缓慢洒入冲洗助剂（采用机械喷洒是常用的方法，其他方法还包括各种泵技术、滴灌、地下渗滤床或地下走廊等）进行向下渗透，在污染土壤或沉积物区域周围挖壕沟来收集渗出液，然后送到污水处理厂进行处理；当污染介质处于较深处时，则主要通过注入井把冲洗助剂投递到污染的介质（如含水的沉积物）中，然后在其地下水走向的下游方向把含有污染物的溶液抽提到地上（有时用地下水浸提系统，用于捕获淋洗过后的溶液及其缔合的污染物）进行再处理。而周围设置泥浆墙或水泥墙，主要用于防止污染物从污染场地向外扩散。由于水只适用于排除溶解性大的污染物，因此高效冲洗助剂的筛选和研制对该技术的成功运用就显得尤其重要。各方面的资料表明：对于镉等重金属污染介质及胺、醚和苯胺等碱性有机污染物污染介质来说，酸溶液是高效的冲洗助剂；对于锌、铅和锡等重金属污染的介质及氰化物和酚类物质污染的介质来说，碱溶液是良好的冲洗助剂；对于某些非水溶性液体污染物（如矿物油、石油烃）污染的介质来说，表面活性剂或许是很好的冲洗助剂。此外，一些络合剂对金属污染环境的冲洗效果较好。其他适用的冲洗助剂还包括各种氧化剂和还原剂。值得注意的是，由于这些冲洗助剂的应用可能会改变环境的物理和化学特性，进而影响生物修复的潜力，在使用前必须慎重考虑。在使用或淋洗过后还应该考虑这些冲洗助剂要如何经过适当的处理予以再循环，即重新用于污染环境的修复。

4. 生物修复技术

生物修复主要依靠生物（特别是微生物、植物）的活动使环境介质中的污染物得以降解或转化为无毒或低毒物质。在大多数场合，这一过程更多地涉及生物对污染物的降解作用，包括特定的好氧和厌氧降解过程。目前，比较成熟的生物修复技术包括以下两大类型。

（1）异位生物修复

异位生物修复主要有生物处理床技术（如生物农耕法、堆积翻耕法和生物堆腐法等）和生物反应器法（如泥浆生物反应器）两种类型。

（2）原位生物修复

原位生物修复一般是对亚表层环境的生态条件进行优化的修复技术，尤其是通过调节加入的无机营养或能限制其反应速率的氧气供给，以促进土著微生物或外加的特异微生物对污染物质进行最大限度的生物降解。当不可能挖取污染介质时或泥浆生物反应器法的费用太高时，原位生物修复方法的魅力是可想而知的。

原位生物修复是否成功，主要取决于是否存在激发适合污染物降解的微生物种类及是否对污染点生态条件进行改善或加以有效的管理。大量资料表明，湿度或水分是调控微生物活性的首要因子之一，因为它是许多营养物质和有机成分扩散进入微生物细胞的介质，也是代谢废物排出微生物机体的介质，并对介质的通透性能、可溶性物质的特性和数量、渗透压、溶液酸碱度和非饱和导水率产生重大影响。生物降解的速率还常常取决于终端电子受体供给的速率。在环境微生物种群中，很大一部分是把氧气作为终端电子受体的。而且，由于植物根的呼吸作用，在亚表层环境中，氧气也易于消耗。因此，充分的氧气供给是污染环境生物修复重要的一环。氧化还原电位也对亚表层环境系统中微生物种群的代谢过程产生影响。

5. 植物修复技术

污染环境的植物修复是指利用植物本身特有的吸收富集污染物、转化固定污染物及氧化还原或水解反应等生态化学过程，使环境介质中的有机污染物得以降解，使重金属等无机污染物被固定脱毒。与此同时，还利用植物根际圈特殊的生态条件加速环境微生物生长，显著提高根际微环境中微生物的生物量和潜能，从而提高对有机污染物的分解作用的能力以及利用某些植物特殊的积累与固定能力去除环境介质中某些无机污染物的能力。

许多研究者把植物修复当成并划为生物修复技术的一种。环境污染可部分通过植物修复技术解决。这是因为，植物具有很强的积累和转化毒性物质的能力。植物修复在对重金属和有机污染物的处理上，已显示出其较为明显的有效性。作为创造现代生物技术的基础，它尚有广阔的发掘空间，精心制作“绿色过滤膜”，可以安全、有效地保护环境，清洁污染土壤及地下水。

在植物修复过程中，植物根际圈的化学和物理因素对污染物去除起着十分重要的作用。植物根际圈的化学作用主要来自根际圈内某些化学物质的释放。根际圈可释放出多种有利于有机污染物降解的有机化学物质，其中包括低分子化合物，如单糖、氨基酸、维生素、酮酸等，以及高分子化合物，如多糖、聚乳酸等。植物通过分泌和死亡细胞的脱落可向环境介质释放光合产物，由此增加环境系统中有机质含量，从而改变有机污染物的吸附，促进有机污染物与腐殖酸的共聚作用。此外，环境系统中有机质也可增加污染物的生物可利用性，减少污染物向地表水及地下水的迁移和淋溶性。

结束语

当前，我国城市化发展已经进入中后期，在空间规划上，需要结合我国空间资源利用和分配的实际情况，积极转变空间规划模式，推动国土规划改革。在国土空间规划体系运行背景下，城市可行性发展路径集中体现在以下几点。

（一）基于城市更新特点，解决城市发展问题

想要达到更好的城市更新效果，提高空间利用效率，就需要考虑广大民众的需求，积极营造良好的宜居环境，为城市更新发展提供动力支持。针对城市发展存在的问题，可以优化空间规划指标，筛选合适的评价指标，及时发现城市发展问题，积极应对解决，加快城市化进程。

（二）做好存量建筑更新，降低改造成本

存量建筑更新过程中，需要基于建筑自身优势，制定合理的改造方案，降低改造成本，提高资源利用率。近些年房地产行业呈现良好的发展态势，房屋供给大于需求，加剧了存量建筑问题，需要加快存量建筑更新，不断完善城市功能，从整体上改善建筑质量。

（三）融合作为详规类型，作为国土空间规划治理单元

存量土地更新也需要引起重视，可以根据我国城市空间资源利用情况，选择合适的治理手段和方法，加快存量土地的更新。广州市在此方面的探究活动较多，并在实践中总结了一些经验，可以把改造型单元融入国土空间规划体系中，制订明确的改造规划，完善相应的政策配套设施。不同地区改造存在不同的特性，可以适当地增加单元规划内容，对目标、实施方案、资金获取等进行严格管

理，从而达到良好的治理效果。

（四）强化基层社会自治，建立责任规划师制度

国土空间规划改革正在实施中，城市发展方向发生了改变，逐渐朝着内涵式方向发展。社区是城市的重要构成单元，在社区管理的过程中，可以制定合理的社区规划政策，为城市转型发展提供动力支持。此外，还需要强化基层社会自治，积极引导公众参与到城市管理活动中，确立责任规划师制度，强化部门管理，更好地满足公众需求。

在国土空间规划过程中，城市更新是必然的发展趋势，开展城市建设工作很关键，可以为国家经济发展提供支撑动力。在具体执行中，需要考虑城市运行特征，及时推进存量建筑更新工作，优化社区参与机制，增强基层社会自治能力，为城市发展提供重要保障，加快城市的现代化发展步伐。

参考文献

[1]王强.国土空间规划背景下旧城改造规划设计研究[J].科技创新与应用，2024，14（5）：113-116.

[2]王海燕，茅冠隽.从三个维度，把握城市更新内涵[N].解放日报，2024-01-26（006）.

[3]王冠，肖昶，徐雯.空间数据融合下省域规划“一张图”系统建设与应用研究[J].地理空间信息，2024，22（1）：33-38.

[4]张之山，杨建军.国土空间规划背景下城乡空间融合规划探索——以杭州市新塘街道为例[J].中外建筑，2024（1）:1-9.

[5]程遥，王启轩.国土空间规划体系下的国土空间开发绩效评价——框架建构与关键议题[J].自然资源学报，2024，39（2）：274-286.

[6]刘丹凤，胡俊辉.乡村振兴背景下乡村国土空间规划编制思考[J].重庆建筑，2024，23（1）：10-14.

[7]杨霞，郑辑宏，彭蓉.浅析城市更新下的历史街区活化设计研究——以荆州市三义街北段为例[J].中外建筑，2024（1）:1-6.

[8]王新.城市群内中小城市更新策略浅析——以京津冀城市群内徐水区公共空间为例[J].中外建筑，2024（1）:1-8.

[9]孟子龙，任丙强.城市治理数字化转型的阶段演进与优化路径[J].电子政务，2024（1）:1-11.

[10]戈梦霄，齐君，刘俊泽.国土空间规划背景下的风景名胜区资源动态管理评价指标构建[J].西南林业大学学报（社会科学），2024，8（1）：119-126.

[11]张莹，李怡然.城市发展的可持续转型：趋势、挑战与关键路径[J].阅江学刊，2024，16（1）：71-82，173.

[12]李育浪，谭丽.冲突与协调：城市更新中的核心利益相关者[J].上海房地，2024（1）：15–19.

[13]谢长亮，张朝霞.城市更新地方立法概述及完善建议[J].上海房地，2024（1）：54–59.

[14]薛领，赵威，刘丽娜.“双碳”目标下国土空间优化的挑战与应对[J].区域经济评论，2024（1）：43–51.

[15]徐志发.2024年中国城市数字化转型十大关键词[J].中国建设信息化，2024（1）：22–26.

[16]本刊编辑部.2024年，我国城市更新步入“快车道”[J].中国建设信息化，2024（1）：7.

[17]祖秉辉，李长松.基于AHP–FCE的城市更新效果评价研究[J].北京工业职业技术学院学报，2024，23（1）：27–33.

[18]袁韶华，焦文俊，谌侃.城市老旧社区微更新策略研究——以民健园小区为例[J].现代商贸工业，2024，45（4）：250–253.

[19]周婕妤.国土空间规划视域下综合整治与生态修复路径的思路分析[J].黑龙江环境通报，2024，37（1）：148–150.

[20]陆小钢，魏书威，刘芳芳.数字经济发展对国土空间规划的影响评述[J].河北企业，2024（1）：32–34.

[21]杨辉.地方政府专项债在城市更新领域的运用研究[J].中国工程咨询，2024（1）：89–96.

[22]安林.国土空间规划体系背景下六盘水市国土空间开发保护研究[J].四川水泥，2024（1）：99–101.

[23]汤俊，李丽萍.国土空间规划背景下公路选址论证编制研究[J].山西建筑，2024，50（2）：50–53.

[24]王元英，张桂霞.文脉传承视角下的城市更新研究——以青岛里院为例[J].青岛科技大学学报（社会科学版），2023，39（4）：113–118.

[25]陆小成.城市更新视域下低碳创新型社会构建研究——以北京为例[J].生态经济，2024，40（1）：63–69，77.

[26]周德成.国土空间规划在可持续城市发展中的作用与挑战[J].中华建设，2024（1）：99–101.

[27]霍铭文.低碳生态背景下佛山市城市更新单元规划编制的探索[J].中国住宅设施，2023（12）：22–24.

[28]李彩.基于国土空间规划的实用性村庄规划研究[J].住宅与房地产，2023（36）：62–64.

[29]徐林青.基于GIS技术的国土空间规划分区方法[J].住宅与房地产，2023（36）：65–67.

[30]孙伟业.城市更新规划对经济发展的影响研究[J].住宅与房地产，2023（36）：68–70.

[31]李强.国土空间规划功能定位与实施对策探讨[J].住宅与房地产，2023（36）：28–31.

[32]徐冬平，李泉，苏瑞雪，等.基于复杂网络的城市更新工程项目群风险传染研究[J].工程管理学报，2023，37（6）：51–56.

[33]赖权有，钱竞，郑沁，等.国土空间专项规划数据的衔接核对机制与技术方法[J].地理空间信息，2023，21（12）：40–42.

[34]周霞，胡明.城市更新项目对周边住房价格的影响研究：来自北京市东城区的实证经验[J].工程管理学报，2023，37（6）：46–50.

[35]文嘉谊.城市更新前期研究规划编制难点及应对策略[J].江苏建材，2023（6）：66–67.

[36]孙婕妤，方婷.国土空间规划要求下对城市规划馆布展逻辑和重点的思考——以成都市规划馆为例[J].四川建筑，2023，43（6）：24–26.

[37]刘确威，陈林娟.国土空间规划背景下对村庄规划编制的思考与创新[J].未来城市设计与运营，2023（12）：15–17.

[38]张琦.城市更新视角下老旧小区基础设施改造面临的难题——以X小区加装电梯为例[J].未来城市设计与运营，2023（12）：56–59.

[39]万振生.国土空间规划体系下的和美乡村规划探讨[J].城市建设理论研究（电子版），2023（36）：25–27.

[40]李峥嵘，周惠文，张道杰，等.城市更新中窗户碳排放的影响研究[J].建筑节能（中英文），2023，51（12）：1–6.

[41]张颖，梁景怡.基于共生理论的广州市城市更新研究[J].中国建筑装饰装修，2023（24）：116–118.

[42]刘淑珍，张晓瑞，卫辉.国土空间规划研究进展与展望[J].河北地质大学学报，2023，46（6）：93-101.

[43]卜海红.国土空间规划背景下建构乡村规划体系的思考分析[J].住宅产业，2023（12）：10-12.

[44]徐浩铭.国土空间规划背景下福建省城市风貌分级管控研究[J].城市建筑，2023，20（24）：108-113.

[45]李峰，孙洁，马莹莹.熵权法+GIS在公路网国土空间规划评价中的应用研究[J].公路工程，2023，48（6）：179-183.

[46]刘姗姗.关于国土空间规划体系下实用性村庄规划的若干思考[J].上海房地，2023（12）：22-25.

[47]陈伟，何蕾，周维思.国土空间规划体系下的武汉国土空间详细规划探索与实践[J].城乡规划，2023（6）：91-98.

[48]高超，王思远.三维国土空间规划管理测绘技术与方案[J].测绘技术装备，2023，25（4）：131-136.

[49]欧阳效福，李一璇，徐世乐，等.国土空间规划背景下国土综合整治修复关键技术探讨[J].国土与自然资源研究，2024（1）：38-41.

[50]王丽珍.基于国土空间规划的耕地保护问题研究——以漳州市为例[J].智慧农业导刊，2023，3（23）：44-47.

[51]朱娥.国土空间规划时代下城市规划的发展趋势和改革[J].城市建设理论研究（电子版），2023（34）：26-28.

[52]刘天科，周静，张红丽.国土空间开发保护制度改革探究——基于制度变迁理论[J].自然资源情报，2023（12）：1-6.